畜禽氨基酸代谢与低蛋白质日粮技术

孙志洪　等编著

化学工业出版社
·北京·

图书在版编目（CIP）数据

畜禽氨基酸代谢与低蛋白质日粮技术/孙志洪等编著．
—北京：化学工业出版社，2020.3
ISBN 978-7-122-36141-7

Ⅰ．①畜…　Ⅱ．①孙…　Ⅲ．①畜禽-氨基酸-代谢
②畜禽-蛋白质补充饲料　Ⅳ．①S852.219.32②S816.71

中国版本图书馆CIP数据核字（2020）第025798号

责任编辑：邵桂林　　装帧设计：刘丽华
责任校对：王佳伟

出版发行：化学工业出版社（北京市东城区青年湖南街13号　邮政编码100011）
印　　装：北京虎彩文化传播有限公司
710mm×1000mm　1/16　印张14½　字数259千字　2020年5月北京第1版第1次印刷

购书咨询：010-64518888　　售后服务：010-64518899
网　　址：http://www.cip.com.cn
凡购买本书，如有缺损质量问题，本社销售中心负责调换。

定　　价：85.00元

编著人员名单

孙志洪　李铁军　曾祥芳　李凤娜　黄飞若　尹　杰　马现永

唐志如　孙卫忠　陈　澄　朱　旺　杨　静　吴赵亮　许庆庆

李　貌　袁鹏程　曾吉福　张相鑫　陈进超　孙佳静　安　瑞

吴柳亭　陈惠源　万　科　丁　琦　梁开阳　任中祥

前言

氨基酸代谢是当代畜禽营养研究的前沿和热门话题，也是低蛋白质日粮的理论与技术基础，因此备受国内外研究工作者的关注。在生产实践中，认知氨基酸在组织器官中的代谢转化规律，采用有效的方法调节氨基酸代谢，减少氨基酸作为能源物质的消耗，提高氨基酸的利用效率，在保证生长性能的情况下进一步降低日粮蛋白质水平，以减少氮排放，为构建资源节约型、环境友好型畜牧业提供支撑。

笔者多年来一直从事畜禽氨基酸代谢与低蛋白质日粮技术研究工作，并受到国家973项目“猪利用氮营养素的机制及营养调控”、十三五国家重点研发计划“畜禽肠道健康与消化道微生物互作机制研究”、国家自然科学基金“猪低蛋白日粮氨基酸代谢节俭机制研究”、农业部948项目“畜禽肠道特色益生菌资源的引进与利用研究”、国家自然科学基金“电化学因素对山羊瘤胃上皮细胞关键专业蛋白表达及转运功能的影响”、十二五国家科技支撑课题“适度规则种养耦合循环农业模式构建与示范”等科研项目的资助。在开展上述研究时，笔者紧紧围绕氨基酸代谢研究技术、氨基酸代谢规律、氨基酸代谢调控三方面，构建了畜禽胃肠道上皮组织物质吸收转运系统，解决了畜禽肝静脉血插管安装难、术后试验动物维护难、血液样品采集难等技术难题，建立了组织器官间氨基酸代谢转化定量研究体系；系统阐述了反刍动物（山羊）和单胃动物（猪）氨基酸在门静脉回流组织-肝脏-肝外组织间的代谢转化规律，揭示了传统低蛋白质日粮的生长限制机理，提出了畜禽氮减排新理论——即实现氨基酸代谢节俭是减少畜禽氮排放的重要策略，阐明了畜禽氨基酸代谢节俭调节机制，研制了基于氨基酸代谢节俭的新型低蛋白质日粮，经济、环保、社会效益显著，推动了畜禽低蛋白质日粮技术的发展。为此，笔者在总结上述研究工作的基础上，结合国内外畜禽氨基酸代谢与低蛋白质日粮技术的最新研究进展，编著本书奉献给广大科技工作者，以期为我国畜禽养殖业的可持续发展起到一定的推动作用。

在上述研究工作和本书出版过程中，得到了国家自然科学基金委、科技部基础司、农业部科教司、重庆市科委、中国科学院、西南大学、新奥（厦门）农牧发展有限公司、重庆大足腾达牧业有限公司、帝斯曼（中国）有限公司和化学工业出版社的资助或帮助，在此一并致以诚挚谢意。

由于笔者水平有限、经验不足，且编书时间仓促，书中难免有疏漏之处，敬请广大读者批评指正。我们热切地期望本书的出版能为我国进一步深入开展畜禽氨基酸代谢与低蛋白质日粮技术的研究起到抛砖引玉的作用。

编著者

2020年1月于重庆

目录

第一章

氨基酸的分类与功能

氨基酸是含氨基和羧基的一类有机化合物的统称，通常由碳、氢、氧、氮、硫5种元素组成。氨基酸是蛋白质组成的基本单位，氨基酸通过肽键（酰胺键）连接形成蛋白质一级结构，组成了人和其他生物的有机体，与生命活动有重要的联系，是机体正常代谢的重要条件。氨基酸基本结构是由一个中心碳原子，连接一个羧基、氨基、侧链基团、氢原子构成。因为—COOH与—NH_2的存在，所以氨基酸具有两性解离的性质。不同氨基酸因为侧链基团的不同从而性质存在差异。侧链基团如果是非氢原子基团，则会具有不对称碳原子，从而具有旋光性，有D-型、L-型之分，动物体内氨基酸均为L-型氨基酸。另外甘氨酸侧链基团为氢原子，无手型碳原子。

第一节　氨基酸的分类

氨基酸包括蛋白质氨基酸和非蛋白质氨基酸，其中蛋白质氨基酸又可分为稀有氨基酸与常见氨基酸。现已发现的生物体内氨基酸数量有800多种，其中组成蛋白质的氨基酸有20种。稀有氨基酸主要是常见蛋白质氨基酸经修饰产生的衍生物，例如硒代半胱氨酸、吡咯赖氨酸。非蛋白质氨基酸不参与蛋白质的组成，主要为氨基酸的衍生物和氨基酸代谢的前体物或中间物，例如鸟氨酸。常见氨基酸分类方法在这里介绍四种。

一、根据侧链基团极性分类

（一）非极性氨基酸

侧链基团为非极性基团，是疏水性的侧链，如甘氨酸、丙氨酸、缬氨酸、亮氨酸、异亮氨酸、苯丙氨酸、色氨酸、蛋氨酸（甲硫氨酸）、脯氨酸9种氨基酸。其中甘氨酸的侧链基团为氢，对氨基、羧基这类强极性基团影响作用小，是极性最弱的氨基酸，所以可以将其归为非极性氨基酸。

（二）不带电荷的极性氨基酸

侧链基团为极性基团，是亲水性的侧链，中性溶液中不解离，如丝氨酸、苏氨酸、半胱氨酸、酪氨酸、天冬酰胺、谷氨酰胺6种氨基酸。

（三）带正电荷的极性氨基酸

侧链基团上含有氨基，可在水溶液中与氢离子结合，分子带正电荷呈碱性，是碱性氨基酸。有3种，分别是赖氨酸、组氨酸和精氨酸。

（四）带负电荷的极性氨基酸

侧链基团上含有羧基，可在水溶液中释放氢离子，分子带负电荷呈酸性，是酸性氨基酸。有2种，分别是谷氨酸和天冬氨酸。极性氨基酸在水溶液中的溶解度比非极性氨基酸大。

二、根据酸碱性质分类

（一）酸性氨基酸

含有2个羧基和1个氨基，水溶液中释放氢离子呈酸性。有2种，即谷氨酸和天冬氨酸。

（二）碱性氨基酸

含有1个羧基和2个氨基，水溶液中结合氢离子呈碱性。有3种，即赖氨酸、组氨酸、精氨酸。

（三）中性氨基酸

含1个羧基和1个氨基。共15种，其中包括谷氨酸、天冬氨酸两种酸性氨基酸产生的酰胺。

三、根据侧链基团的化学结构分类

（一）芳香族氨基酸

侧链基团含有苯环，有色氨酸、酪氨酸、苯丙氨酸3种。

（二）杂环氨基酸

侧链基团是咪唑基，只有组氨酸1种。

（三）杂环亚氨基酸

只有脯氨酸1种，其侧链的氨基取代了氨基酸的一个氢形成一个杂环，使该氨基酸没有自由氨基，侧链具有刚性结构，在蛋白质二级结构中不参与α-螺旋形成。

（四）脂肪族氨基酸

即20种常见氨基酸中剩下的15种氨基酸。这15种氨基酸还可细分：含硫基团氨基酸，例如蛋氨酸、半胱氨酸；含醇基团氨基酸，例如丝氨酸、苏氨酸；含碱性基团氨基酸，例如赖氨酸、精氨酸；含酸性基团氨基酸，例如天冬氨酸、谷氨酸；含酰胺基团氨基酸，例如天冬酰胺、谷氨酰胺。

四、根据体内合成情况分类

对于畜禽动物而言，20种常见蛋白质氨基酸根据动物体能否自身合成分为必需氨基酸与非必需氨基酸。一般认为必需氨基酸是8种，色氨酸、苏氨酸、蛋氨酸、亮氨酸、异亮氨酸、苯丙氨酸、精氨酸、缬氨酸，但是不同动物不同时期具体分类又有所差别。

（一）必需氨基酸

即动物体不能自身合成，需要靠饲料供给才能满足需要的氨基酸。成年猪的必需氨基酸为8种，与人的必需氨基酸相同。由于幼年时期和生长时期的猪体内对组氨酸和精氨酸的合成能力很弱，所以这个时期的猪的必需氨基酸为10种。对于家禽来说，线粒体内缺乏氨甲酰磷酸合成酶，蛋白质的代谢产物以尿酸形式排出，尿酸合成需要消耗甘氨酸，因此除了上述10种之外，甘氨酸对于家禽也是必需氨基酸，而对于雏鸡还应包括胱氨酸、酪氨酸共13种必需氨基酸。此外，人类婴儿时期是无法合成组氨酸的，即使到了成年时期体内合成组氨酸的速度也无法满足生长需求，对于人体来说组氨酸也是必需氨基酸。另外，精氨酸还是猫的必需氨基酸。

（二）非必需氨基酸

非必需氨基酸是相对于必需氨基酸来说的，非必需氨基酸并不意味着动物体生长不需要此类氨基酸，而是指此类氨基酸缺乏时可以由体内其他氨基酸转化而来。非必需氨基酸同样参与体内蛋白质合成，缺乏时同样会造成生长代谢的障碍。

（三）半必需氨基酸

半必需氨基酸是指在体内合成时要以必需氨基酸为前体物质，补充足够的半必需氨基酸可以一定程度上节约相应的必需氨基酸的消耗，同样，如果补充足够的必需氨基酸也可满足动物对相应半必需氨基酸的需要，但是补充半必需氨基酸无法满足动物对相应氨基酸的需要。例如，蛋氨酸可以合成半胱氨酸和胱氨酸，甘氨酸可以合成丝氨酸，其中半胱氨酸、胱氨酸、丝氨酸就属于半必需氨基酸。

第二节 氨基酸的功能

氨基酸是构成蛋白质的基本单位，是蛋白质行使生理功能必不可少的前体物质。众所周知蛋白质是畜牧生产中畜禽动物用于生产奶、蛋、毛、肉的物质基础，也是体内代谢物质激素、酶、抗体的主要成分，蛋白质的营养实质上与氨基酸营养相同。对畜禽而言，蛋白质的质量受必需氨基酸的数量、平衡状况以及必需氨基酸与非必需氨基酸之间的比例影响很大。必需氨基酸的缺乏对蛋白质合成和利用产生很大限制，此外还会受限制性氨基酸、氨基酸之间的平衡影响。除营养作用外，氨基酸也是畜禽和其他生物体内许多激素和酶类物质的合成原料，此时起生理作用，在体内有调控和影响生理生化的功能，氨基酸还具有免疫的功能。

一、营养功能

（一）合成蛋白质

蛋白质占畜禽动物机体固形物总量的50%左右，在肌肉、肝脏、肾脏、脾脏等器官中的蛋白含量可达到80%。组成蛋白质的氨基酸种类有20种，氨基酸通过肽键相互连接形成多肽链构成蛋白质一级结构，肽链盘曲折叠，形成具有一定空间结构的蛋白质。有些蛋白质是由一条肽链盘曲折叠形成，如肌红蛋白。有些蛋白质是由两条肽链盘曲折叠形成，如牛胰岛素。此外，血红蛋白是由四条肽链盘曲折叠形成的。两条或两条以上的肽链形成蛋白质时是要依靠一定的化学键来连接。多肽链借助氢键沿一维方向排列成具有周期性结构，形成一定的空间构象，称为蛋白质的二级结构，主要形式有α-螺旋、β-折叠、β-转角等形式，是构成蛋白质高级结构的基本要素。正是氨基酸由于氨基酸的特定连接顺序形成不同的空间结构，在体内发挥各种生理功能。

（二）必需氨基酸与非必需氨基酸

必需氨基酸与非必需氨基酸在氨基酸分类中已经介绍。但要注意的是，非必需氨基酸虽然可以在体内由其他物质合成，动物对非必需氨基酸的需要约占氨基酸需要量的60%，非必需氨基酸绝大部分还是要靠日粮来提供。反刍动物具有瘤胃微生物，几乎能够合成宿主所需全部氨基酸，一般不需要饲料补充，但是研究表明仍有4种必需氨基酸与反刍动物生产密切相关，分别是亮氨酸、蛋氨酸、苯丙氨酸、赖氨酸。

（三）限制性氨基酸

限制性氨基酸是指饲粮中某一种或几种必需氨基酸的含量与动物需要量相比，差距较大的氨基酸，由于他们的不足限制了动物对其他必需、非必需氨基酸的利用。按照限制程度依次称为第一、第二、第三……限制性氨基酸。限制性氨基酸主要有赖氨酸、蛋氨酸、色氨酸。针对于不同种类的动物、生长阶段，饲料种类限制性氨基酸的种类和排序也不同。猪的限制性氨基酸主要是赖氨酸、苏氨酸、色氨酸（孙朋朋和宋春阳，2013），雏鸡三个限制性氨基酸是赖氨酸、苏氨酸、蛋氨酸。当饲喂的是玉米、豆粕类饲粮时，猪的第一限制性氨基酸为赖氨酸，家禽的第一限制性氨基酸为蛋氨酸。

（四）氨基酸平衡与互补

氨基酸平衡是指饲粮氨基酸之间的比例关系与数量是否能够与动物的氨基酸需要达到一致，如果氨基酸之间比例偏差比较大一方面造成饲粮的浪费，另一方面影响动物的生长发育。在饲粮配制时要注意氨基酸之间的互补，通过不同饲料原料的搭配，改善氨基酸平衡，提高总蛋白质营养价值。氨基酸互补对于单胃动物和瘤胃尚未健全的幼年反刍动物是很有必要的。

（五）其他功能

氨基酸除了作为蛋白质的合成底物，特定的氨基酸还具有重要的生理和生化功能，例如氨基酸是合成很多激素的前体，如肾上腺素、甲状腺素等；同时也是许多含氮化合物的组成成分，如嘌呤、嘧啶、血红素、含氮碱基等，这些物质在机体内发挥着重要的生理作用。此外氨基酸通过生糖、生酮作用，转化为糖类和氨基酸，氨基酸也有直接氧化功能。氨基酸具体的功能如表1.1。

表1.1　氨基酸的多种功能

氨基酸	产物	功能
21种氨基酸	多肽和蛋白质	激素、酶、生物活性蛋白
蛋氨酸	甲酰甲硫氨酸	蛋白质合成的启动
	S-酰胺甲硫氨酸	甲基供体
	高半胱氨酸	硫供体；维生素B_{12}指示剂
色氨酸	血液中的复合胺	神经递质
	多巴胺	神经递质
	烟碱	B族维生素
酪氨酸	去甲肾上腺素	神经递质
	肾上腺素	激素
	甲状腺素	激素，基因表达，组织分化，细胞代谢
精氨酸	一氧化氮	血管舒张；神经传递；肠蠕动；雄性动物繁殖性能
	多胺	调节RNA合成；维持细胞膜稳定
组氨酸	组胺	保护血管扩张
谷氨酰胺	谷氨酸	嘌呤和嘧啶的合成；禽类氮的排放
	谷胱甘肽	抗氧化；信号传导；清除自由基
	γ-氨基丁酸	神经递质
	能量	黏膜等组织的能量来源
甘氨酸	卟啉	血红蛋白的组成部分之一
	嘌呤	核酸的组成部分之一
丝氨酸	鞘氨醇	细胞膜的结构
	半胱氨酸	与蛋白质活力有关
天冬酰胺	尿素、嘌呤、嘧啶	氮的供体
3-甲基组氨酸	组成肌动蛋白和肌球蛋白	肌肉蛋白质降解指数
亮氨酸	直接作用	激活mTOR信号传导途径，促进蛋白质合成
苏氨酸	黏液素	维持肠道完整
赖氨酸	直接作用	调节NO的合成，抗病毒

注：引自印遇龙，猪氨基酸营养与代谢，2008。

二、生理功能

（一）调节采食量与降低应激反应

在很多研究中已被证明在饲料中添加适量色氨酸可以提高动物的采食量，减少应激（李宁等，2018）。研究发现色氨酸影响动物的采食量可能是通过以下两种途径：首先是通过影响脑中神经递质5-羟色胺（5-hydroxytryptamine，5-HT）的含量来影响动物的采食量。色氨酸在脑中经氧化和脱羧作用生成5-HT和多巴胺等，脑中5-HT对动物的食欲有抑制作用（李华伟等，2016）。另外是通过调控胃饥饿素的分泌来影响动物的采食量。日粮中添加色氨酸促进胃和十二指肠中饥饿素基因的表达，促进胃肠道发挥作用（Zhang等，2006）。在饲料中补充赖氨酸及其他限制性氨基酸，可以提高对高热条件的应激，维持动物的生产性能。饲喂补充了赖氨酸的低蛋白日粮可以使猪肝的重量下降，减少了应激时的产热量。早期断奶仔猪添加过多的植物蛋白容易造成拉稀，通过低蛋白日粮技术，添加赖氨酸及其他限制性氨基酸可以降低仔猪腹泻。但当赖氨酸含量超过4%时，猪采食量及其他生产性能也会受到影响。

（二）提高生产性能和改善胴体品质

对生产性能的影响主要体现在必需氨基酸，补充足够的必需氨基酸可以提高畜禽生产性能。必需氨基酸的添加要注意日粮氨基酸的平衡，改善日粮平衡可以提高饲料利用率提高生产性能。在大多数条件下必需氨基酸赖氨酸是第一限制性氨基酸，是最缺乏的氨基酸，在玉米-饼粕类饲料中添加赖氨酸可以带来较高肉猪日增重、瘦肉率、料重比，同时氮排出减少。不仅节约蛋白质饲料的消耗，还可以保护环境（Schiavon等，2018）。饲粮中异亮氨酸缺乏对肥育猪生长性能、胴体性状和肌内脂肪含量有不利影响，而超量添加异亮氨酸会显著提高肌肉的剪切力和滴水损失，增加肌内脂肪含量，但是会对热胴体重、屠宰率产生影响（罗燕红，2017）；在禽类日粮提高苏氨酸、色氨酸水平显著影响肉仔鸡增重速度和饲料转化率，且两种氨基酸之间存在交互作用（王红梅等，2016；李艳玲和呙于明，2000）。

另外对生产性能方面，还可以改善母猪的泌乳性能，支链氨基酸（BCAAs）包括亮氨酸、异亮氨酸和缬氨酸，BCAAs影响泌乳母猪的产奶量和乳成分。Richert等（1997）报道，添加缬氨酸可以使乳汁中的脂肪、乳脂率和干物质含量上升，但是对于蛋白质含量和组成的变化没有明显影响；而添加异亮氨酸不仅增加了乳汁中脂肪、乳脂率、干物质和蛋白质含量，而且增加了蛋白质组分中酪蛋白的比例，降低了乳清蛋白比例。国内研究结果同样表明，母猪日粮中添加缬氨酸和异亮氨酸，可以提高乳汁中乳脂、乳蛋白、总固形物以及非乳脂固体含量，乳糖含量显著降低；极显著提高了初乳中的总必需氨基酸、总非必需氨基酸以及总氨基酸的含量，不仅提高哺乳母猪的日采食量和母猪乳品质，还对提高哺乳仔猪的生长性能有一定作用（黄红英等，2008）。此外，哺乳期满足母猪对赖氨酸的需要量对母猪乳腺良好发育和充足产奶量有很大帮助，一般通过调控日粮中赖氨酸水平来满足哺乳母猪对赖氨酸的需要（蒋亚东等，2015）。

日粮中氨基酸是影响猪生长和速度和胴体品质的主要营养因素，日粮中蛋白质和氨基酸摄入不足会影响肌肉的生长，从而降低瘦肉的生长率，增加胴体脂肪的积累。猪日粮中增加赖氨酸可以降低背膘厚度、增加眼肌面积和瘦肉率。在高能量饲粮中添加精氨酸则有助于提高肌内脂肪含量，降低剪切力，改善肉质（周招洪等，2013）。

（三）调节氨基酸与蛋白质代谢

BCAAs在调节氨基酸与蛋白质代谢方面起重要作用，如胰岛素分泌与蛋白质合成，为谷氨酰胺合成提供底物，作为机体内器官蛋白质代谢的信号物等。BCAAs对机体胰岛素的正常分泌以及糖稳态是必需的，而BCAAs的缺失将会影响机体胰岛素正常分泌，进而使得机体的糖代谢受损。研究发现仅补充1种BCAAs并不能使低蛋白日粮引起的胰岛素分泌减少的小鼠胰岛素分泌恢复到正常水平，而同时补充3种BCAAs可使低蛋白日粮小鼠的胰岛素恢复到正常水平，说明3种BCAAs有着很强的协同作用（Mami等，2017）。BCAAs可以调节机体胰岛素的分泌和胰岛素敏感性，并调控组织中葡萄糖转运载体的表达，进而增强骨骼肌对葡萄糖的吸收和全身葡萄糖的氧化。亮氨酸对蛋白质代谢具有调节作用（Doi等，2003）。L-亮氨酸添加对正常出生体重的新生哺乳仔猪组织中氨基酸、氨基酸转运载体、蛋白合成降解相关基因的表达有影响（孙玉丽，2015）。异亮氨酸和缬氨酸对蛋白质的合成和降解无显著影响。

（四）氨基酸分子信号转导作用

作为营养物质的氨基酸，它们除了作为各种代谢途径如蛋白质合成的底物以外，个别氨基酸可以充当信号分子调节mRNA翻译，其中尤以BCAAs最为独特。BCAAs对mRNA翻译的延伸和终止过程都有一定调控作用，但最基本、最主要的调控作用还是发生在起始阶段。BCAAs的亮氨酸刺激肌肉内部蛋白质合成是最有效的（Anthony等，2000），摄入的BCAAs在体内增强蛋白质合成主要是通过激活起始过程中43S复合起始物前体与mRNA结合形成。氨基酸（包括BCAAs）抑制翻译是通过结合met-tRNAi到40S核糖体亚基，这其中有一步反应是GTP结合到真核起始因子2（Eukaryotic initiation factor 2，eIF2），水解为GDP。eIF2-GDP复合物从40S亚基上游离下来。GDP结合到eIF2上交换GTP，通过鸟苷酸交换因子eIF2B，然后重新合成eIF2-GTP-Met-tRNAi复合物。氨基酸调控蛋白合成主要由于eIF2α磷酸化，从而控制eIF2B活性。氨基酸缺乏将使空载t-RNA增加，空载t-RNA结合并激活蛋白激酶2（GCN2），使eIF2α磷酸化，抑制eIF2B的活性，最终抑制蛋白合成。

BCAAs在增强mRNA翻译起始过程中的信号转导有两种情况，首先BCAAs主要是亮氨酸作用于哺乳动物雷帕霉素蛋白激酶靶位点（mTOR）调节蛋白，mTOR被激活，然后激活的mTOR使效应物核糖体蛋白S6蛋白激酶（Ribosomal protein S6 kinase β1，S6K1）和真核起始因子4E结合蛋白1（eIF4E-binding protein 1，4E-BP1）发生磷酸化也被激活。有活性的4E-BP1作用于真核起始因子eIF-4F，可以加强mRNA的稳定性和对mRNA翻译起始的调节作用。其次BCAAs主要是亮氨酸通过未知方式作用于eIF2-GTP-Met-tRNAi（Met）促进其与核糖体蛋白S6形成复合物，S6发挥选择并定位mRNA的作用。S6会受到S6K1的调节，活化的S6K1可以使S6发生磷酸化而被激活，被激活的S6就发挥其选择并定位mRNA的调控作用，最后在eIF-4F的调节下与核糖体小亚基结合生成起始复合物，从而促进mRNA的翻译起始并最终增强蛋白质合成（刘兆金等，2007）。mTOR作为细胞内重要的生长和代谢调节中枢，主要通过形成两种复合物mTORC1与mTORC2发挥其功能。氨基酸可以激活TORC1通路，同时作为其他信号激活TORC1的必需条件。mTORC1接收广泛的细胞内信号，如氨基酸水平、生长因子、能量以及缺氧状态等。氨基酸信号调控mTORC的过程通路中，Rag GTPase（Ras-related small GTP-binding蛋白家族的四种Rag蛋白）是大家一致公认的参与该过程的因子，Rag蛋白通过直接与mTORC1中raptor（Regulatory-associated protein of TOR）相互作用，介导mTORC1在氨基酸刺激下转位至细胞内特定区室而被激活。氨基酸等营养因子信号对mTORC1通路的调控机制研究还在如火如荼地进行（高源和吴更，2012）。

（五）免疫功能

氨基酸在动物免疫系统中发挥着重要作用，影响免疫系统的发育和功能维持等。体内缺乏某种氨基酸时会影响或者阻碍抗体的合成，影响机体免疫功能的行使。氨基酸缺乏还可限制免疫器官的生长发育，例如缬氨酸缺乏会影响胸腺和外周淋巴组织生长，抑制中性和酸性白细胞增生；赖氨酸缺乏会使大鼠的胸腺和脾萎缩（程忠刚，1998）；天冬氨酸等可以促进骨髓T淋巴细胞前体分化发育成为成熟的T淋巴细胞，还能防止衰老（Belokrylov等，1986）。氨基酸对细胞免疫也会产生影响。巨噬细胞的吞噬作用、淋巴细胞增殖以及蛋白质合成都必须有充足的谷氨酰胺。BCAAs、芳香族氨基酸会显著影响体液免疫，缬氨酸缺乏会使血凝集素、补体C3和运铁蛋白水平显著下降，BCAAs在生化代谢过程中的拮抗作用也对免疫功能产生影响。苏氨酸作为禽类免疫球蛋白分子合成的第一限制性氨基酸，苏氨酸的缺乏会抑制免疫球蛋白、T淋巴细胞、B淋巴细胞的产生；脯氨酸过量也会抑制抗体合成；蛋氨酸和半胱氨酸的缺乏也会抑制体液免疫的功能（印遇龙等，2008；孔祥峰等，2009）。

在动物处于亚临床疾病的状况下，提高饲粮功能性氨基酸水平可以提高机体免疫反应，减少对生长性能下降的影响，含硫氨基酸（蛋氨酸和半胱氨酸）、色氨酸、苏氨酸、谷氨酰胺、精氨酸和甘氨酸是最重要的功能性氨基酸。这里以猪为例，胃肠道是动物体免疫系统的重要组成部分，肠道免疫系统发育和维持关系到整个免疫系统的发育、成熟和后期的生产性能，尤其是断奶仔猪的先天性免疫防御。断奶仔猪消化系统发育不完全，易遭受病原体的威胁。功能性氨基酸不同程度地参与调节胃肠道、胸腺、脾脏和淋巴等组织器官以及血液中免疫细胞的免疫功能。在日粮中补充天冬氨酸和谷氨酸对新生仔猪的最佳生长和健康是必需的。

1. 谷氨酰胺

谷氨酰胺可从多个方面影响免疫功能。首先谷氨酰胺对T细胞丝裂原和蛋白激酶C激活的猪淋巴细胞增殖是必需的，其次谷氨酰胺会影响体外培养的淋巴因子激活的NK细胞的溶解能力，还有谷氨酰胺对NK细胞的活化是必需的。最后，谷氨酰胺还可调节细胞因子的产生。在日粮中添加谷酰酞胺可改变断奶仔猪肠道中细胞因子基因的表达水平。谷氨酰胺可以增强宿主的免疫功能，内毒素感染的早期断奶仔猪补充足够的谷氨酰胺可以使淋巴细胞维持正常功能（Yoo等，1997）。

2. 含硫氨基酸

含硫氨基酸包括半胱氨酸和蛋氨酸，半胱氨酸是谷胱甘肽（Gluathtione，GSH）和H_2S的前体物。GSH的合成受日粮中含硫氨基酸摄入的影响，所以充足的含硫氨基酸日粮摄入对免疫系统蛋白质合成是很重要的。在日粮中添加过高剂量的蛋氨酸或半胱氨酸对动物的生长和免疫反应是有害的，主要是因为高半胱氨酸和硫酸产生过多。半胱氨酸在血液中很容易被氧化成胱氨酸，高浓度的胱氨酸会产生毒害作用。

3. 色氨酸

色氨酸可以在体内分解产生5-羟色胺、褪黑色素和N-乙酰血清素，通过抑制超氧化物和肿瘤坏死因子α（Tumor necrosis factor，TNF-α）产生及清除自由基而增强机体免疫功能。当猪发生慢性肺炎时，其血浆中的色氨酸水平会逐渐降低，色氨酸的分解代谢对巨噬细胞和淋巴细胞的功能有重要作用（孔祥峰等，2009）。

4. 苏氨酸

苏氨酸是IgG中含量最高的氨基酸，日粮中添加苏氨酸能促进抗体和血浆IgG的生成、增加免疫器官的重量；苏氨酸对机体体液免疫和细胞免疫都起着相当重要的作用（乔伟等，2004）。在低蛋白高粱-豆粕基础日粮中添加合成赖氨酸后，苏氨酸成为生长猪的第一限制性氨基酸，对于妊娠母猪来说，要维持血浆IgG浓度，苏氨酸也是第一限制性氨基酸，苏氨酸对妊娠母猪的体液免疫起主导作用（Cuaron等，1984）。

5. 甘氨酸

甘氨酸主要参与嘌呤核苷酸、谷胱甘肽和亚铁血红素等分子的合成，还参与一碳基团的代谢。另外，甘氨酸本身也是一种有效的抗氧化剂，用于自由基的清除。这些生化途径对免疫细胞增殖和抗氧化具有很重要作用。甘氨酸在巨噬细胞和粒性白细胞参与调控门控的氯通道。

6. 精氨酸

日粮补充精氨酸能增强妊娠母猪和新生仔猪的对病原感染的免疫能力，减少发病率和死亡率。精氨酸可促进胰岛素、生长激素、泌乳素和胰岛素样生长因子的分泌。这些激素参与了精氨酸对免疫功能的调节作用。精氨酸是诱导型一氧化氮合酶（Inducible nitric oxide synthase，iNOS）的底物，iNOS催化产生的NO与免疫反应有着密切关系，巨噬细胞和中性粒细胞合成的NO是机体抗微生物和抗有害细胞的必需机制，在先天性免疫和获得性免疫中均起着重要作用（孔祥峰等，2009）。

第三节　氨基酸的缺乏症与需要量

一、氨基酸缺乏症

日粮中氨基酸低于动物需要量时主要表现为生产性能下降、生长受阻、体重降低等。不同种属的动物由于氨基酸的缺乏表现出的症状又有差异。例如，肉鸡赖氨酸缺乏，会上调肉鸡胸肌的氨基酸合成代谢相关蛋白的表达、下调糖代谢相关蛋白的表达，进而影响肉鸡的生长和肌肉发育（田大龙，2019）；而对于鱼类来说，第一限制性赖氨酸缺乏或过量，鱼类都表现为生长缓慢、饲料利用率低（高娅俊等，2015）；大鼠日粮缺乏赖氨酸会导致大鼠生长性能降低（何流琴，2012）。表1.2总结了几种氨基酸的生理机能与缺乏症。

表1.2 部分氨基酸生理机能与缺乏症

名称	生理机能	缺乏症状
赖氨酸	脑神经、生殖细胞等细胞合成核蛋白和血红蛋白的必要物质	影响生长、体格消瘦、骨钙化失常、皮下脂肪减少
蛋氨酸	参与机体甲基的转移，肾上腺素和胆碱的合成，参与磷脂代谢	发育不良、体重降低、肌肉萎缩、毛质差
色氨酸	与血浆蛋白的更新有关，参与核黄素功能，提高烟酸、血红素的合成	生长缓慢、体重降低、睾丸萎缩、影响脂肪积累
甘氨酸	降低其他氨基酸过量造成的氨基酸中毒，可以转化为丝氨酸	鸡麻痹症、羽毛发育不良
组氨酸	参与能量代谢和蛋白质合成	影响生长、发育不良
苏氨酸	促进动物生长，抗脂肪作用	体重下降
苯丙氨酸	参与甲状腺素和肾上腺素的合成，可转化为酪氨酸	甲状腺和肾上腺功能影响、体重下降
缬氨酸	参与淀粉合成与利用，维持正常的神经功能	影响生长、运动失调
亮氨酸	合成机体组织蛋白和血浆蛋白，促进食欲	影响生长、体重下降
异亮氨酸	参与多种蛋白质合成	体重下降、严重时会致死

注：引自刘超，可利用氨基酸新技术，2003。

二、氨基酸需要量

营养需要量被当作饲养标准用于指导饲料的生产，饲养标准是根据大量的动物饲养实验和实际生产所得出的、对于各种特定动物所需的营养物质做出定额的规定，各种动物根据种类、性别、年龄、体重、生理状态、生产阶段、生产性能的不同，又有特定的营养需要量和需要种类。对于氨基酸的需要量也是如此，猪生长需要10种必需氨基酸，而维持仅需要7种氨基酸，其中不包括精氨酸、组氨酸、亮氨酸。对比NRC（2012）最新一版的数据显示，猪对赖氨酸需要量较NRC（1998）数据有所增加，这与品种的改良以及需要量的深入研究有关，更加接近猪对氨基酸的真实需要量了。需要量的表述方法可采用按体重或代谢体重。以猪为例，一般是将生长猪或肥育猪按体重分段，按照各个阶段表述氨基酸的需要量。以自由采食下生长猪（90%干物质）标准回肠消化中赖氨酸需要量为例，NRC（2012版）中显示，5 ～ 7kg、7 ～ 11kg、11 ～ 25kg、25 ～ 50kg、50 ～ 75kg、75 ～ 100kg、100 ～ 135kg赖氨酸需要量分别为1.5%、1.35%、1.23%、0.99%、0.85%、0.74%、0.62%。需要量反映的是群体平均需要量。本书以NRC（2012）为基础列出了不同种类的猪氨基酸需要量（表1.3 ～ 1.6）。

表1.3　生长猪日粮氨基酸需要量（90%干物质）①

体重范围/kg	5 ～ 7	7 ～ 11	11 ～ 25	25 ～ 50	50 ～ 75	75 ～ 100	100 ～ 135
氨基酸（以标准回肠消化率为基础）②③/%							
精氨酸	0.68	0.61	0.56	0.45	0.39	0.33	0.28
组氨酸	0.52	0.46	0.42	0.34	0.29	0.25	0.21
异亮氨酸	0.77	0.69	0.63	0.51	0.45	0.39	0.33
亮氨酸	1.5	1.35	1.23	0.99	0.85	0.74	0.62
赖氨酸	1.5	1.35	1.23	0.98	0.85	0.73	0.61
蛋氨酸	0.43	0.39	0.36	0.28	0.24	0.21	0.18
蛋氨酸+胱氨酸	0.82	0.74	0.68	0.55	0.48	0.42	0.36
苯丙氨酸	0.88	0.79	0.72	0.59	0.51	0.44	0.37
苯丙氨酸+酪氨酸	1.38	1.25	1.14	0.92	0.8	0.69	0.58
苏氨酸	0.88	0.79	0.73	0.59	0.52	0.46	0.4
色氨酸	0.25	0.22	0.2	0.17	0.15	0.13	0.11
缬氨酸	0.95	0.86	0.78	0.64	0.55	0.48	0.41
总氮	3.1	2.8	2.56	2.11	1.84	1.61	1.37
氨基酸（以表观回肠消化率为基础）④/%							
精氨酸	0.64	0.57	0.51	0.41	0.34	0.29	0.24
组氨酸	0.49	0.44	0.4	0.32	0.27	0.24	0.19
异亮氨酸	0.74	0.66	0.6	0.49	0.42	0.36	0.3
亮氨酸	1.45	1.3	1.18	0.94	0.81	0.69	0.57
赖氨酸	1.45	1.31	1.19	0.94	0.81	0.69	0.57
蛋氨酸	0.42	0.38	0.34	0.27	0.23	0.2	0.16
蛋氨酸+胱氨酸	0.79	0.71	0.65	0.53	0.46	0.4	0.33
苯丙氨酸	0.85	0.76	0.69	0.56	0.48	0.41	0.34
苯丙氨酸+酪氨酸	1.32	1.19	1.08	0.87	0.75	0.65	0.54
苏氨酸	0.81	0.73	0.67	0.54	0.47	0.41	0.35
色氨酸	0.23	0.21	0.19	0.16	0.13	0.12	0.1
缬氨酸	0.89	0.8	0.73	0.59	0.51	0.44	0.36
总氮	2.84	2.55	2.32	1.88	1.62	1.4	1.16

续表

体重范围/kg	5～7	7～11	11～25	25～50	50～75	75～100	100～135
氨基酸（以总氨基酸为基础）④/%							
精氨酸	0.75	0.68	0.62	0.5	0.44	0.38	0.32
组氨酸	0.58	0.53	0.48	0.39	0.34	0.3	0.25
异亮氨酸	0.88	0.79	0.73	0.59	0.52	0.45	0.39
亮氨酸	1.71	1.54	1.41	1.13	0.98	0.85	0.71
赖氨酸	1.7	1.53	1.4	1.12	0.97	0.84	0.71
蛋氨酸	0.49	0.44	0.4	0.32	0.28	0.25	0.21
蛋氨酸+胱氨酸	0.96	0.87	0.79	0.65	0.57	0.5	0.43
苯丙氨酸	1.01	0.91	0.83	0.68	0.59	0.51	0.43
苯丙氨酸+酪氨酸	1.6	1.44	1.32	1.08	0.94	0.82	0.7
苏氨酸	1.05	0.95	0.87	0.72	0.64	0.56	0.49
色氨酸	0.28	0.25	0.23	0.19	0.17	0.15	0.13
缬氨酸	1.1	1	0.91	0.75	0.65	0.57	0.49
总氮	3.63	3.29	3.02	2.51	2.2	1.94	1.67

注：引自NRC，2012。

① 瘦肉型猪。

② 以标准回肠消化率为基础计算氨基酸需要量时假设日粮含有0.1%的添加赖氨酸盐和3%的添加维生素和矿物质，计算玉米和豆粕水平以满足氨基酸的需要量。

③ 以经验数据来估算5～25kg猪赖氨酸的需要量，然后根据其他氨基酸与赖氨酸的比值来计算5～25kg猪其他氨基酸的需要量；用生长曲线（model）来估算100～135kg猪的氨基酸需要量。

④ 以表观回肠消化率和总氨基酸为基础计算的氨基酸需要量只适用于玉米和豆粕型基础日粮。

表1.4　妊娠母猪的氨基酸需要量（按90%干物质算）

胎次（配种时体重，/kg）	1（140）		2（165）		3（185）		4+（205）					
预期妊娠期增重/kg	65		60		52.2		45		40		45	
预期窝产仔数①	12.5		13.5		13.5		13.5		13.5		15.5	
妊娠天数	≤90	>90	≤90	>90	≤90	>90	≤90	>90	≤90	>90	≤90	>90
氨基酸（以标准回肠消化率为基础）②/%												
精氨酸	0.28	0.37	0.23	0.32	0.19	0.28	0.17	0.24	0.17	0.25	0.17	0.26
组氨酸	0.18	0.22	0.15	0.19	0.13	0.16	0.11	0.14	0.11	0.14	0.11	0.15

续表

氨基酸（以标准回肠消化率为基础）[②]/%												
异亮氨酸	0.3	0.36	0.25	0.32	0.22	0.27	0.19	0.24	0.19	0.24	0.2	0.26
亮氨酸	0.47	0.65	0.4	0.57	0.35	0.51	0.3	0.45	0.31	0.47	0.32	0.49
赖氨酸	0.52	0.69	0.44	0.61	0.37	0.53	0.32	0.46	0.32	0.48	0.33	0.5
蛋氨酸	0.15	0.2	0.12	0.17	0.1	0.15	0.09	0.13	0.09	0.13	0.09	0.14
蛋氨酸+胱氨酸	0.34	0.45	0.29	0.4	0.26	0.36	0.23	0.34	0.23	0.33	0.24	0.35
苯丙氨酸	0.29	0.38	0.25	0.34	0.21	0.3	0.19	0.27	0.19	0.27	0.19	0.29
苯丙氨酸+酪氨酸	0.5	0.66	0.44	0.58	0.37	0.51	0.32	0.46	0.33	0.47	0.33	0.49
苏氨酸	0.37	0.48	0.33	0.43	0.29	0.39	0.27	0.36	0.27	0.36	0.28	0.38
色氨酸	0.09	0.13	0.08	0.12	0.07	0.11	0.07	0.1	0.07	0.1	0.07	0.11
缬氨酸	0.37	0.49	0.32	0.43	0.28	0.39	0.25	0.35	0.25	0.36	0.26	0.37
总氮	1.32	1.79	1.15	1.61	1.01	1.45	0.9	1.32	0.91	1.35	0.94	1.43
氨基酸（以表观回肠消化率为基础）[③]/%												
精氨酸	0.23	0.32	0.19	0.28	0.15	0.23	0.12	0.2	0.12	0.21	0.13	0.22
组氨酸	0.17	0.21	0.14	0.18	0.11	0.15	0.1	0.13	0.1	0.13	0.1	0.14
异亮氨酸	0.27	0.34	0.23	0.29	0.19	0.25	0.17	0.22	0.17	0.22	0.17	0.23
亮氨酸	0.43	0.6	0.36	0.53	0.3	0.46	0.26	0.41	0.27	0.42	0.28	0.45
赖氨酸	0.49	0.66	0.4	0.57	0.34	0.49	0.29	0.43	0.29	0.44	0.3	0.47
蛋氨酸	0.14	0.19	0.11	0.16	0.09	0.14	0.08	0.12	0.08	0.12	0.08	0.13
蛋氨酸+胱氨酸	0.32	0.43	0.27	0.38	0.24	0.34	0.21	0.31	0.21	0.31	0.22	0.33
苯丙氨酸	0.26	0.35	0.22	0.31	0.19	0.27	0.16	0.24	0.16	0.25	0.17	0.26
苯丙氨酸+酪氨酸	0.46	0.62	0.39	0.54	0.33	0.47	0.29	0.42	0.29	0.43	0.3	0.45
苏氨酸	0.32	0.43	0.28	0.38	0.25	0.34	0.22	0.31	0.22	0.32	0.23	0.33
色氨酸	0.08	0.12	0.07	0.11	0.06	0.1	0.05	0.09	0.06	0.09	0.06	0.1
缬氨酸	0.33	0.44	0.28	0.39	0.24	0.34	0.21	0.31	0.21	0.31	0.22	0.33
总氮	1.12	1.58	0.95	1.41	0.82	1.25	0.72	1.12	0.73	1.15	0.75	1.23

续表

氨基酸（以总氨基酸为基础）③/%												
精氨酸	0.32	0.42	0.27	0.37	0.23	0.32	0.2	0.29	0.21	0.29	0.21	0.31
组氨酸	0.22	0.27	0.19	0.23	0.16	0.2	0.14	0.18	0.14	0.18	0.14	0.19
异亮氨酸	0.36	0.43	0.31	0.38	0.27	0.33	0.24	0.29	0.24	0.3	0.24	0.31
亮氨酸	0.55	0.75	0.47	0.66	0.41	0.59	0.36	0.53	0.36	0.54	0.37	0.57
赖氨酸	0.61	0.8	0.52	0.71	0.45	0.62	0.39	0.55	0.39	0.56	0.4	0.59
蛋氨酸	0.18	0.23	0.15	0.2	0.13	0.18	0.11	0.16	0.11	0.16	0.12	0.17
蛋氨酸+胱氨酸	0.41	0.54	0.36	0.48	0.32	0.44	0.29	0.4	0.29	0.41	0.3	0.43
苯丙氨酸	0.34	0.44	0.29	0.4	0.25	0.35	0.23	0.31	0.23	0.32	0.23	0.34
苯丙氨酸+酪氨酸	0.61	0.79	0.53	0.7	0.46	0.62	0.41	0.56	0.41	0.57	0.42	0.6
苏氨酸	0.46	0.58	0.41	0.53	0.37	0.48	0.34	0.44	0.34	0.45	0.35	0.47
色氨酸	0.11	0.15	0.1	0.14	0.09	0.13	0.08	0.12	0.08	0.12	0.08	0.13
缬氨酸	0.45	0.58	0.39	0.52	0.34	0.46	0.31	0.42	0.31	0.43	0.32	0.45
总氮	1.62	2.15	1.42	1.95	1.26	1.77	1.14	1.62	1.15	1.65	1.18	1.74

注：引自NRC，2012。

① 预期平均出生重量1.40kg。

② 以标准回肠消化率为基础计算氨基酸需要量时假设日粮含有0.1%的添加赖氨酸盐和3%的添加维生素和矿物质，计算玉米和豆粕水平以满足氨基酸的需要量。

③ 只适用于玉米和豆粕型基础日粮。

表1.5　泌乳母猪的氨基酸需要量（按90%干物质算）

胎次	1			2+		
产后重/kg	175	175	175	210	210	210
窝产子数	11	11	11	11.5	11.5	11.5
泌乳天数/d	21	21	21	21	21	21
哺乳仔猪日增重/g	190	230	270	190	230	270
氨基酸（以标准回肠消化为基础）①/%						
精氨酸	0.43	0.44	0.46	0.42	0.43	0.45
组氨酸	0.3	0.32	0.34	0.29	0.31	0.33
异亮氨酸	0.41	0.45	0.69	0.4	0.43	0.47

续表

氨基酸（以标准回肠消化为基础）[①]/%						
亮氨酸	0.83	0.92	1	0.8	0.88	0.96
赖氨酸	0.75	0.81	0.87	0.72	0.78	0.84
蛋氨酸	0.2	0.21	0.23	0.19	0.21	0.22
蛋氨酸+胱氨酸	0.39	0.43	0.47	0.38	0.41	0.45
苯丙氨酸	0.41	0.44	0.48	0.39	0.42	0.46
苯丙氨酸+酪氨酸	0.83	0.91	0.99	0.8	0.87	0.95
苏氨酸	0.47	0.51	0.55	0.46	0.49	0.53
色氨酸	0.14	0.15	0.17	0.13	0.15	0.16
缬氨酸	0.64	0.69	0.74	0.61	0.66	0.71
总氮	1.62	1.73	1.86	1.56	1.67	1.79
氨基酸（以表观回肠消化率为基础）[②]/%						
精氨酸	0.39	0.4	0.41	0.38	0.39	0.4
组氨酸	0.28	0.3	0.33	0.27	0.29	0.31
异亮氨酸	0.39	0.42	0.46	0.37	0.41	0.44
亮氨酸	0.79	0.87	0.95	0.76	0.83	0.91
赖氨酸	0.71	0.77	0.83	0.68	0.74	0.8
蛋氨酸	0.19	0.2	0.22	0.18	0.2	0.21
蛋氨酸+胱氨酸	0.37	0.41	0.44	0.36	0.39	0.42
苯丙氨酸	0.38	0.41	0.45	0.36	0.4	0.43
苯丙氨酸+酪氨酸	0.78	0.86	0.95	0.75	0.83	0.9
苏氨酸	0.42	0.46	0.5	0.41	0.44	0.48
色氨酸	0.13	0.14	0.16	0.12	0.14	0.15
缬氨酸	0.58	0.46	0.69	0.56	0.61	0.66
总氮	1.4	1.52	1.64	1.35	1.46	1.57
AA（以总氨基酸为基础）[②]/%						
精氨酸	0.48	0.5	0.51	0.47	0.48	0.5
组氨酸	0.35	0.37	0.4	0.34	0.36	0.38
异亮氨酸	0.49	0.52	0.56	0.47	0.5	0.54
亮氨酸	0.96	1.05	1.15	0.92	1.01	1.1
赖氨酸	0.86	0.93	1	0.83	0.9	0.96

续表

AA（以总氨基酸为基础）②/%						
蛋氨酸	0.23	0.25	0.27	0.23	0.24	0.26
蛋氨酸+胱氨酸	0.47	0.51	0.55	0.46	0.49	0.53
苯丙氨酸	0.47	0.51	0.55	0.46	0.49	0.53
苯丙氨酸+酪氨酸	0.98	1.07	1.16	0.94	1.03	1.12
苏氨酸	0.58	0.62	0.67	0.56	0.6	0.65
色氨酸	0.16	0.18	0.19	0.15	0.17	0.18
缬氨酸	0.75	0.81	0.87	0.72	0.78	0.84
总氮	1.95	2.08	2.22	1.89	2.01	2.15

注：引自NRC，2012。

① 以标准回肠消化率为基础计算氨基酸需要量时假设日粮含有0.1%的添加赖氨酸盐酸盐和3%的添加维生素和矿物质，计算玉米和豆粕水平以满足氨基酸的需要量。

② 只适用于玉米和豆粕型基础日粮。

表1.6 配种公猪的饲粮和每日氨基酸需要量（按90%干物质算）①

氨基酸名称	氨基酸占日粮比/%	需要量/（g/d）
氨基酸（以标准回肠消化率为基础）/（g/d）		
精氨酸	0.2	4.86
组氨酸	0.15	3.46
异亮氨酸	0.31	7.41
亮氨酸	0.33	7.83
赖氨酸	0.51	11.99
蛋氨酸	0.08	1.96
蛋氨酸+胱氨酸	0.25	5.98
苯丙氨酸	0.36	8.5
苯丙氨酸+酪氨酸	0.58	13.77
苏氨酸	0.22	5.19
色氨酸	0.2	4.82
缬氨酸	0.27	6.52
总氮	1.14	27.04

续表

氨基酸名称	氨基酸占日粮比/%	需要量/（g/d）
氨基酸（以表观回肠消化率为基础）[②]/（g/d）		
精氨酸	0.16	3.86
组氨酸	0.13	3.16
异亮氨酸	0.29	6.81
亮氨酸	0.29	6.84
赖氨酸	0.47	11.13
蛋氨酸	0.07	1.72
蛋氨酸+胱氨酸	0.23	5.55
苯丙氨酸	0.33	7.86
苯丙氨酸+酪氨酸	0.54	12.81
苏氨酸	0.17	4.15
色氨酸	0.19	4.52
缬氨酸	0.23	5.58
总氮	0.94	22.4
氨基酸（以总氨基酸为基础）[③]/（g/d）		
精氨酸	0.25	5.83
组氨酸	0.18	4.3
异亮氨酸	0.37	8.81
亮氨酸	0.39	9.2
赖氨酸	0.6	14.25
蛋氨酸	0.11	2.55
蛋氨酸+胱氨酸	0.31	7.44
苯丙氨酸	0.42	9.96
苯丙氨酸+酪氨酸	0.7	16.55
苏氨酸	0.28	6.7
色氨酸	0.23	5.42
缬氨酸	0.34	8.01
总氮	1.41	33.48

注：引自NRC，2012。

① 根据每日采食量和2.5kg饲料浪费来计算其需要量。采食量可能需要调整，以公猪体重和需要的日增重为依据。

② 以标准回肠消化率为基础计算氨基酸需要量时，假设日粮含有0.1%的添加赖氨酸盐酸盐和3%的添加维生素和矿物质，计算玉米和豆粕水平以满足氨基酸的需要量。

③ 只适用于玉米豆粕型日粮。

小结

氨基酸的功能正在被不断认识，尤其是作为信号分子作用于mTOR通路调节机体的生长与代谢，此外，氨基酸的免疫功能也得到充分证实。对非必需氨基酸有了新的认识，在特定生理条件下，某些非必需氨基酸也是氨基酸利用的限制因素，因此，在配制畜禽日粮时除平衡必需氨基酸外，还需满足非必需氨基酸的需要。

（丁琦，孙志洪）

参考文献

[1] 程忠刚. 饲料营养素对动物免疫机能的影响. 畜禽业，1998（04）：12-14.
[2] 高娅俊，张曦，邓君明. 鱼类赖氨酸营养生理研究进展. 饲料工业，2015，36：35-39.
[3] 高源，吴更. mTORC1通路中氨基酸信号转导相关机制研究进展. 中国细胞生物学学报，2012，34：812-818.
[4] 何流琴，刘志强，伍力，等. 缺乏赖氨酸对大鼠血清氨基酸含量和肠道氨基酸通透性的影响. 营养学报，2012，34：22-26+30.
[5] 黄红英，贺建华，范志勇，等. 添加缬氨酸和异亮氨酸对哺乳母猪及其仔猪生产性能的影响. 动物营养学报，2008，20：281-287.
[6] 蒋亚东，王瑞生，刘作华，等. 母猪赖氨酸需要量的研究进展. 动物营养学报，2015，27：2654-2666.
[7] 孔祥峰，印遇龙，伍国耀. 猪功能性氨基酸营养研究进展. 动物营养学报，2009，21：1-7.
[8] 李华伟，祝倩，吴灵英等. 色氨酸的生理功能及其在畜禽饲粮中的应用. 动物营养学报，2016，28：659-664.
[9] 李宁，谢春元，曾祥芳，等. 饲粮粗蛋白质水平和氨基酸平衡性对肥育猪生长性能、胴体性状和肉品质的影响. 动物营养学报，2018，30：498-506.
[10] 刘超. 可利用氨基酸饲料新技术[M]. 中国农业出版社，2003.
[11] 刘兆金，王彬，印遇龙. 支链氨基酸对mRNA翻译起始的调控作用. 家畜生态学报，2007，28：97-101.
[12] 罗燕红，张鑫，覃春富，等. 饲粮异亮氨酸水平对肥育猪生长性能、胴体性状和肉品质的影响. 动物营养学报，2017，29：1884-1894.
[13] 乔伟，刘惠芳，周安国. 苏氨酸与畜禽免疫. 饲料博览，2004（02）：35-36.
[14] 孙朋朋，宋春阳. 猪限制性氨基酸营养研究进展. 饲料广角，2013（23）：29-31.
[15] 孙玉丽. L-亮氨酸对新生哺乳仔猪肠道发育及氨基酸转运影响的研究[D]. 博士学位论文，北京：中国农业大学，2015.
[16] 田大龙. 基于蛋白组学分析的日粮赖氨酸对肉鸡生长发育影响的分子机制[D]. 硕士学位论文，杨凌：西北农林科技大学，2019.
[17] 杨孝列，刘瑞玲. 动物营养与饲料[M]. 中国农业大学出版社，2015.
[18] 杨雪莲. 必需氨基酸的生物学合成研究[M]. 中国财富出版社，2014.
[19] 印遇龙. 猪氨基酸营养与代谢[M]. 科学出版社，2008.
[20] 赵玉娥，荣瑞芬. 生物化学[M]. 化学工业出版社，2005.

[21] Anthony J C，Yoshizawa F，Anthony T G，*et al.* Leucine stimulates translation initiation in skeletal muscle of postabsorptive rats via a rapamycin-sensitive pathway. The Journal of Nutrition，2000，130：2413-2419.

[22] Belokrylov G A，Molchanova I V，Sorochinskaia E I. Ability of amino acid components of proteins to stimulate the thymus-dependent immune response. Biulleten Eksperimentalnoi Biologii I Meditsiny，1986，102：51-53.

[23] Cuaron J A，Chapple R P，Easter R A. Effect of lysine and threonine supplementation of sorghum gestation diets on nitrogen balance and plasma constituents in first-litter gilts. Journal of Animal Science，1984，58：631-637.

[24] Doi M，Yamaoka I，Fukunaga T，*et al.* Isoleucine，a potent plasma glucose-lowering amino acid，stimulates glucose uptake in C2C12 myotubes. Biochemical and Biophysical Research Communications，2003，312：1111-1117.

[25] Fumagalli S，Thomas G. S6 phosphorylation and signal transduction. In：Sonenberg N，Hershey JWB，Mathews MB（eds）. Translational Control of Gene Expression. Cold Spring Harbor Laboratory Press，Cold Spring Harbor，NY，2000，pp 695-717.

[26] Zhang H W，Yin J D，Li D F，*et al.* Tryptophan enhances ghrelin expression and secretion associated with increased food intake and weight gain in weanling pigs. Domestic Animal Endocrinology，2006，33：47-61.

[27] Horiuchi M，Takeda T，Takanashi H，*et al.* Branched-chain amino acid supplementation restores reduced insulinotropic activity of a low-protein diet through the vagus nerve in rats. Nutrition & Metabolism，2017，14，59.

[28] NRC. Nutrient requirements of swine. 11th ed. National Academy Press，Washington，DC，2012.

[29] Richert B T，Goodband R D，Tokach M D，*et al.* Increasing valine，isoleucine，and total branched-chain amino acids for lactating sows. Journal of Animal Science，1997，75，2117-2118.

[30] Schiavon S，Dalla Bona M，Carcò G. Effects of feed allowance and indispensable amino acid reduction on feed intake，growth performance and carcass characteristics of growing pig. PLoS One，2018，13：e0195645.

[31] Yoo S S，Field C J，McBurney M I. Glutamine supplementation maintains intramuscular glutamine concentrations and normalizes lymphocyte function in infected early weaned pigs. The Journal of Nutrition，1997，127：2253-2259.

第二章

氨基酸代谢研究方法与技术

氨基酸代谢机理的认知很大程度上取决于研究方法与技术，近年来，畜禽氨基酸代谢研究方法与技术取得了快速发展，尤其是同位素标记、瘘管与血插管、信号传导、代谢组学等技术。

第一节　肠道内源性氨基酸测定技术

氨基酸消化率是评定饲料蛋白质生物学效价的重要指标，而要测定氨基酸的真消化率，就必须对内源氨基酸排泄量进行估测（赵晓芳等，2005）。对内源氨基酸损失进行准确测定可获得精准的氨基酸消化率，不仅可以节约日粮蛋白资源，降低饲料成本，还可减少因氮排放造成的环境污染。

一、内源性氨基酸

内源性氨基酸是存在于动物食糜或粪便中的氨基酸，主要包括酶、黏蛋白、脱落的消化道上皮细胞、小肽、氨基酸、氨基化合物和血清白蛋白、细菌等物质。有许多测定内源氨基酸的方法，传统方法包括无氮日粮法、回归外延法和完全可消化蛋白源或静脉灌注平衡氨基酸法。在传统方法的基础上，提出了同位素标记和肽营养素超滤等新的检测技术（杨峰等，2008）。准确测定所有内源氨基酸损失对计算饲料氨基酸真可消化率具有重要意义。由于这些方法在一定程度上具有一些不足，因此应综合考虑后再选择内源氨基酸的测定方法。

二、肠道内源性氨基酸测定技术

（一）无氮日粮法

无氮日粮法是畜禽饲料及原料氨基酸消化率评定的经典方法。其假定畜禽内源性氨基酸为畜禽采食无氮日粮后进入食糜或粪中的蛋白质和氨基酸，并且在不同饲粮条件下，动物内源性氨基酸的排泄量和氨基酸组成是相同或相似的。其代表了最少内源性氨基酸排泄量，随着动物采食蛋白质量的增加，其内源性氨基酸的排泄量亦相应增加（李瑞等，2018）。内源氮可以分成2部分，一部分与日粮蛋白质水平、质量无关，只与通过肠道干物质的量有关，称为非特定内源性氮；另一部分与日粮蛋白质质量和数量有关，称特定内源性氮。无氮日粮法所测得的只有非特定性内源氮（薛鹏程等，2009）。长时间饲喂无氮饮食时，会观察到脯氨酸和甘氨酸的回肠流量很高，可能与谷氨酰胺代谢成谷氨酸、脯氨酸等有关（李瑞等，2018）。畜禽采食无氮日粮，消化道中的消化液和消化酶分泌会减少，流入后肠道蛋白总量也相应减少，因此会低估回肠末端内源性氨基酸的含量。饲喂无氮饲粮，可能影响猪消化道的分泌和吸收功能，一般认为，无氮饲粮法低估了猪的内源性氨基酸排泄量，即高估了饲料的氨基酸真消化率。尽管如此，无氮日粮法较其他测定动物内源氨基酸排泄量的方法有明显的优势：简单易行、成本低廉，目前仍是测定畜禽内源氨基酸损失的经典和常用方法（李峰娟等，2011）。为维持肠道健康，家禽无氮饲粮一般需添加5%的纤维素。无论是家禽（Montagne等，2003）还是猪，提高无氮饲粮的纤维水平都能增加其基础内源氨基酸损失。

（二）绝食法

绝食法通常应用于禽类研究，又称饥饿法。其中最为经典的动物模型是去盲肠成年公鸡，将绝食动物30～36h排泄物中的氮和氨基酸记作内源排泄量，此法简单易行，且成本低（李瑞等，2018）。多数研究表明，采用绝食法测定动物内源氨基酸损失，其测定值偏低，不能代表动物正常采食条件下肠道内源氮排泄情况。这可能与绝食状态下，动物处于负氮平衡的非正常生理状态及缺乏饲料采食对消化道的刺激等有关（李瑞等，2018）。无氮日粮法与饥饿法测定扬州鹅内源性氨基酸排泄量并不完全相同，大部分氨基酸之间存在极显著差异，饥饿法测定的多数内源性氨基酸排泄量低于无氮饲粮法（蒋银屏等，2003）。

（三）回归分析法

Carlson等（1970）发明的回归外推法，是通过给动物饲喂一系列不同蛋白质含量的日粮，外推至当摄入氮为零时的氮或氨基酸排泄量（即回归截距）即内源排泄量。理论上讲，此法对内源氮损失的估计比无氮日粮法具有更高的准确性，因为这种方法考虑了不同品质的蛋白质和抗营养因子等对内源氮和氨基酸排泄量的影响（Wünsche等，1991）。然而，大量的研究表明，回归外延法与无氮日粮法并无显著差异（姚军虎等，2004；翟少伟等，2003）。该方法虽然考虑了日粮蛋白质含量对内源性氨基酸排泄量的影响，但与无氮日粮法一样，在计算饲料氨基酸真消化率时，仍然存在不同的饲料都扣除同量内源性氨基酸。张鹤亮（2005）研究报道，日粮蛋白质水平和猪回肠内源氨基酸流量并非呈简单线性关系，而是呈“S”形曲线关系。

（四）同位素标记法

同位素标记法是运用放射性同位素标记原理，通过^{15}N标记内源（动物）或外源（饲料）蛋白质，进而区分排泄物或食糜中的内、外源成分，是直接检测饲料因素对内源氨基酸影响的测定技术。

^{15}N同位素标记技术可通过两种途径进行，一是对饲料蛋白质进行标记；二是对动物的氨基酸库即内源性氨基酸进行标记。后者最为常用，这是因为^{15}N标记的饲料非常昂贵且不易得到（Fengna等，2011）。此法假定：当^{15}N在体内各部位达到恒态后，回肠末端内源氮中^{15}N丰度同内源氮的前体库，即血浆游离氨基酸中^{15}N丰度相同，并假定各种正常日粮时内源氨基酸模式均与无氮日粮相同。其基本操作为，持续向动物静脉灌注标记的氨基酸（一般为7～9天），标记内源氮的前体库，当^{15}N标记物在血浆FAA中达到稳定后，消化道内源氮^{15}N丰度与血浆FAA中^{15}N丰度相同，根据血浆游离氨基酸中^{15}N丰度同回肠末端食糜中^{15}N丰度之比即可推算出食糜中内源氮占总氮的比例（薛鹏程等，2009）。胡如久等（2015）研究表明，一次性肌内注射引入^{15}N-亮氨酸，利于示踪物快速被吸收进入血液。与静脉注射相比，肌内注射简单易行，在实践中更易操作，并且对家禽的应激较小，测定结果更准确。

（五）高精氨酸法

高精氨酸法的原理是在一定条件下，通过甲基异脲与日粮赖氨酸发生胍基化反应将日粮赖氨酸转化为高精氨酸。当高精氨酸被动物体吸收后，在肝脏中精氨酸酶的作用下，又被重新转变为赖氨酸，同时释放出尿素。高精氨酸被机体吸收后不能用于蛋白质合成（即不构成内源氮），因此吸收后的高精氨酸不会重新出现在肠道中，回肠食糜中存在的高精氨酸应该全部是外源性的，即为饲料中未被消化道吸收的外源蛋白质，其数量代表了未被消化的外源蛋白质的量（Schmitz等，1991）。李铁军等（2004）研究发现，利用高精氨酸技术测定猪和鸡内源性氨基酸排泄量及回肠氨基酸真消化率的效果较无氮日粮法准确。

尽管采用高精氨酸法能够较准确地估计内源氨基酸总量。但这一方法存在不足：只有内源赖氨酸损失被直接测定，其他内源氨基酸损失根据“内源蛋白质具有恒定氨基酸组成”进行推算。因此，对某些氨基酸的估计可能不是十分准确（Sigurd等，1996）。

（六）差量法

差量法认为随着日粮蛋白质水平的升高动物内源性氨基酸排泄量升高，达到阈值后在某一日粮蛋白质水平区间内出现一个平台期，并假定这一蛋白质水平范围的内源性氨基酸排泄量恒定（Sigurd等，1996）。郭广涛等（2008）用差量法测定了鸭的内源氨基酸排泄量，发现差量法能反映动物在采食不同蛋白质水平及性质的饲料或日粮下内源氨基酸排泄和氨基酸真消化率的实际情况及生理规律，且操作较酶解酪蛋白/超滤法简单，是比较理想的方法。

（七）酶解酪蛋白法

Moughan等（1991）及Batts（2010）建立了酶解酪蛋白法。该技术的原理和过程如下：给动物饲喂含酶解酪蛋白（分子量低于5000）作为唯一蛋白质来源的半纯合日粮，然后收集回肠末端食糜，立即通过离心和超滤等方法，将食糜中的大分子蛋白质（分子量大于10000）与小分子蛋白质（分子量小于5000）迅速分离开来，大分子量蛋白质即为内源性，而小分子量蛋白质是饲粮中未被吸收的部分。李建涛等（2007）研究发现，与无氮日粮法相比，酶解酪蛋白法是在动物接近正常生理状态下测定的内源损失，试鸡的采食量在无氮日粮组和酶解酪蛋白超滤组一致，但无氮日粮组的17种氨基酸的内源流量酶都低于解酪蛋白组。17种氨基酸的内源总流量，酶解蛋白组比无氮日粮组高22.7%。酶解酪蛋白法能够测定动物采食正常含氮日粮条件下的内源氨基酸的排泄量，能直接估测内源氮和所有内源氨基酸排泄量，因此，国际上目前趋向于采用此种方法来测定动物内源氨基酸排泄量（Yin等，2003；Butts等，2002）。

（八）无氮日粮+合成氨基酸和无氮日粮+静脉灌注合成氨基酸法

为避免氨基酸不平衡对动物内源氨基酸排泄量的不利影响，研究者们通过添加合成的氨基酸或氨基酸静脉灌注的方式改变动物机体的负氮平衡状况。Darragh等（1990）提出，饲喂以氨基酸为唯一氮源的合成日粮（无氮日粮+合成氨基酸），并假定合成氨基酸可100%被吸收。而无氮日粮+静脉灌注合成氨基酸法由de Lange等（1989）首次提出，在饲喂无氮日粮时，静脉连续注射平衡AAs，在动物处于正常氨基酸代谢状况下，测定内源氨基酸排泄量。Leterme等（1994）对比了无氮日粮法、可消化酪蛋白法和静脉灌注平衡氨基酸法对内源氨基酸排泄量的影响。结果表明，除脯氨酸、蛋氨酸和胱氨酸的排泄量显著低于无氮日粮法外，其余氨基酸的内源排泄量与无氮日粮的测定值之间无显著差异。这是由于合成氨基酸并不能起到蛋白质或多肽刺激消化酶分泌的作用，因此并非正常日粮，不能研究正常粗蛋白质采食量对内源氨基酸排泄量的影响。

第二节 肠道氨基酸消化率测定技术

饲料氨基酸消化率的测定是评定猪禽饲料蛋白质营养价值的一个重要方面。自从1948年，Kuiken等（1948）首先用全收粪法测定猪饲料氨基酸的消化率后，全收粪法便在此后的二三十年间得到了广泛应用。Payne等（1968）提出了氨基酸消化率应在大肠微生物发生作用前的小肠末端测定的观点。Just等（1981）用盲肠灌注技术证实了大肠中吸收的氮对猪体内氮没有改善，而从小肠吸收的氨基酸几乎全部用于体蛋白的合成，此后，测定氨基酸消化率应在回肠末端得到了广泛认可。

一、全收粪

全收粪法是测定氨基酸消化率较传统的一种生物学方法，即收集有完整消化道或切除盲肠的鸡的粪便，来测定饲料氨基酸消化率。但该法存在一些缺点：① 粪尿无法分离，测定的结果是代谢率而不是消化率；② 忽视了后段肠道微生物消化、利用并合成微生物蛋白的作用，进而影响粪中氨基酸的比例和浓度；③ 强饲法易使动物产生应激，可能对消化过程产生影响（邓雪娟和刘国华，2009）。此后，有研究发现回肠法和全收粪法测得的氨基酸表观消化率存在差异，回肠和粪表观及真氨基酸消化率在不同原料之间均存在差异。在一些原料中，全收粪法比回肠法高估了表观和真氨基酸消化率，因而回肠末端食糜法提供了一种比全收粪法更可靠的估测氨基酸消化率的方法。在此基础上提出了肉鸡饲料原料标准回肠氨基酸消化率的概念，即通过内源氨基酸基础损失校正表观回肠氨基酸消化率而得标准回肠氨基酸消化率。

二、回肠末端瘘管技术

Payne等（1971）首先提出采用回肠末端消化率以减轻禽后段肠道中微生物对氨基酸测值可能产生的影响。其原理与全收粪法基本相同，不同点在于收集的是回肠末端的食糜，可通过屠宰或安装回肠瘘管的方法来收集。

马永喜等（1997）根据特点将其归纳为屠宰法、瘘管法和回直肠吻合术（IRA）。其中，瘘管法包括T形瘘管法、简单T形瘘管法（STC）、瓣后T形瘘管法（PVTC）、回盲瓣可移动的T形瘘管法（SICV）、桥形瘘管法、瓣前桥形瘘管法（FVRC）和瓣后桥形瘘管法（PICV）；回直肠吻合术（IRA）则包括瓣前端侧吻合术（ES-IRA）、瓣前端端吻合术（EE-IRA）、瓣后端侧吻合术（ESV-IRA）和瓣后端端吻合术（EEV-IRA）。而瓣前桥形瘘管法（FVRC）又可分为回-回桥形瘘管法、回-盲桥形瘘管法、回-结桥形瘘管法和回-直桥形瘘管法。其中简单T形瘘管、PVTC瘘管和回直肠吻合术是实际应用中最常见的方法。

猪的回肠末端“T”形瘘管安装技术先被研发应用，后来随着研究的不断进步也出现了桥形瘘管。“T”形瘘管技术手术简单，也易于饲养管理，但所测结果误差较大；桥形瘘管技术手术复杂，采用三氧化二铬作为指示剂时，比“T”形法可靠，但管理工作较繁重（印遇龙，1989）。STC法是在回盲瓣前5～10cm回肠处植入瘘管，虽然手术过程及护理比较简单，取样时对消化道功能影响较小，但不能收集全部的回肠食糜。随后发明了PVTC法，通过切除大部分盲肠，将瘘管植入回盲瓣后盲肠，因此加大了瘘管口径，让瘘管口正对着回盲瓣就可以完全收集食糜。不过由于切除盲肠太多，可能会改变氮的消化率。如果是长期研究富含纤维素日粮的消化动力学和消化率的试验，最好是选择SICV法，它是从PVTC发展出的一种更新的用于定量化收集回肠食糜的改进方法，此法用2个不锈钢环使回盲瓣可移动，平时食糜流动方向正常，在采样时，通过收紧2个环使得回肠食糜能够完全通过“T”形管，从而达到全收样的目的（李少宁等，2015）。采用这种方法，小肠和大肠的消化动力学都能测定，食糜的堵塞现象难以发生，不过手术安装复杂，对手术人员的技术要求很高。桥形瘘管法是在肠道2个不同部位各植入1个“T”形瘘管，然后用一桥式玻璃管将两者连为一体（张珂卿等，1992）。取样时将桥式玻璃管拿开，就可以从近端瘘管收集流出的食糜，采样后，余下食糜经加温从远端瘘管送回体内，以保持体内的正常代谢。桥式瘘管法是测定养分消化率的标准方法，测值精确，但手术难度大，术后护理困难（谢宝柱等，2004）。PVRC是指近端瘘管位于回-盲瓣之后的桥形瘘管法。对常规测定来说，桥形瘘管费时费力。因此，迄今为止，在实际日粮分析中，用得最广泛的方法还是“T”形瘘管技术。

三、影响氨基酸消化率测定值的因素

（一）内源氨基酸的测定方法对氨基酸真消化率的影响

内源氨基酸的测定的方式主要有直接法和间接法两种。前者包括绝食法和无氮日粮法；后者包括回归法、同位素法、一次性注射法等。翟少伟等（2003）分别使用无氮日粮和饥饿法测定了海兰褐公鸡内源氨基酸排泄量的差异，结果表明，两种方法测定的内源氨基酸中，甘氨酸、赖氨酸和肽氨酸排泄量差异不显著，其他内源氨基酸的排泄量无氮日粮法极显著高于饥饿法，且用无氮日粮法测得的内源总氨基酸排泄量极显著高于饥饿法。因此不同内源性氨基酸的测定方法，计算出的氨基酸消化率不相同。

（二）消化道完整性对氨基酸消化率测值的影响

禽类盲肠内栖居着大量的微生物。据报道，每克禽类盲肠食糜中大约有1011个专性厌氧菌（田河山等，2000）。这些微生物能够对进入盲肠或大肠中的氨基酸或非蛋白氮等含氮类物质进行分解和合成，改变食糜中氨基酸的组成情况（Kadim等，2008）。猪粪氮的60%～80%来自大肠微生物降解含氮物，家禽食糜中大约含有25%的微生物氮（刘超等，2002）。因此，为减少盲肠内微生物对氨基酸利用率的干扰，提出了在测定饲料氨基酸利用率时应切除盲肠的主张（任鹏等，1997）。这种技术首先在测定鸡饲料氨基酸利用率时得到使用（Parsons等，1982），随后又被应用于测定鸭饲料氨基酸的利用率（Ragland等，1999）。

已有的研究，在去盲肠、不去盲肠对禽氨基酸消化率测定值影响的结果并不一致。有研究发现，4种不同蛋白质饲料氨基酸的表观消化率在去盲肠与不去盲肠两组间没有统计学的差异（任鹏等，1997）；卢福庄等（1998）用去盲肠鸡和正常鸡测定了国产鱼粉、发酵血粉等6种饲料中氨基酸的表观利用率和真利用率，研究发现，6种原料中某些氨基酸的表观利用率和真利用率差异显著，但是正常鸡和去盲肠鸡的测值差异不明显。

（三）回肠氨基酸消化率标准化

1.回肠氨基酸消化率

回肠消化率数值可用表观回肠消化率（Apparent ileal digestibility，AID）、标准回肠消化率（Standardized ileal digestibility，SID）或真回肠消化率（The ileal digestibility，TID）表述，后二者是由表观回肠消化率经内源氨基酸损失校正而得，二者的本质区别在于回肠末端内源氨基酸损失的校正形式不同。通常将回肠末端内源氨基酸损失分为基础损失和特殊损失。基础损失指动物不可避免的最低氨基酸损失量，是由于摄入干物质而引起的分泌和排泄，不受饲料原料和日粮组成的影响。

特殊损失是受特殊饲料原料特性（如纤维水平和类型以及抗营养因子等）的影响而引起的额外损失。用内源氨基酸基础损失校正表观回肠消化率，即为标准回肠氨基酸消化率；用内源氨基酸基础损失和特殊损失校正表观回肠消化率，就可计算出真回肠氨基酸消化率。

2.表观回肠氨基酸消化率

氨基酸的AID是指摄入的日粮氨基酸从消化道近端到回肠末端的损失量占摄入的日粮氨基酸的比例。通过家禽回肠末端食糜氨基酸的流量和组成来计算AID的值，AID与采食的日粮氨基酸的总回肠流量有关。计算公式如下：

AID（%）=[（氨基酸摄入量−回肠氨基酸流量）/氨基酸摄入量]×100%

“表观”一词强调未被消化的日粮氨基酸以及分泌到胃肠道和从近端到回肠末端未被重吸收的内源性氨基酸，这两者构成了总回肠氨基酸流量。表观回肠氨基酸消化率最大的缺陷在于未考虑内源氨基酸损失，必然会低估实际的氨基酸消化率。

3.真回肠氨基酸消化率

氨基酸TID反映从消化道近端到回肠末端消失的日粮氨基酸部分。在这种情况下，只与未消化的日粮氨基酸和摄入的氨基酸有关，当AID的回肠氨基酸流量减去总回肠内源氨基酸损失时，TID的计算方式和AID的相同。计算公式如下：

TID（%）={[氨基酸摄入量−（回肠氨基酸流量−内源氨基酸损失）]/氨基酸摄入量}×100%

如果AID已经计算出来，按照如下公式更容易估测TID：

TID（%）=AID（%）+（内源氨基酸损失/日粮氨基酸含量）×100%

由于真回肠氨基酸消化率计算过程中扣除了回肠内源氨基酸的损失，因而与表观回肠氨基酸消化率相比，更接近氨基酸消化的真实情况。

4.标准回肠氨基酸消化率

用计算TID的方法从回肠氨基酸流量中减去内源氨基酸基础损失，就可以计算出SID计算公式如下：

SID（%）={[氨基酸摄入量−（回肠氨基酸流量−内源氨基酸损失）]/氨基酸摄入量}×100%

若AID已经计算出来，SID可用下面的公式计算：

SID（%）=AID（%）+（内源氨基酸损失/日粮氨基酸含量）×100%

内源氨基酸基础损失（g/kg干物质）=食糜中氨基酸含量（g/kg干物质）×[日粮中指示剂含量（g/kg干物质）/食糜中指示剂含量（g/kg干物质）]

上述公式为肉鸡采食了无氮日粮或酶解酪蛋白后食糜中氨基酸含量（g/kg干物质）和指示剂含量（g/kg干物质）。

SID值反映了TID值和饲料原料对内源氨基酸特殊损失的影响。TID值减小或内源氨基酸特殊损失增大都可能引起SID值变小。

第三节 门静脉回流组织氨基酸测定技术

血液是营养物质、代谢产物、激素以及其他物质的转运媒介。在猪体循环中，与养分运输有直接关系的循环为门脉循环，门脉由胃、肠、胰、脾等处的静脉集合而成，动脉血由主动脉的腹腔部经腹动脉及肠系动脉而到达门脉器官，而门脉器官的静脉血并不直接回入心脏，其先汇集于门静脉，门静脉又逐渐分支在肝内与肝动脉血相会合。消化器官消化的养分即经门静脉运至肝脏，再加以适当的处理。为此，给猪安装动-静脉血管插管，可以从其血液成分变化过程中准确地反映日粮因子对猪的作用效果以及猪的营养状态（李铁军等，2003）。

一、动静脉血管瘘管安装方法

（一）门静脉瘘管安装

上翻肝叶，在胆管根部附近、肝门淋巴结左下侧找到门静脉，剥离筋膜，暴露血管壁。用医用无损伤缝合线在暴露位点周围筋膜上做一荷包缝合，用于固定导管。在荷包缝合中心，用穿刺针沿血流入肝方向15°～30°角，小心穿破门静脉壁。从穿刺针尾端导入导丝进入门静脉，深度约2cm。顶住导丝后端，从门静脉轻轻退出穿刺针，用止血钳夹住穿刺针前端的导丝，固定导丝，防止其脱出门静脉。彻底退出穿刺针，立即在导丝后端套上中心静脉导管，慢慢推进，直到贴近止血钳为止。去掉止血钳，将中心静脉导管沿导丝插入血管，深度约2cm。用止血钳贴近门静脉外侧，轻轻夹住导管。从导管后端，慢慢抽出导丝。中心静脉导管后端安装肝素帽。回抽血液，确认导管畅通。向导管内注入含肝素钠的生理盐水（250U/ml）3ml。用预先缝合在淋巴结上的无损伤缝合线固定导管。然后在导管上向后做几次打结，固定导管。清理纱布和血块，最后将导管从切口背侧端向后导出体外（赵胜军等，2015）。

（二）肝静脉瘘管安装

用手下压肝脏，充分暴露肝的膈面，在肝与膈肌结合近心端有一悬韧带，其下即为肝静脉窦，是几条较大肝静脉在后腔静脉的出口汇合处。用无损伤缝合线在靠近肝静脉窦的膈肌上缝合2针，用作固定导管。用已穿入导丝的穿刺针斜向下45°～60°刺破肝静脉窦，进针深度1.5～2cm。向前推进导丝，达肝静脉主干，深度约2cm。此后，安装导管、撤出导丝、固定导管、肝素钠封管的操作同门静脉瘘管的安装。清理纱布和血块，最后将导管从切口腹侧端向后导出体外。在肝静脉穿刺操作过程中，需准确把握插入方向和角度，不要刺破膈肌，造成气胸，同时也要注意，所有操作过程中用纱布对肝脏进行保护，防止其破裂和损伤（赵胜军等，2008）。

（三）肠系膜静脉瘘管安装

分为肠系膜静脉近心端血管瘘管安装和肠系膜静脉远心端血管瘘管安装：

1.肠系膜静脉近心端血管瘘管安装

撤除腹腔拉钩。从切口将大网膜拨向头端，翻出小肠。将部分小肠拉出体外，找到肠系膜近心端静脉主干。选尽量靠近门静脉的位点作为导管插入点，剥离血管外侧筋膜，显露静脉血管壁。围绕插入位点周围做一荷包缝合，用于固定导管。在荷包缝合中心，用穿刺针沿血流入肝方向30°～45°角，小心穿破肠系膜静脉，进针深度0.5～1cm，向前推进导丝深度约2cm。此后，安装导管、撤出导丝、固定导管、肝素钠封管的操作同肝静脉瘘管的安装。不同的是导管进入肠系膜静脉深度4～5cm，让导管的前端到达距血管主干与胃脾静脉汇合处1～2cm的位置。然后清理纱布和血块，把近端小肠塞入体内，再将导管从切口背侧端向前导出体外。

2.肠系膜静脉远心端血管瘘管安装

回盲静脉瘘管主要用来灌注对氨基马尿酸（Para-aminohippuric acid，PAH）测定血流量。翻出小肠远端，找到回盲瓣。沿回盲瓣找到空肠和回肠之间的淋巴结，剥开淋巴暴露静脉血管，做荷包缝合。在荷包缝合中心，用穿刺针向空肠血流入肝方向30°～45°角，小心穿破静脉壁。此后导管的安装过程同肠系膜近端导管安装。肝素钠封管，清理纱布和血块。把全部小肠塞入体内，然后将导管从切口背侧端向前导出体外。

关闭腹部切口时，仔细调整好导管在体内和切口的位置，用螺旋法缝合腹膜、肌肉，用结节法缝合皮肤，关闭腹部切口，在创口上撒上消炎粉。在切口外的皮肤上固定好每个导管，并将导管带肝素帽的一端放入自制的缝合袋中。把缝合袋固定在背部皮肤上，以防止导管脱落（赵胜军等，2016）。

（四）颈动脉瘘管安装

在颈部找到颈静脉沟，在颈静脉沟中心纵向做一切口，长度7～8cm切开皮肤后，垂直向下钝性剥离肌肉组织，直到找到颈动脉。颈动脉与迷走神经伴行，用手触碰会有明显的跳动感。将颈动脉拉出体外，然后将其与迷走神经分离，剥离动脉鞘，暴露出一段长为3 ～ 4cm的颈动脉。在血管下侧穿入两根短线。结扎血管的远心端。在近心端剥离血管外侧筋膜暴露血管壁，小心剪破血管，向近心端方向插入硅胶管，深度8 ～ 10cm，至颈静脉窝（可以预先估测导管插入位点与颈静脉窝之间的距离，以便导管能插入预先选定位置）。用近心端的短线将血管和导管同时打结、固定导管。在导管上向后多次打结，延长固定导管。肝素钠封管、清理纱布和血块。然后将导管从颈部穿出至背部，并在背部缝合固定导管。缝合颈部肌肉与皮肤，在创口上撒上消炎粉。给试验猪穿上护理衣，防止试验猪将导管蹭掉。手术结束后，给猪注射1针破伤风抗毒素（赵胜军等，2008）。

二、氨基酸测定

（一）直接安装流量计

给猪安装动-静脉血插管，从其血液成分变化的过程中准确反映猪的营养状态以及日粮因子对猪的作用效果。可通过仪器直接读出门静脉血流量。营养物质净流量计算公式为：

$$q = (C_p - C_a) \times D \times dt$$

$$Q = \sum_{t_0}^{t_1} q$$

式中，q为短时间内（当时间因素dt在5min内，可以视为为常数）某营养物质吸收的量，C_p为门静脉某营养物质的量，C_a为颈动脉某营养物质的量，D为门静脉血浆流率，Q为采食后在时间t_0与t_1之间某营养物质吸收的量，但这一吸收量仅为门静脉血液某营养物质的净吸收量，不包含营养物质总的吸收量（黄瑞林，2002）。

（二）示踪剂稀释法间接测定

此方法的原理是通过肠系膜静脉以一定的速度灌注一种不能被机体分解的物质，该物质随血液流经全身，然后从门静脉和肝静脉检测出该物质的浓度，而这种物质我们一般选用PAH。PAH是一种在猪体内完全不被吸收的物质，并且不能被肝脏清除。PAH经血液循环运到肾，最后随尿液排出体外。

门静脉、肝静脉血浆流速计算公式如下：

$$I = C_0 \times V_0$$

$$FP = I/(CP - CA)$$

$$FH = I/(CH - CA)$$

式中，I为灌注速率（mg/min）；C_0为灌注浓度（mg/mL）；V_0为灌注的速率（mL/min）；CP为门静脉中PAH的浓度（mg/mL）；CH为肝静脉中PAH的浓度（mg/mL）；CA为颈动脉PAH的浓度（mg/mL）；FP为门静脉血浆流速（mL/min）；FH为肝静脉血浆流速（mL/min）。

门静脉和肝静脉血浆氨基酸流通量、PDV组织血浆氨基酸净吸收量、进出肝脏血浆氨基酸绝对变化量的计算公式如下：

$$TP = NP \times FP$$

$$TH = NH \times FH$$

$$PDVF = FP \times N(P-A)$$

$$NFLiver = N(H-A) \times (HAPF + FP)$$

式中，$N(P-A)$为门静脉血浆中氨基酸浓度–颈动脉血浆中氨基酸浓度；$HAPF$为肝动脉血浆流速（mL/min）；$N(H-A)$为肝静脉血浆中氨基酸浓度–颈动脉血浆中氨基酸浓度；$N(H-P)$为肝静脉血浆中氨基酸浓度–门静脉血浆中氨基酸浓度；$PDVF$为门静脉血浆净吸收量（mg/min）；$NFLiver$为进出肝脏血浆氨基酸绝对变化量（mg/min）；TP为门静脉氨基酸流通量（mg/min），NP为门静脉氨基酸浓度，TH为肝静脉氨基酸流通量（mg/min），NH为肝静脉氨基酸浓度（Tagari等，2008；Bermingham等，2007）。

第四节　氨基酸体外消化率测定技术

目前估计猪饲料氨基酸利用率的常规方法是通过体内法测定氨基酸回肠消化率，尽管体内法结果能比较真实地反映饲料氨基酸的消化吸收情况，但其依赖于荷术动物，时间长、费用高，难以进行大批量的测定，且生物学影响因素多，结果变异较大，重复性差，限制了其实用性。因此，为了能够经济、简单和快速地评定饲料的氨基酸营养价值，人们建立了各种体外法。

一、化学法

目前仅限于测定饲料中可利用赖氨酸的含量，由于赖氨酸的ε-氨基处于游离状态时才具有生物学价值，而当其与醛、酮或还原糖发生Millard反应时，就很难再被动物吸收，因此可通过未结合的ε-氨基赖氨酸的数量来测定可利用赖氨酸的含量。

（一）FDNB法

1955年，Carpenter首创1-氟-2，4二硝基氟苯（2，4-Dinitrofluorobenzene，FDNB）反应法。在实践中，FDNB法评定动物性蛋白质和缺乏赖氨酸的高比例谷实类饲料时，与生物学测定法有良好的相关性，但碳水化合物严重地干扰测定（Nordheim等，1984）。

（二）TNBS法

用2，4，6-三硝基苯磺酸（2，4，6-trinitrophenylsulfonic acid，TNBS）代替FDNB，进一步缩短了样本的制备过程。该法的测值比FDNB的低，与生长试验的结果更加吻合，能有效地估计籽实类的赖氨酸有效率（Hurrell等，1974）。

（三）DBL法

化学法应用得最广泛的是染料结合法（Dye binding lysine methods，DBL），该法利用偶氮染料酸性橙12（AO-12）在酸性条件下（pH2 ～ 3）与碱性氨基酸的ε-氨基、胍基、咪唑基发生等摩尔的结合，生成不溶性有色络合物的原理来测定（Finot等，1977）。

二、生物学法

化学法的优点是快速、简便、经济，但不能完全反映被动物消化吸收的情况，现主要用于估计热处理后的蛋白质和氨基酸的营养价值。化学法估测的有效赖氨酸值通常偏高，必须用生物学法加以校正。

（一）微生物法

微生物法曾经是测定饲料中氨基酸含量的基本方法，也被用来估测氨基酸利用率。该法是以某些与高等动物必需氨基酸需要量相似的微生物对饲料中某些氨基酸的生长反应来估测氨基酸的利用率，称为相对营养价值。链球菌在正常的增殖过程中需要8种氨基酸，通过测量菌落的变化，可以估计各种饲料中的精氨酸、组氨酸、亮氨酸、异亮氨酸、缬氨酸、蛋氨酸和色氨酸利用率的差异。链球菌测定的可利用赖氨酸和蛋氨酸含量，重现性也很好，且与雏鸡生长试验结果吻合。据报道，大肠杆菌实验估测可利用赖氨酸要比化学法准确（Anantharaman等，1983）。

除上面提到的菌种外，先后有许多学者对微生物进行了大量的研究和报道，并已开发出许多菌种及异形体。Erickson等（2000）改进了传统的光密度测定法，利用能够发荧光的大肠杆菌突变异形体，估测4h内赖氨酸利用率并获得很好的结果。微生物法比化学法测定的必需氨基酸的利用率种类要多些。不过，微生物法与动物的真实消化过程相距较远，评估的只是蛋白质的相对价值，要求的试验条件严格，不同的微生物品种或品系对氨基酸的生长有较大差异，缺乏某些氨基酸对某微生物生长规律影响的研究。因此，在应用该法时，应在重复试验中严格保持培养基和环境条件的一致。

（二）消化酶法

消化酶法是在模拟体内条件下把待测样品用蛋白酶溶液水解，然后测定过滤后的滤渣或滤液中的养分含量，最后根据待测养分的消失率和体内实测消化率之间的相关性，用回归方程估计其生物学效价。与其它体外法相比，酶法的优点是：可以同时估测饲料中全部20种氨基酸的消化率或利用率；与体内法的相关性高于其它体外法；结果重复性好，但是由于体内的消化过程是极其复杂的，各种酶法对体内的模拟都还不够完美。

1.胃蛋白酶和猪小肠液两阶段水解法

该法系Furuya等（1989）创立。该法用猪体内小肠液代替了难以配制的多酶液，模拟小肠内消化阶段，曾成功地用于猪、鸡饲料代谢能、消化能等的离体测定。由于该方法结果误差较大，尚不能比较准确地估测饲料的氨基酸消化率。Fuurya等（1989）采用胃蛋白酶和小肠液先后进行4h的体外孵育以模拟猪胃和小肠内消化过程，测得7种日粮干物质和粗蛋白质消化率与体内粪表观消化率具有较好的相关性。丹麦学者Boisen等（1991）提出了先用pH2.0的胃蛋白酶处理，再用胰蛋白酶处理，结束后用5mL 20%的磺基水杨酸沉淀未被消化的蛋白质，经过滤后，由样品和未消化残渣含量计算出粗蛋白的体外消化率。虽然测得的结果变异系数（$CV=3.8$）很低，但体外法和体内法测得的结果相关性不强（$r^2=0.57$）。这一方法尽管可以克服采用小肠液酶活不稳定的缺陷，但反应过程仍然是在封闭容器中进行的。

2.透析法

一些研究者仿照体内消化过程，发展了可使水解产物及时分离的透析方法。初步结果表明，该法测定的各种氨基酸的降解率数据与体内法的有效氨基酸含量相关程度很高。采用透析方法可以将消化产物连续除去，就如被小肠吸收一般，从而消除产物抑制现象，因此与其他体外消化测定技术相比，透析法能更准确模拟猪小肠内的动态消化吸收过程。Gauthier等（1982）进一步发展了透析体外测定技术，他采用胃蛋白酶—胰蛋白酶两步酶解法，先在烧杯中用胃蛋白酶进行孵育（pH1.9，30min），然后将反应混合液pH值调至中性后转入透析袋内（截流分子量为1000），再加入胰酶制剂进行体外孵育（pH8.0，24h）。孵育过程中透析袋被悬吊在缓冲液中，通过替换缓冲液可连续也可间断地将消化产物排出去，且随着缓冲液更换频率的增加，蛋白质体外消化率显著提高，这也表明消化产物积累确实产生抑制作用。Savoie和Gauthier（1986）对1982年设计的透析装置进行改进，将其设计成完全密闭的消化体系，体系内包括几个相互独立的消化单元，每个单元的缓冲液循环、水温控制及搅拌装置均可独立工作。采用改进后的消化装置可得到更好的测定结果，重复性较好，且蛋白质水解产物的渗透速率较适宜。透析技术可用于研究蛋白质降解、估测日粮氨基酸利用率、测定淀粉消化率。

三、活动尼龙袋法

Sauer等（1989）发明了活动尼龙袋法，但由于尼龙袋要通过全部大肠，得到的实际上是粪消化率，不能准确用于饲料蛋白营养价值的评定。Yin等（1995）采用回直肠吻合并装有十二指肠“T”形瘘管的阉公猪，测得与常规法结果相似的猪氨基酸回肠消化率。活动尼龙袋法是体内和体外结合的两步法，是一种快速简便的方法，且可直接测定单一蛋白饲料，其缺点是仍然需要依赖荷术动物，不是完全的体外法，在操作规范方面也还有许多需要完善。

四、近红外反射光谱分析技术

近红外反射光谱（Near infrared reflectance spectroscopy，NIRS）是20世纪70年代以来迅速发展起来的一种非破坏性瞬间分析技术。近年来，开始被用于可利用氨基酸含量的估计。该法根据样品的理化特征直接反映其可利用氨基酸含量，省略了样品的预先消化和氨基酸含量的测定阶段（Tvan等，2010）。

目前，用NIRS预测饲料原料真可消化氨基酸含量的研究尚处于探索阶段，尚不能对胱氨酸等含硫氨基酸准确预测。NIRS法最大优点是非常快速，且实际消耗样品极少，测定成本低。其缺点是需要大量的常规体内或体外样品分析，以建立充分的校正样品群体。

第五节　尤斯灌流系统

20世纪40年代末期至50年代初期，丹麦学者Hans Ussing开始利用尤斯灌流（Ussing Chamber）方法研究上皮组织的离子转运。目前，其应用主要集中在药学领域，通过微电极检测细胞膜离子通道的电流变化，对肠道药物吸收通透性和分泌情况进行研究。随着Ussing Chamber在工艺设计方面的不断完善，其应用也越来越广泛，并且逐渐在畜禽营养与生理学研究领域得到应用。本节介绍了Ussing Chamber的基本构造和应用原理并介绍了Ussing Chamber系统在胃肠道屏障功能以及营养物质吸收和转运领域的应用进展。

一、Ussing Chamber系统的基本构造

Ussing Chamber系统主要由灌流室、电路系统、数据采集系统以及配套系统组成。常见的灌流室有2室、4室、6室和8室4种类型。根据工艺不同，又分为循环式和持续式灌流室。循环式灌流室包括1个U形管道和2个半室，2个半室中间是1个可嵌合组织样本且可移动的插件。持续式灌流室包括2个溶液贮器，通过聚乙烯管道将溶液引入2个半室，并设阀门控制流速。

电路系统包括用于测量跨上皮电压和电流的电极、与电压/电流钳相连的导线以及电压/电流钳。电压/电流钳由灵敏的首级信号采集片、电流和流体阻抗调节器、用于电导/电阻测量的脉冲发生器、可通过计算机进行仪器控制和数据采集的远程接口以及LED读数显示器组成。

数据采集系统是一套综合的数据采集与分析软件包，由数据采集硬件、接口电缆及ACQUIRE和ANALYZE（A&A Ⅱ）软件包组成。A&A Ⅱ在Windows环境下运行，可测量电流、电压、电导及阻抗，可同时对1～8个组织进行测量，还包括缩放控制、实验协议、事件标记、数据析取及快速数据汇总等其它功能。不同于通常的数据采集软件，A&A Ⅱ专门为上皮组织研究而设计。例如，若要测量药剂在8个组织中逐步加入对短路电流（Isc）的剂量/响应曲线，可在计算机上监测Isc直到基础读数稳定。在文件中设置一个事件标记，并对8个组织进行第一次试剂加入，当电流达到一个新的稳定值（或达到一个规定时间）时，再设置另一个事件标记并做第二次试剂加入。

配套系统包括恒温水浴箱、5%CO_2+95%O_2混合气体循环系统和注射器等。恒温水浴箱的技术参数：功耗为1kW，水泵流速为6L/min，恒温波动小于0.5℃。

二、Ussing Chamber系统的应用原理

（一）上皮细胞电生理基础

上皮组织由密集排列的上皮细胞和少量细胞间质组成，具有极性和紧密连接，这也是区别于其他组织的两大特征。极性是因为细胞游离面（或顶面）和基底面结构和功能的分布不均造成的；而紧密连接又称闭锁小带，常见于单层柱状上皮和单层立方上皮中，位于相邻细胞间隙的顶端侧面，紧密连接除具机

械连接作用外，更重要的是封闭细胞间隙，阻止细胞外的大分子物质经细胞间隙进入组织内。紧密连接的形状和渗透性决定上皮组织的完整性以及对物质的阻抗力（R_t）。上皮组织R_t可用以下公式描述：$R_t = rL/A$；式中，r为组织电阻系数，L为组织长度或厚度，而A为组织的面积。就一具体组织而言，R_t可分解为并列电阻器，如图2.1所示。单层上皮细胞总阻抗用基尔霍夫定律可表示为：$R_t =（R_a+R_b）\times Rshunt/（R_a+R_b+Rshunt）$，式中，$R_a$为细胞顶膜阻抗，$R_b$为基底膜阻抗，$Rshunt$为并联的分流电阻。根据欧姆定律，$R_t$可用如下公式计算，$R_t = \Delta V/\Delta I$。向上皮组织施加一个电压，通过电流的变化计算出$R_t$，这就是所谓的电压钳，施加电流时则为电流钳。绝大部分Ussing Chamber系统一般都能进行钳电压和钳电流操作。

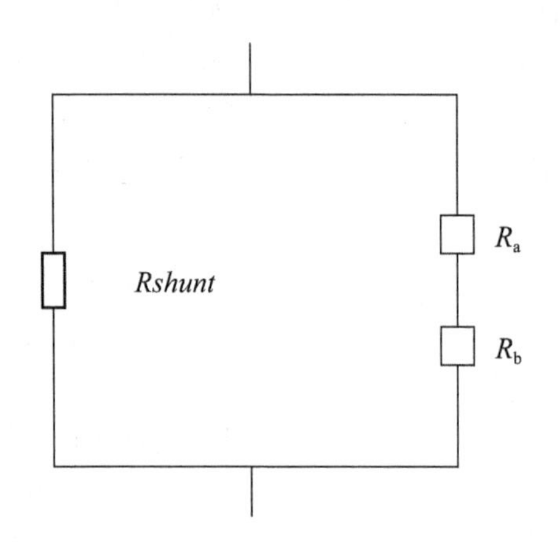

图2.1 单层上皮细胞等效线路

上皮细胞膜上的蛋白质逆着离子浓度梯度将离子从膜的一侧转运向另一侧，转运过程中产生跨膜电势，被称为V_t。产生V_t的前提是上皮细胞膜顶侧和基底侧离子的分布是非均匀的。细胞膜顶侧电势（V_a）和基底侧电势（V_b）之差即为V_t。给予上皮细胞任一电流，即可完成V_t的测定，这就是通常所说的断路记录，在研究上皮物质的吸收以及分泌机制方面极为有用。对于吸收组织，V_a主要由Na^+通道活性决定；而对于分泌组织，V_b则主要受Cl^-导电性能决定，而Cl^-导电性能通常是囊性纤维化跨膜调节导体（CFTR）。

*Isc*被定义为单位时间通过上皮细胞的电荷流量。测定*Isc*时，需测定V_t在0mV时的电流，以校正*Isc*。然后给予上皮细胞不为0时的V_t，根据V_t和*Isc*计算出R_t：$Isc = V_t/R_t$。从上面公式可以看出，*Isc*可以在断路情况下求得，因为V_t和R_t在断路情况下为已知（Mall等，1998）。

上皮细胞顶膜和基底膜结合形式多样，因此在上皮细胞顶膜不易区分出来自于细胞基底膜离子通道和转运载体的CFTR功能。采用离子替代品和药物（如制真菌素，Nystatin）以抑制其它转运蛋白的活性可克服这一困难（McNamara等，2001）。Nystatin属于多烯抗生素，能形成人为亲水通道（Sun等，2008）。该通道只允许单价阳离子、水以及非电解质的小分子物质渗透。Nystatin亲水通道也允许阴离子如Cl^-渗透，但是通过的阳离子和阴离子之比为9：1（Sun等，2008）。需要说明的是ATP等大分子物质以及二价阳离子不能通过Nystatin亲水通道。当研究ATP在上皮细胞中的浓度时，需使用金黄色酿脓葡萄球菌α-毒素以产生较大的亲水通道，使得ATP能通过细胞膜。这项技术已经用于研究肠道上皮细胞顶膜的内源Cl^-通道（Cirera等，2001）。

（二）Ussing Chamber系统基础电路

Ussing Chamber系统的基本功能是进行上皮细胞膜离子泵功能和抗渗阻抗测定，Ussing Chamber系统的等效电路图如图2.2所示。从前述中可知道上皮细胞膜离子泵在转运离子过程中产生*Isc*，而上皮抗渗阻抗功能使得上皮细胞成为电阻器。离子泵将离子从上皮细胞一侧转运向另一侧，并且产生离子电流。上皮细胞本身属于超薄绝缘体，膜两侧由绝缘性能良好的材料构成，形成电容器（C_r）。上皮细胞同时具备电流发生器、R_t和C_r三大特征。整个上皮组织的抗渗阻抗被定义为组织电阻。上皮组织被放置在于缓冲液中，同时形成4个电阻器，分别定义为R_1～R_4。电流电极末端的琼脂盐起电流桥梁作用，并形成R_5和R_6，而整个电流电极形成的电阻被定义为电流电极电阻。

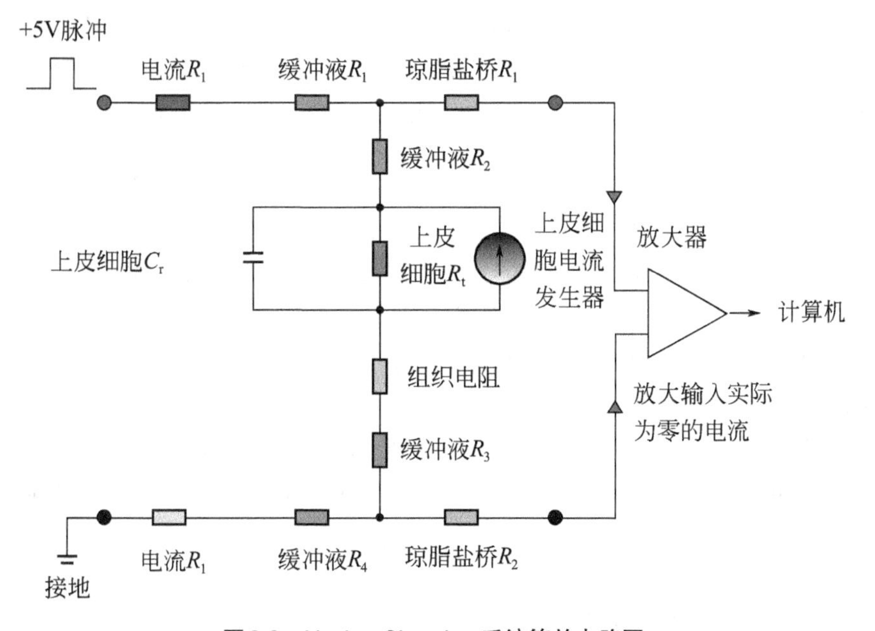

图2.2 Ussing Chamber系统等效电路图

（三）Ussing Chamber系统的操作

使用Ussing Chamber之前首先进行缓冲液、实验用溶液的配制，同时制好电流电极和电压电极，电极制备过程中注意两点：一是电极制备应在3%琼脂糖溶液冷却之前；二是电极中避免气泡的存在，若有气泡应用注射器回吸。在固定上皮组织和加入缓冲液之前，将Ussing Chamber系统各个部件安装好，检测系统是否渗水。接着插入电极，电极电阻会随着时间的变化而变化，进而导致电极电阻的不对称性。因此，实验开始前应检测系统噪声以及补偿电压。目前，多数Ussing Chamber系统都能补偿溶液阻抗以及电极电压。然后固定好上皮组织以及加入缓冲液，开始电参数记录。上皮组织由于受机械压迫导致电参数（V_t、Isc和R_t）极不稳定，需要10～30min的时间让电参数基线稳定下来。一旦电参数基线稳定下来即可开始目的实验。

三、Ussing Chamber系统在动物营养与生理中的应用

胃肠道形态与功能发育研究过程中常用到的研究手段包括传统的动物营养学技术、动物生理学技术、动物生物化学技术、分子生物学技术和细胞生物学技术。近年来以基因组学、蛋白质组学和代谢组学为代表的现代前沿生物技术也逐渐在胃肠道形态与功能发育研究领域中得到应用。传统动物营养学技术、动物生理学技术和动物生物化学技术是本学科中应用最为广泛、也是最为熟悉的技术，分子生物学技术和细胞生物学技术在动物营养研究领域的应用也有近20年的历史，而获取基因组学、蛋白组学和代谢组学技术随Internet的普及变得容易。因此，本书不再对上述技术进行论述，而是专门进行一项生物物理学技术的介绍——Ussing chamber系统在胃肠屏障功能和物质转运中的应用。

（一）胃肠道屏障功能

胃肠道屏障功能是指胃肠道上皮具有防止致病性抗原侵入的功能。正常情况下，胃肠道可有效阻止500多种寄生菌及其毒素向腔外组织和器官移位，防止机体受内源性微生物及其毒素的侵害。胃肠道屏障功能的维持有赖于上皮屏障、胃肠道免疫系统、胃肠道内正常菌群以及胃肠道内分泌和蠕动，其中上皮屏障和黏膜免疫屏障尤为关键。非生理状态包括缺血缺氧（Secchi等，2000）、炎症反应（Mitsuoka和Schonbein，2000）、营养障碍（Yang等，2003）以及微生态环境的改变（McNamara等，2001）等，将引起胃肠道屏障功能的降低。

胃肠道屏障功能通常可从离子分泌、渗透性和黏液分泌等3个方面进行评价。可进行活体研究，也可将胃肠段取出放在Ussing chamber中进行离体研究。利用Ussing chamber研究胃肠道屏障功能主要集中在胃肠道上皮通透性、内毒素

与细菌移位的途径和机制以及Gln和益生菌对肠道屏障功能的改善等方面。

（二）胃肠道上皮通透性

利用Ussing chamber系统，通过检测同位素或荧光素标记的大分子物质通过胃肠道上皮的比例已成为研究胃肠道通透性的主要途径。Jutfelt等（2007）利用Ussing Chamber研究大西洋鲑鱼肠道上皮对^{14}C-甘露醇的通透性。Sun等（2008）利用Ussing chamber研究TPN对大鼠小肠通透性的影响：3H-甘露醇加入到黏膜侧，每隔15min从浆膜侧抽出1mL缓冲液用于分析3H-甘露醇，之后加入1mL新的缓冲液，实验持续90min，其实验结果表明TPN将提高大鼠小肠对3H-甘露醇的通透率。TPN增加胃肠道对大分子物质的通透性与胃肠道免疫类物质的下降密切相关。Ferrier等（2006）利用Ussing Chamber研究乙醇对大鼠结肠通透性的影响：硫氰酸盐荧光素（FITC）-右旋糖苷加入到黏膜侧，FITC-右旋糖苷通过肠道上皮的流通量表示为Flow＝nmoL/（min·cm^2），其研究发现17mmol/L的乙醇将提高大鼠结肠对FITC-右旋糖苷的通透性，其原因在于结肠中微生物将乙醇氧化成乙醛并激活肥大细胞从而改变其通透性。需要强调的是在整个实验过程中对上皮电阻进行监测，以观测上皮组织活性的变化，这也是此类实验必须考虑的问题。

（三）细菌及内毒素在胃肠道上皮中的移位

胃肠道细菌及内毒素移位是引起消化道外组织器官产生炎症（如菌血症）和自然性细菌腹膜炎的重要原因（Secchi等，2000）。正因如此，研究细菌及其产生的内毒素在胃肠道上皮的移位和机制对于防治机体消化道外组织产生炎症具有重要意义。随着应用领域的不断拓展，Ussing chamber已逐渐成为研究胃肠道细菌及其产生的内毒素移位和机制的重要工具。研究过程中通常对细菌或内毒素进行FITC标记。

Jutfelt等（2007）利用Ussing Chamber研究了*A.salmonicida*（杀鲑气单胞菌）在大西洋鲑鱼肠道上皮中的移位，*A.salmonicida*用FITC标记，实验结束时抽取浆膜侧缓冲液进行离心，用酶标仪（Victor 1420 Multilabel counter）在480/535 nm下测定细菌荧光。Benoit等（1998）利用Ussing Chamber测定FITC标记的大肠杆菌C-25和LPS在大鼠回肠上皮中的移位。其研究结果显示，重度出血休克组大鼠FITC标记的大肠杆菌C-25在回肠上皮中的移位显著高于假休克组大鼠，但并未检测到FITC-LPS在回肠上皮中的移位，这也表明纯化的LPS在体外不能通过肠道黏膜，体内肠道上皮中的LPS可能是已经移位的细菌所释放。Isenmann等（2000）研究表明聚合物的存在促进粪肠球菌进入结肠黏膜，透过结肠壁入侵腹腔组织。值得一提的是，Isenmann等在研究过程中并未使用同位素或FITC

标记细菌，但同样取得了理想结果，这为今后开展类似研究提供了一条新途径。利用Ussing chamber研究胃肠道细菌及其内毒素移位过程中应注意胃肠道中寄生菌以及外界微生物对实验结果的干扰，这就要求对所采集到的胃肠道上皮做无菌处理。单独用2倍或5倍青链霉素双抗缓冲液冲洗上皮组织达不到理想效果，还应用2倍的庆大霉素和两性霉素缓冲液冲洗，因为胃肠道寄生菌除革兰氏阴性菌和阳性菌外，还包括霉菌、酵母菌和其他真菌等微生物。

（四）胃肠道上皮屏障功能的调控

目前，研究已证实某些营养成分或益生菌对维持和改善胃肠道的屏障功能具有重要作用（Ferrier等，2006）。Gln是肠道黏膜细胞代谢必需的营养物质，对维持肠道黏膜上皮结构的完整性起着十分重要的作用（Ferrier等，2006），而且是肠道上皮细胞和免疫细胞的主要呼吸基质（Ulshen和Rollo，1980；Rothbaum等，1982）。此外，Gln具有保持和改善胃肠道屏障功能的独特作用（Novak等，2002；Garrel等，2003）。Kozar等（2004）Ussing chamber，比较了Gln和葡萄糖（在肠道代谢）与丙氨酸（不在肠道代谢）对大鼠肠道上皮通透性的影响差异，其研究的主要目标集中在肠道黏膜组织中ATP水平的变化上，因为ATP水平同细胞骨架的F-肌动蛋白（F-actin）和G-肌动蛋白（G-actin）两者间的动态平衡密切相关，F-actin比例升高，细胞骨架得以保护，上皮细胞紧密性得以维持。Lutgendorff等（2009）利用Ussing chamber研究了抗生素在防止患急性胰腺炎的大鼠肠道屏障功能不良方面的作用，实验过程中同时进行了^{51}Cr-EDTA的通透率以及FITC-E.coli K_{12}的移位研究，结果表明抗生素通过诱导回肠黏膜谷胱甘肽的生物合成以维持大鼠肠道屏障功能。Schroeder等（2004）利用Ussing chamber研究了饲喂益生菌（*Saccharom yces boulardii*，是一种非致病性酵母菌）对猪空肠屏障功能的影响，研究结果显示饲喂益生菌8d后，空肠上皮Isc下降达26%，但在使用16d后，Isc重新恢复到正常值。其研究结果表明*Saccharom yces boulardii*对猪空肠黏膜上皮细胞的分泌性作用与时间密切相关。总体而言，益生菌可减少肠上皮细胞的分泌作用，即便使用了促分泌剂，仍可减少分泌，这对腹泻等消化性疾病的防治会起到积极作用。

（五）Ussing Chamber在胃肠道黏膜物质转运的研究

经食道而来的物质在胃和小肠内被降解，葡萄糖、小肽、游离脂肪酸和氨基酸等物质通过胃肠道上皮细胞基顶膜转运载体进入胃肠壁内，再通过基底膜转运载体转出，进入血液循环供肠道和其他组织利用（图2.3）。提高畜禽胃肠道上皮细胞对营养物质的吸收转运效率对减少饲养成本、促进动物生长具有重要意义。

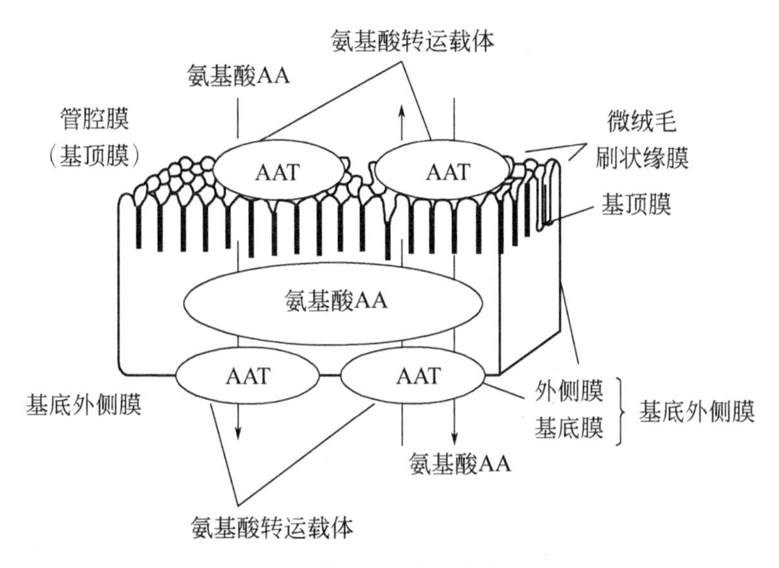

图2.3　氨基酸在肠道中的转运过程

Ussing Chamber为研究胃肠道物质转运效率提供了快捷且有效的途径，研究主要集中在葡萄糖、氨基酸以及矿物元素等物质的转运方面。Millar等（2002）利用Ussing Chamber研究了表皮生长因子（EGF）对空肠葡萄糖转运的影响，其结果表明EGF促进了3-*O*-甲基葡萄糖的转运。出于不同目的，Gäbel和Aschenbach（2002）、Ducroc等（2007）、Albin等（2007）以及Awad等（2008）分别利用Ussing Chamber对葡萄糖转运进行了研究。Matthews和Webb（1995）利用Ussing Chamber研究了小肽和氨基酸在绵羊瘤胃和皱胃上皮的转运，结果表明反刍动物皱胃上皮细胞对小肽和游离氨基酸的转运能力显著高于瘤胃上皮细胞。Maresca等（2002）和Albin等（2007）先后用Ussing Chamber研究了胃肠道上皮对氨基酸的转运。

利用Ussing Chamber在研究胃肠道物质转运的过程中，发现已转运到浆膜侧的物质会回流到黏膜侧，这无疑降低了对体内物质转运评估的准确性。Aschenbach和Gäbel（2000）以及Gäbel和Aschenbach（2002）将所转运的物质分别加到黏膜侧和浆膜侧，计算出从黏膜侧到浆膜侧以及从浆膜侧到黏膜侧的物质流量，然后对实验结果进行校正，该方法极大程度上提高了Ussing Chamber研究物质转运实验结果的准确度。

反刍动物瘤胃上皮是挥发性脂肪酸和葡萄糖吸收的重要场所，同时也能吸收小肽和氨。一部分营养物质在转运过程进行代谢，代谢产物进入血液循环系统。瘤胃上皮易剥离，组织完整性得到保证。因此，瘤胃上皮较其他组织更适合进行物质吸收、转运以及代谢研究，今后应利用Ussing Chamber系统加强此方面的研究工作，为阐明瘤胃上皮对营养物质的吸收与转运机制提供更为翔实的科学依据。

四、Ussing Chamber系统在其他研究领域的应用

Ussing Chamber系统的研究对象为上皮组织，而上皮组织广泛分布在身体表面和体内各种囊、管、腔的内表面。上皮组织具有保护、分泌、吸收和排泄等功能，不同部位的不同上皮，其功能各有差异。如分布在身体表面的上皮以保护功能为主；体内各管腔面的上皮，除具有保护功能外，尚有分泌和吸收等功能；某些上皮组织，从表面生长到深部结缔组织中去，分化成为具有分泌功能的腺上皮。因此Ussing Chamber的研究对象可扩展到机体任一上皮组织。就某一具体上皮组织而言，可研究的内容也多样化，从药物筛选到屏障功能、免疫功能、物质吸收与代谢以及分泌和排泄等。

五、Ussing Chamber系统存在的问题以及解决方案

胃肠道上皮离体后组织形态学和生理活性都会在一定时间之后迅速改变或下降。SÖderholm等（1998）研究表明，肠道上皮离体90 ～ 120min后，大部分标本都出现了组织形态学的改变，生理活性无明显异常；离体240min后，ATP降低至正常值的30%，上皮通透性明显提高。因此，上皮组织的离体试验必须在一定时间内迅速完成。此类试验中通常会采集3头以上动物的胃或肠道上皮！样品采样、样品从动物房到实验室的运输以及仪器调试通常需要近1h。解决样品组织形态学变化以及生理活性下降与时间的矛盾是提高试验准确性的关键，能否在转运溶液中通过添加组织活性保鲜剂以保持或减缓胃肠道上皮组织形态学和生理活性的下降是今后应用Ussing Chamber值得探讨的重要问题。

利用Ussing Chamber研究物质转运过程中存在转运溶液渗漏情况，溶液是从安插组织样品固定夹片的位置渗漏，这严重影响实验结果的准确性。组织样品固定夹片与灌流室都是固体，因此密封性不好。如果在两者的接触位置，在任意一方能加上密封性能更好的配件，将改善灌流室溶液渗漏现象。Kottra等（1989）专门进行过Ussing chamber边缘渗漏的定量与校正研究，其得出的校正公式具有较好的参考意义。

查阅过去的研究文献发现，利用Ussing Chamber研究胃肠道营养物质转运时，研究对象往往是单一的，要么是葡萄糖，要么是氨基酸或者矿物元素。而动物机体内胃肠道营养物质的转运通常存在协同和拮抗等复杂关系，这使得以单一研究对象获得的试验结果缺乏一定生理意义。因此，转运溶液应更符合胃肠道内的生理环境，包括pH、渗透压、离子平衡常数以及营养成分等。

在物质转运研究中Ussing Chamber研究体系通常采用放射性同位素标记的营养物质进行转运研究。放射性同位素价格高，限制了研究对象的种类和数量。Albin等（2007）曾使用非同位素物质进行营养物质转运研究，这为Ussing Chamber研究胃肠道物质转运提供了一个新的途径。但是，胃肠道能代谢多种营养素，同时上皮组织会释放一定的营养素到灌流室，浆膜侧溶液中能检测到未添加的转运物质，这就影响了研究结果的准确性。

Ussing Chamber具有快捷、简便等特点，开展畜禽胃肠道屏障功能和营养物质转运研究，将有助于深刻分析和理解胃肠道屏障功能以及营养物质转运过程与机制。建议在应用Ussing chamber过程中应进一步优化胃肠道离体生理环境，改进研究方法，降低研究材料成本，使试验研究结果更为准确且更符合生理特征。

第六节 氨基酸代谢组学和全谱氨基酸技术

氨基酸是生命的基石，疾病与健康状况都与氨基酸有直接或间接的关联。氨基酸涉及代谢、肿瘤、免疫、心血管、神经系统、肾病、糖尿病、亚健康、老年病等各类疾病和人体生长发育、营养健康、肌肉骨骼生长、激素分泌、解毒功能的各个健康环节。在正常情况下，人体内的数十种全谱氨基酸完全处于一个平衡状态。如果体内全谱氨基酸平衡被打破，则会导致数十种全谱氨基酸比例失衡，从而导致众多疾病发生，并且会危及生命。那么，如果我们能有效利用氨基酸代谢组学原理——保持体内全谱氨基酸的平衡，就能“早发现、早干预、早排除”许多疾病隐患，使我们人类健康状态保持得长久。

进入21世纪，随着科技进步与医学发展，医学实践正向个体化医学与精确医学迈进。精准医疗是一种将个人基因、环境与生活习惯差异考虑在内的疾病预防与处置的新兴方法。精准医疗又叫个性化医疗，是指以个人基因组信息为基础，结合蛋白质组、代谢组等相关内环境信息，为病人量身设计出最佳治疗方案，以期达到治疗效果最大化和副作用最小化的一门定制医疗模式。精准医学实质上是现代循证医学在飞速发展的高通量组学技术、大数据技术催化下的一次革命性升级，通过分子、影像及生物信息学分析技术等对生物个性化特征、疾病原因、治疗靶点、诊治过程等环节进行精确鉴定分类，最终实现个性化精准治疗。

一、营养代谢组学

随着科技的发展和人类的进步，营养代谢组学逐渐进入了现代科学的研究范畴，发展成一门很重要的学科。代谢组学是继基因组学和蛋白质组学之后新近发展起来的一门学科，是系统生物学的重要组成部分。在营养支持方面代谢组学与系统生物学的其他技术一并用于研究营养表型（Nutritional phenotype），后者被定义为基因组、蛋白质组、代谢组、功能和行为因素的集成系统。以前难以完成如此复杂的测定，而代谢组学技术的应用，可以测定许多营养代谢物与疾病及健康的关系。因此，代谢组学是唯一适合探索营养与代谢复杂关系的研究方法。

代谢组是指细胞在特定生理时期内所有的低分子量代谢产物总和，是全面认识一个生物系统不可或缺的一部分。如果说基因组学和蛋白质组学告诉我们可能发生的事件，那么代谢组学则可以告诉我们实际发生的事件，到目前为止人体内究竟有多少种代谢产物还很难说清楚，但包括脂肪、糖、氨基酸在内的各种底物以及代谢过程中生成的小分子化合物能够为了解机体健康状态提供重要信息。

代谢组学的研究才刚刚起步就已经迅速广泛地应用到了药物研发、分子生理病理学以及环境卫生等多个领域。相比于其他组学，代谢组学不仅能够给出庞大的数据库，还可以提供一些功能信息。例如众所周知高胆固醇与心血管疾病风险相关，但高胆固醇水平只能提示机体可能存在某些健康问题，而代谢组学的研究可以对某一特定时期代谢产物的总和进行整体和动态分析，因此能够明确给出胆固醇增高的原因。因此这种方法对临床标本的检测最为实用。

二、全谱氨基酸

自然界的氨基酸种类很多，除常见的20种可组成蛋白质的氨基酸外，还有更多的氨基酸同样具有重要的生物学意义。人体中缺少某种氨基酸则影响人体健康，引发各种疾病，因此检测人体中氨基酸的缺少对治疗疾病有重要的意义。全谱氨基酸是指氨基酸代谢组学中涉及的所有氨基酸。

全谱氨基酸包括除组成蛋白质的20种氨基酸外，还包括一些游离氨基酸和小肽，比如牛磺酸、γ-氨基丁酸、肌酸、肌肽等。它们在某些方面对人体的重要作用并不比蛋白质氨基酸逊色（牛磺酸对肺、肝脏、胃肠等都有保护作用；肌氨酸、肌肽是一种天然抗氧化剂，具有延缓衰老、抗疲劳作用）。

三、全谱氨基酸检测的原理

通过对人体内43种氨基酸的精确检测，可揭示人体内详细的氨基酸代谢状况。43种氨基酸不仅包含了8种必需氨基酸，也包括在各个代谢途径中其他重要的20多种氨基酸及短肽，可以从不同的代谢路径中精确分析、揭示人体内详细的氨基酸代谢状况。我们再用氨基酸检测结果的直观图表判断体内的氨基酸水平状态，以提供个体的营养、代谢、健康状况评估结果，并提供相应的营养改善和干预建议。

不管你是神经内分泌系统出现问题，还是氨能量代谢系统出现问题，或者是硫代谢出现问题，还是在糖代谢方面出现问题，各种代谢途径都可以检测到。

四、全谱氨基酸代谢组学的意义

目前，代谢组学是继基因组学、蛋白质组学、转录组学后出现的新兴“组学”，自1999年以来，每年发表的代谢组学研究的文章数量都在不断增加。代谢组学在新药的安全性评价、毒理学、生理学、重大疾病的早期诊断、个性化治疗、功能基因组学、中医药现代化、环境评价、营养学等科学领域中都有着极其广泛和重要的应用前景，是一门充满朝气的学科。氨基酸是人类营养的基础，是最重要的营养组分，人类对氨基酸的研究比较广泛和系统，因此对氨基酸的研究又是营养组学中最为重要的一环。全谱氨基酸代谢组学打破以往只注重蛋白类氨基酸的传统，以全面的视角来检测和评估氨基酸代谢平衡。

全谱氨基酸在体内是一个平衡状态，全谱氨基酸的失衡是众多疾病的诱因或表现形式，涉及代谢、肿瘤、免疫、病毒、心脑血管、神经系统、肾病、糖尿病、亚健康、老年病等各类疾病和儿童生长发育、营养健康、肌肉骨骼生长、激素分泌、解毒功能等人体各个健康环节。目前氨基酸代谢障碍所引起的疾病已超过400种。因此，全谱氨基酸代谢组学将在未来会对人类健康产生巨大的作用。

五、全谱氨基酸代谢组学在精准医疗的应用

机体差异的存在给复杂的代谢综合征（如糖尿病、肥胖、心血管疾病）和癌症治疗及预防带来了巨大的挑战。而精准医疗策略利用高通量的分子监测技术筛选与疾病相关的生物标志物，为疾病发生的病理学机理研究及动态监测提供了新的思路。

精准医疗的分子监测技术中，代谢组学技术分析的结果与疾病发生的相关性更为密切（相较于基因组学和蛋白组学等），也会在临床上发挥更大的作用。代谢组学技术分析将人类的基因、饮食、生活方式、环境和外源化学物影响进行整合，有助于解释基因功能以及疾病起源，并进一步识别健康相关的生物标志物，能实现对各种代谢疾病和癌症的早筛和早诊。

代谢组学是继基因组学和蛋白质组学之后新近发展起来的一门学科，是系统生物学的重要组成部分。在营养支持方面代谢组学与系统生物学的其他技术

一并用于研究营养表型，后者被定义为基因组、蛋白质组、代谢组、功能和行为因素的集成系统。以前难以完成如此复杂的测定，而代谢组学技术的应用，可以测定许多营养代谢物与疾病及健康的关系。因此，代谢组学是唯一适合探索营养与代谢复杂关系的研究方法。

全谱氨基酸检测技术作为精准医疗的健康诊断或疾病筛查的重要手段，和传统方法相比，准确度、精密度、检测范围和检测结果都有了很大的提高和改善，可以为及早预防疾病、改善机体营养状态和营养补充提供参考标准：① 通过对机体内氨基酸种类和含量的精确检测，可以揭示体内氨基酸平衡的状态，了解机体内详细的氨基酸代谢状况；② 从各类氨基酸不同的代谢路径，发现机体的营养健康状况；③ 根据机体内详细的氨基酸代谢状况，可以提示和预防生理功能紊乱；④ 给生病的动物提供营养干预指导，有效调整机体营养状态，为“精准”营养补充提供参考标准。

在国际上，目前全谱氨基酸检测技术也广泛应用于临床，在提供健康体检、营养评估、干预的同时还可以提供多种疾病包括肿瘤的诊断与分析。

六、全谱氨基酸代谢组学分析

（一）偏出参考范围的检测项目分析

系统对受检者偏出参考值范围的检测项目做全面介绍和分析。内容包括该项氨基酸的基本知识、结果评估参考、干预调节办法和其在体内的代谢图谱，给用户提供多方面的参考指导。

（二）特殊指标数据分析

系统精选了26种氨基酸运算分析指标，包括必需氨基酸含量、支链氨基酸/芳香族氨基酸、兴奋性/抑制性氨基酸等，为临床提供更多的参考信息。

（三）健康与运动系统指数分析

系统总结了人体健康最为重要的十三大系统和运动健美人士关心的四个系统，利用统计学原理，采用正态分布的方法来评估受检者身体健康和运动状态。这十七大系统分别为氨/能量代谢系统、中枢神经代谢系统、软骨结缔组织系统、解毒标记物系统、必需氨基酸营养系统、脂肪代谢系统、葡萄糖异生系统、肝脏代谢系统、神经内分泌系统、尿素循环系统、免疫系统、镁代谢系统、肌肉代谢系统、肌肉生长（运动）、耐力与恢复力（运动）、激素分泌（运动）、运动综合指标（运动）。

（四）补充干预调节

系统根据受检者的检测结果，提供必需氨基酸补充建议和常见的药物调节方案。

（五）个体化诊断分析

将被检个体的基因背景及生病状态的综合分析的结果应用于该个体的预防、诊断和治疗上，这种诊断称为个体化诊断。

小结

准确测定氨基酸在畜禽体内的消化、吸收、代谢是提高氨基酸利用效率的前提。就目前的研究方法来看，每一种方法都有优缺点，同时影响因素众多，目前还难以准确测定消化道内源性氨基酸、氨基酸首过代谢、肝脏氨基酸代谢，无法系统阐述日粮氨基酸在消化道-肝脏-肝外组织间的代谢转化规律。

（吴柳亭，李铁军）

参考文献

[1] 薛鹏程，董冰，臧建军，等. 猪内源氮排泄量测定方法. 中国畜牧杂志，2009，45：76-80.
[2] 李峰娟，田冬冬，高树华，等. 无氮日粮法与绝食法测定肉仔鸡内源氨基酸损失量的研究. 中国家禽，2011，33：22-25.
[3] 蒋银屏，王志跃，周春江，等. 无氮饲粮法与饥饿法对测定扬州鹅内源性氨基酸排泄量的影响. 动物营养学报，2013，25：427-432.
[4] 姚军虎，孟德连，吴孝兵，等. 回归法估测肉鸡内源氨基酸的损失量. 西北农林科技大学学报（自然科学版），2004，32：42-44.
[5] 张鹤亮. 日粮蛋白质对猪回肠内源氨基酸流量的影响[D]. 博士学位论文，北京：中国农业大学，2005.
[6] 胡如久，汪菲，李晶，等. 一次注射^{15}N-亮氨酸示踪法检测鸡内源氨基酸损失量适宜参数的研究. 动物营养学报，2015，27：3047-3056.
[7] 李铁军，印遇龙，黄瑞林，等. 日粮纤维对猪回肠末端氨基酸及其内源性氨基酸流量的影响. 畜牧兽医学报，2004，35：473-476.
[8] 李建涛，袁缨，郭东新，等. 无氮日粮法和酶解酪蛋白超滤法测定肉仔鸡内源氨基酸损失量的比较研究. 中国畜牧杂志，2007，43：33-35.
[9] 邓雪娟，刘国华. 家禽回肠氨基酸消化率评定及应用研究进展. 饲料工业，2009，30：42-45.
[10] 印遇龙. 猪回肠末端“桥”式瘘管技术与“T”型瘘管技术的比较实验. 中国农业科学，1989，22：81-85.
[11] 印遇龙. 采用桥式瘘管法研究猪饲料中氨基酸利用率. 畜牧兽医学报，1989，20：272-273.
[12] 李少宁，王慧敏，宋春阳. 猪肠瘘管的安装技术及研究概况. 猪业科学，2015，32：136-137.
[13] 张珂卿，林德贵，万宝璠，等. 猪回肠人工瘘管的替代方法——回肠与直肠吻合术. 中国兽医杂志，1992，9：27.

[14] 谢宝柱，王中华，徐凤霞，等. 桥型瘘管的安装及应用. 黑龙江畜牧兽医，2004，28：52-53.

[15] 田河山，丁丽敏，计成，等. 去盲肠鸡和未去盲肠鸡测定饲料氨基酸消化率的研究. 中国农业大学学报，2000，5：123-128.

[16] 任鹏，杜荣，张宏福. 正常及去盲肠公鸡对四种蛋白质饲料氨基酸利用率的比较研究. 动物营养学报，1997，9：27-34.

[17] 卢福庄，徐子伟，刘敏华，等. 去盲肠鸡和正常鸡测定的饲料氨基酸消化率可加性比较. 畜牧兽医学报，1998，9：2-10.

[18] 李铁军，印遇龙，黄瑞林，等. 用于营养物质代谢的猪动静脉插管技术的研究Ⅱ. 门静脉营养物质净流量测定方法. 中国畜牧杂志，2003，20：27-28.

[19] 赵胜军，徐学文，刘正亚，等. 腹腔镜手术安装山羊肠系膜静脉、门静脉和肝静脉血管瘘管的方法及体会. 畜牧与兽医，2015，47：127-131.

[20] 赵胜军，任莹，李魏，等. 羊消化道多位点永久性瘘管的手术装置方法及体会. 畜牧与兽医，2008，40：68-69.

[21] 赵胜军，雷龙，张丹丹，等. 猪肠系膜静脉、门静脉、肝静脉和颈动脉血管瘘管手术方法及体会. 畜牧与兽医，2016，48：122-124.

[22] 黄瑞林. 用于营养物质代谢的猪动静脉插管技术的研究. 第四届全国饲料营养学术研讨会论文集[C]. 中国畜牧兽医学会动物营养学分会，2002.

[23] 孙志洪，张庆丽，贺志雄，等. 山羊瘤胃和空肠上皮细胞原代培养方法研究. 动物营养学报. 2010，22，602-610.

[24] 翟少伟，曹平华. 两种常用方法测定鸡内源氨基酸损失量的比较研究. 西北农业学报，2003，12：10-13.

[25] 马永喜，常碧影，张宏福. 评定猪饲料氨基酸生物学效价的方法. 动物营养学报，1997，9：1-14.

[26] 郭广涛，王康宁，李霞. 差量法和酶解酪蛋白法测定鸭饲料氨基酸真消化率及内源排泄量的比较研究. 动物营养学报，2008，20：23-28.

[27] 李瑞，宋泽和，贺喜. 单胃动物内源氨基酸损失的测定方法及影响因素研究进展. 中国畜牧杂志，2018，54：3-7，14.

[28] 杨峰，李铁军，印遇龙. 畜禽内源性氨基酸排泄量的测定方法研究进展. 中国饲料，2008（2）：7-10.

[29] 刘超，闵育娜，雷海宁，等. 饲料中可利用氨基酸研究进展. 甘肃农业大学学报，2002，37：10-18，29.

[30] 赵晓芳，张宏福，林海. 猪内源氨基酸测定技术评述. 动物营养学报，2005，17：13-19.

[31] Wünsche J，Völker T，Souffrant W B，*et al.* Determination of bacterial N portions in feces and differently collected ileum chymus from swine. Archive Animal Nutrition，1991，41：7-8.

[32] Moughan P J，Rutherfurd S M. Endogenous lysine flow at the distal ileum of the protein-fed rat：Investigation of the effect of protein source using radioactively labelled acetylated lysine or lysine transformed to homoarginine. Journal of the Science of Food and Agriculture，1991，55：163-174.

[33] Büser W，Erbersdobler H F. Determination of furosine by gas-liquid chromatography. Journal of Chromatography A，1985，346：363-368.

[34] Schmitz M，Hagemeister H，Erbersdobler H F. Homoarginine labeling is suitable for determination of protein absorption in miniature pigs. Journal of Nutrition，1991，121：1575.

[35] Li F，Yin Y，Tan B，*et al.* Leucine nutrition in animals and humans：mTOR signaling and beyond. Amino Acids，2011，41：1185-1193.

[36] Boisen S，Moughan，P J. Dietary influences on endogenous ileal protein and amino acid loss in the pig—a review. Acta Agriculturae Scandinavica，Section A-Animal Science，1996，46：154-164.

[37] Butts C A，Moughan P J，Smith W C. Endogenous amino acid flow at the terminal ileum of the rat determined under conditions of peptide alimentation. Journal of the Science of Food and Agriculture，1991，55：175-187.

[38] Yin Y L，Huang R L，Lange C F M D，*et al.* Effect of including purified jack bean lectin in a casein based diet on apparent and true ileal amino acid digestibility in growing pigs. Progress in Research on Energy & Protein Metabolism International Symposium，2003.

[39] Butts C A，James K A，Koolaard J P，*et al.* The effect of digesta sampling time and dietary protein source on ileal nitrogen digestibility for the growing rat. Journal of the Science of Food and Agriculture，2002，82：343-350.

[40] Darragh A J，Moughan P J，Smith W C. The effect of amino acid and peptide alimentation on the determination of endogenous amino acid flow at the terminal ileum of the rat. Journal of the Science of Food & Agriculture，1990，51：47-56.

[41] de Lange C F，Sauer W C，Souffrant W. The effect of protein status of the pig on the recovery and amino acid composition of endogenous protein in digesta collected from the distal ileum. Journal of Animal Science，1989，67：755-762.

[42] Leterme P，Pirard L，Théwis A. A note on the effect of wood cellulose level in protein-free diets on the recovery and amino acid composition of endogenous protein collected from the ileum in pigs. Animal Science，1994，54：163-165.

[43] Kuiken K A，Lyman C M，Dieterich S，*et al.* Availability of amino acids in some foods. Journal of Nutrition，1948，36：359-368.

[44] Payne W L，Combs G F，Kifer R R，*et al.* Investigation of protein quality--ileal recovery of amino acids. Journal of Federation Proceedings，1968，27：1199-1203.

[45] Just A，Jørgensen H，Fernández J A. The digestive capacity of the caecum-colon and the value of the nitrogen absorbed from the hind gut for protein synthesis in pigs. British Journal of Nutrition，1981，46：209-219.

[46] Payne W L，Kifer R R，Snyder D G，*et al.* Studies of protein digestion in the chicken：1. Investigation of apparent Amino acid digestibility of fish meal protein using cecectomized，adult male chickens. Poultry Science，1971，50：143-150.

[47] Green S，Bertrand S L，Duron M J C，*et al.* Digestibilities of amino acids in maize，wheat and barley meals，determined with intact and caecectomised cockerels. British Poultry Science，1988，28：631-641.

[48] Kadim I T，Moughan P J，Ravindran V. Ileal amino acid digestibility assay for the growing meat chicken-comparison of ileal and excreta amino acid digestibility in the chicken. British Poultry Science，2008，43：588-597.

[49] Parsons C M，Potter L M，Brown R D，*et al.* Microbial contribution to dry matter and amino acid content of poultry excreta. Poultry Science，1982，61：925-932.

[50] Ragland D，Thomas C R，Elkin R G，et al. The influence of cecectomy on metabolizable energy and amino acid digestibility of select feedstuffs for White Pekin ducks. Poultry Science，1999，78：707-713.

[51] Tagari H，Webb Jr K，Theurer B，et al. Mammary uptake，portal-drained visceral flux，and hepatic metabolism of free and peptide-bound amino acids in cows fed steam-flaked or dry-rolled sorghum grain diets. Journal of Dairy Science，2008，91：679-697.

[52] Bermingham E N，Mcnabb W C，Sutherland I A，*et al.* Intestinal，hepatic，splanchnic and hindquarter amino acid and metabolite partitioning during an established Trichostrongylus colubriformis infection in the small intestine of lambs fed fresh Sulla（Hedysarum coronarium）. British Journal of Nutrition，2007，98：1132-1142.

[53] Carpenter K J，Ellinger G M. Protein Quality and \"Available Lysine\" in Animal Products. Poultry Science，1955，34（6）：1451-1452.

[54] Nordheim J P，Coon C N. A comparison of four methods for determining available lysine in animal protein meals. Poultry Science，1984，63：1040-1051.

[55] Hurrell R F，Carpenter K J. Mechanisms of heat damage in protein. British Journal of Nutrition，1974，32：589-604.

[56] Finot P A，Bujard E，Mottu F，*et al*. Availability of the true Schiff's bases of lysine. Chemical evaluation of the Schiff's base between lysine and lactose in milk. Advances in Experimental Medicine & Biology，1977，86B：343-365.

[57] Anantharaman K，Parard C，Decarli B，*et al*. The microbiological estimation of available lysine in industrial milk products using a lysine Escherichia coli. In：McLoughlin J V，McKenna B M，eds. Basic Studies in Food Science，Research in Food Science and Nutrition. Boole Press Ltd.，Dublin，Ireland，1983，281-282.

[58] Erickson A M，Zabala Díaz I B，Kwon Y M，*et al*. A bioluminescent Escherichia coli auxotroph for use in an in vitro lysine availability assay. Journal of Microbiological Methods，2000，40：207-212.

[59] Furuya S，Kaji Y. Estimation of the true ileal digestibility of amino acids and nitrogen from their apparent values for growing pigs. Animal Feed Science and Technology，1989，26：271-285.

[60] Boisen S，Eggum B O. Critical evaluation of in vitro methods for estimating digestibility in simple-stomach animals. Nutrition Research Reviews，1991，4：141.

[61] Gauthier S F，Carol V，Jones J D，*et al*. Assessment of protein digestibility by in vitro enzymatic hydrolysis with simultaneous dialysis. The Journal of Nutrition，1982，112：1718-1725.

[62] Savoie L，Gauthier S F. Dialysis cell for the in vitro measurement of protein digestibility. Journal of Food Science，1986，51：494-498.

[63] Galibois，I，Savoie，L，Simoes Nunes，C，*et al*. Relation between in vitro and in vivo assessment of amino acid availability. Reproduction Nutrition Development，1989，29：495-507.

[64] Sauer W C，den Hartog L A，Huisman J，*et al*. The evaluation of the mobile nylon bag technique for determining the apparent protein digestibility in a wide variety of feedstuffs for pigs. Journal of Animal Science，1989，67：432-440.

[65] Yin Y L，Zhong H Y，Huang R L. Determination on the apparent ileal digestibility of protein and amino acids in feedstuffs and mixed diets for growing-finishing pigs with the mobile nylon bag technique. Asian Australasian Journal of Animal Sciences，1995，8：433-441.

[66] Tvan K. NIRS may provide rapid evaluation of amino acids. Feedstuffs，1996.

[67] Ussing H H，Zerahn K. Active transport of sodium as the source of electric current in the short-circuited isolated frog skin. Journal of the American Society of Nephrology，1951，23：110-127.

[68] Ussing H H. The active ion transport through the isolated frog skin in the light of tracer studies. Acta Physiologica，1949，17：1-37.

[69] Albin D M，Wubben J E，Rowlett J M，*et al*. Changes in small intestinal nutrient transport and barrier function after lipopolysaccharide exposure in two pig breeds. Journal of Animal Science，2007，85：2517-2523.

[70] Aschenbach J R，Gäbel G. Effect and absorption of histamine in sheep rumen：significance of acidotic epithelial damage. Journal of Animal Science，2000，78：464-470.

[71] Awad W A，Razzazi-Fazeli E，J Böhm，*et al*. Effects of B-trichothecenes on luminal glucose transport across the isolated jejunal epithelium of broiler chickens. The Journal of Animal Physiology and Animal Nutrition，2008，92：225-230.

[72] Benoit R，Rowe S，Watkins S C，*et al*. Pure endotoxin does not pass across the intestinal epithelium in vitro. Shock，1998，10：43-47.

[73] Cirera I，Bauer T M，Navasa M，*et al*. Bacterial translocation of enteric organisms in patients with cirrhosis. Journal of Hepatology，2001，34：32-37.

[74] Ducroc R，Voisin T，El Firar A，*et al*. Orexins control intestinal glucose transport by distinct neuronal，endocrine，and direct epithelial pathways. Diabetes，2007，56：2494-2500.

[75] Ferrier L，Florian B，Debrauwer L，*et al*. Impairment of the intestinal barrier by ethanol involves enteric microflora and mast cell activation in rodents. American Journal of Pathology，2006，168：1148-1154.

[76] Gäbel G，Aschenbach J R. Influence of food deprivation on the transport of 3-O-methyl-α-D-glucose across the isolated ruminal epithelium of sheep. Journal of Animal Science，2002，80：2740-2746.

[77] Garrel D. Decreased mortality and infectious morbidity in adult burn patients given enteral glutamine supplements：A prospective，controlled，randomized clinical trial. Critical Care Medicine，2003，31：2444-2449.

[78] Hammarqvist F. Randomised trial of glutamine-enriched enteral nutrition on infectious morbidity in patients with multiple trauma. Journal of Parenteral and Enteral Nutrition，1999，23：43-44.

[79] Hug M. Transepithelial measurements using the Ussing chamber. The online Virtual Repository of Cystic Fibrosis European Network，2002.

[80] Isenmann R，Schwarz M，Rozdzinski E，*et al.* Aggregation substance promotes colonic mucosal invasion of enterococcus faecalis in an ex vivo model. Journal of Surgical Research，2000，89：132-138.

[81] Jutfelt F，Olsen R E，Björnsson B T，*et al.* Parr-smolt transformation and dietary vegetable lipids affect intestinal nutrient uptake，barrier function and plasma cortisol levels in Atlantic salmon. Aquaculture，2007，273：0-311.

[82] Kottra G，Weber G，Frömter E. A method to quantify and correct for edge leaks in Ussing chambers. Pflügers Archive，1989，415：235-240.

[83] Kozar R A，Schultz S G，Bick R J，et al. Enteral glutamine but not alanine maintains small bowel barrier function after ischemia/reperfusion injury in rats. Shock，2004，21：433-437.

[84] Lutgendorff F，Nijmeijer R M，Sandstrem P A，*et al.* Probiotics prevent intestinal barrier dysfunction in acute pancreatitis in rats via induction of ileal mucosal glutathione biosynthesis. PLoS ONE，2009，4：e4512.

[85] Marc M，Radhia M，Nicolas G，et al. The mycotoxin deoxynivalenol affects nutrient absorption in human intestinal epithelial cells. The Journal of Nutrition，2002，132：2723-2731.

[86] Matthews J C，Webb K E. Absorption of L-carnosine，L-methionine，and L-methionylglycine by isolated sheep ruminal and omasal epithelial tissue. Journal of Animal Science，1995，73：3464-3475.

[87] McNamara B P，Koutsouris A，Colin B. O' Connell，*et al.* Translocated EspF protein from enteropathogenic Escherichia coli disrupts host intestinal barrier function. Journal of Clinical Investigation，2001，107：621-629.

[88] Millar G A，Hardin J A，Johnson L R，*et al.* The role of PI 3-kinase in EGF-stimulated jejunal glucose transport. Canadian Journal of Physiology and Pharmacology，2002，80：77-84.

[89] Mitsuoka H，Schmid-SchoNbein G W. Mechanisms for blockade of in vivo activator production in the ischemic intestine and multi-organ failure. Shock，2000，14：522-527.

[90] Novak F，Heyland D K，Avenell A，*et al.* Glutamine supplementation in serious illness：a systematic review of the evidence. Critical Care Medicine，2002，30：2022-2029.

[91] Rothbaum R A，Mcadams A J，Giannella R，*et al.* A clinicopathologic study of enterocyte-adherent Escherichia coli：A cause of protracted diarrhea in infants. Gastroenterology，1982，83：441-454.

[92] Schroeder B，Winckler C，Failing K，*et al.* Studies on the time course of the effects of the probiotic yeast saccharomyces boulardii on electrolyte transport in pig jejunum. Digestive Diseases and Sciences，2004，49：1311-1317.

[93] Secchi A，Ortanderl M，Gebhard M M，*et al.* Effect of endotoxemia on hepatic portal and sinusoidal blood flow in rats. Critical Care，1999，3：179.

[94] Söderholm J D，Hedman L，Artursson P，*et al.* Integrity and metabolism of human ileal mucosa in vitro in the Ussing chamber. Acta Physiologica Scandinavica，1998，162：47-56.

[95] Sun X，Yang H，Nose K，*et al.* Decline in intestinal mucosal IL-10 expression and decreased intestinal barrier function in a mouse model of total parenteral nutrition. American Journal of Physiology Gastrointestinal & Liver Physiology，2008，294：G139-G149.

[96] Ulshen, Martin H, Rollo, John L. Pathogenesis of Escherichia coli gastroenteritis in man — another mechanism. New England Journal of Medicine, 1980, 302 : 99-101.
[97] Yang H, Finaly R, Teitelbaum D H. Alteration in epithelial permeability and ion transport in a mouse model of total parenteral nutrition. Critical Care Medicine, 2003, 31 : 1118-1125.
[98] Montagne L, Pluske J R, Hampson D J. A review of interactions between dietary fibre and the intestinal mucosa, and their consequences on digestive health in young non-ruminant animals. Animal Feed Science and Technology, 2003, 108 : 95-117.
[99] Sauer W C, Stothers S C, Parker R J. Apparent and true availabilities of amino acids in wheat and milling by-products for growing pigs[J]. Canadian Journal of Animal Science, 1977, 57 : 775-784.

第三章

单胃动物氨基酸的代谢

蛋白质是动物机体的重要组成成分，也是机体生长发育、损伤修复和代谢更新的物质基础。日粮中的蛋白质经胃肠道的消化酶降解后，分解为多种氨基酸和小肽，被机体吸收利用。氨基酸和小肽为组织器官的生长发育和肠道微生物提供了重要的氮素来源，同时作为信号分子调节机体众多的信号通路。因此，蛋白质的营养实质是氨基酸的营养。消化道吸收的氨基酸不能以游离的分子形式存储在机体中，必须通过合成代谢变成蛋白质、肽、激素或其他生物活性物质，或者通过分解代谢转变成氨、尿酸和尿素等。不同的氨基酸由于结构的不同，分解方式也有所不同，但他们都有α-氨基和α-羧基，所以有共同的代谢途径。猪的内脏组织包括门静脉回流组织（Portal-Drained Viscera，PDV）和肝脏组织，是蛋白质代谢异常活跃的组织。消化道内脏器官重量仅占单胃动物体重的5%，但其对能量和蛋白质的消耗却占到30%。为此，研究蛋白质在内脏器官的代谢规律对提高氨基酸利用率和进行有效调控具有重要意义。

第一节 氨基酸门静脉回流组织中的代谢

一、PDV组织氨基酸的代谢规律

PDV组织由胃、脾脏、胰腺、小肠以及部分后肠等器官组成。在猪的体循环中，门脉循环直接与养分运输息息相关。营养物质由消化道吸收后首先经过PDV代谢，然后由门静脉进入肝脏进行代谢，最后随动脉血流分布至全身组织。

传统观点认为，日粮中被消化吸收的氨基酸全部经过小肠吸收进入门静脉，但近年来大量的研究表明，被消化吸收的氨基酸并非全部进入门静脉，有一部分氨基酸在肠道和其他PDV组织中进行代谢。PDV组织中存在大量的蛋白质代谢、氨基酸代谢等一系列的代谢活动，如同一条联系机体组织与外界环境的纽带，对氨基酸等营养物质在体内的消化、吸收及机体代谢有着重要的作用。

门静脉氨基酸平衡是指由动脉和肠腔进入PDV组织的氨基酸数量与进入门静脉氨基酸数量之差，所以，门静脉中氨基酸的平衡状况能够反映肠道对氨基酸的利用情况（戴求仲等，2004）。Yin等（2004）利用血插管技术研究了饲喂两种不同日粮结构的生长猪门静脉氨基酸流量，研究发现门静脉血液中的氨基酸数量明显低于肠道中氨基酸的消失量（表3.1）。

表3.1 饲喂含酶解酪蛋白日粮（EHC）与正常酪蛋白日粮（NC）的生长猪回肠末端真可消化氨基酸（g/kg DM）和门静脉氨基酸流量

氨基酸	真可消化氨基酸		门静脉氨基酸流量	
	EHC	NC	EHC	NC
必需氨基酸				
精氨酸	1.011	1.015	0.61	0.47
胱氨酸	1.112	1.014	0.37	0.25
组氨酸	0.982	0.991	0.5	0.122
异亮氨酸	1.017	0.992	0.89	0.46
亮氨酸	1.01	0.917	1.11	0.59
赖氨酸	1.012	0.997	0.88	0.49
蛋氨酸	0.987	0.999	0.25	0.13
苯丙氨酸	1.024	1	0.73	0.41
苏氨酸	1.03	0.997	1.34	0.71
缬氨酸	1.012	1.007	1.1	0.66
非必需氨基酸				
丙氨酸	1.04	0.996	1.12	0.61
天冬氨酸	0.982	0.995	1.84	1
谷氨酸	0.96	0.957	3.74	1.48
甘氨酸	1.043	1.052	1.23	1.19
脯氨酸	0.995	1.036	1.22	1.38
丝氨酸	1.01	0.983	1.56	0.8

注：引自Yin等，2004。

二、氨基酸在小肠中的代谢

（一）小肠黏膜氨基酸的代谢调控

小肠不仅是动物日粮中蛋白质和氨基酸等营养物质被消化吸收的主要场所，而且对动脉血液谷氨酰胺和日粮氨基酸的分解代谢也起着重要的作用。

长期以来，一直认为日粮中被小肠黏膜吸收的氨基酸能全部完整地进入门静脉循环，并在不被小肠黏膜代谢的条件下供肠外组织代谢。但近年来的研究表明，小肠吸收的氨基酸并不全部进入门静脉，某些氨基酸在门静脉中的净吸收量大于摄入量（Stoll等，1998）。氨基酸是肠道黏膜的主要能源，参与肠黏膜分泌蛋白的合成。小肠吸收的氨基酸通过脱氨基和转氨基作用转变成其他氨基酸，说明肠黏膜代谢不仅会影响门静脉氨基酸的净吸收量，还会影响氨基酸的组成模式，从而对进入门静脉的氨基酸模式进行选择性的修饰作用。

大鼠的小肠黏膜能够大量利用来自于动脉血的谷氨酰胺和肠腔中的谷氨酸、谷氨酰胺及天冬氨酸。日粮中的谷氨酰胺和谷氨酸、天冬氨酸几乎全部被小肠黏膜分解代谢。小肠黏膜在降解精氨酸、脯氨酸和支链氨基酸方面也起着重要作用，可能还有蛋氨酸、赖氨酸、苯丙氨酸、苏氨酸、甘氨酸和丝氨酸等，这些氨基酸中有30%～50%是肠外组织无法获得的。日粮氨基酸是小肠黏膜的主要燃料，是肠道合成谷胱甘肽、一氧化氮、多胺、嘌呤和嘧啶核苷酸以及氨基酸丙氨酸、瓜氨酸和脯氨酸的必要前体，是维持肠黏膜质量和完整性的必需物质。小肠对非必需氨基酸的代谢可分为四类（表3.2），非必需氨基酸既能在肠道内降解，又能进行部分合成。小肠脯氨酸可从日粮精氨酸、鸟氨酸、谷氨酰胺、谷氨酸、天冬氨酸及动脉来源的谷氨酰胺合成，猪的小肠是其合成的主要场所（戴求仲等，2005）。

表3.2 各种氨基酸在小肠中的代谢分类

类型	氨基酸
既不合成也不降解	天冬酰胺、色氨酸、半胱氨酸、组氨酸
既合成又降解	谷氨酸、谷氨酰胺、天冬氨酸、精氨酸、丙氨酸、丝氨酸、脯氨酸、甘氨酸
合成但不降解	酪氨酸
降解但不合成	赖氨酸、蛋氨酸、苏氨酸、苯丙氨酸、支链氨基酸

（二）小肠细菌在氨基酸首过肠道代谢中的作用

大量进入小肠的氨基酸在首过肠道代谢中被细菌转化代谢和利用。Chen等（2007）研究表明，日粮在首过肠道代谢中有30%～60%的必需氨基酸被肠上皮细胞分解利用。然而，有实验通过体外培养猪小肠上皮细胞，发现其只能代谢支链氨基酸，无法代谢其他的必需氨基酸，所以推测氨基酸在肠道首过代谢中的分解有一部分可能是肠道细菌的作用。

1.小肠细菌参与氨基酸首过肠道代谢

来自猪小肠的肠腔细菌具有降解必需氨基酸的能力，同时，肠腔细菌与肠壁附着细菌对氨基酸代谢表现出的能力不同（Dai等，2010）。猪小肠上皮细胞能够大量代谢支链氨基酸，但缺乏分解代谢其他必需氨基酸的酶，如苯丙氨酸羟化酶、组氨酸脱羧酶和苏氨酸脱氢酶等，细菌介导了小肠对日粮氨基酸的首过代谢。杨宇翔等（2016）研究表明，十二指肠、空肠和回肠细菌能大量代谢必需氨基酸（表3.3）。

表3.3　猪小肠不同部位细菌培养物中氨基酸24h的消失率

消失率	氨基酸
90%以上	赖氨酸、苏氨酸、精氨酸、谷氨酸、亮氨酸
50%～80%	异亮氨酸、缬氨酸、组氨酸
35%	脯氨酸、蛋氨酸、苯丙氨酸和色氨酸

注：引自杨宇翔等，2015。

继代培养30代后，小肠细菌仍能大量代谢赖氨酸、苏氨酸、精氨酸和谷氨酸以及组氨酸、亮氨酸、异亮氨酸和缬氨酸。这些研究均证实，细菌参与了氨基酸的肠道首过代谢。

2.小肠中的氨基酸代谢细菌

猪小肠中氨基酸代谢的优势细菌包括克雷伯菌、后肠杆菌、链球菌、溶糊精琥珀酸弧菌、埃氏巨球形菌、光岗菌、解脂厌氧弧菌及发酵氨基酸球菌等（Yang等，2014）。小肠氨基酸代谢菌可分泌多种蛋白酶和肽酶。研究表明，反刍普雷沃氏菌、溶纤维丁酸弧菌、埃氏巨球形菌、反刍月形单胞菌及牛链球菌等细菌能够分泌高活性的二肽基肽酶及二肽酶，与单胃动物消化道中的蛋白质消化和吸收有关。氨基酸代谢关键菌的发现为靶向肠道细菌通过营养干预减少氨基酸的发酵、促进宿主的氨基酸利用提供参考。

3.小肠细菌对氨基酸代谢的区室化

不同肠段的细菌数量及组成上具有很大差异，这种不同位置细菌组成的不同被称为细菌的区室化。消化道不同部位的细菌组成存在差异，所以细菌对氨基酸的代谢可能也具有区室化。Dai等（2010）的研究表明，猪小肠不同肠段对氨基酸的细菌代谢存在差异，十二指肠细菌对氨基酸的利用明显低于空肠和回肠。体外培养细菌12h后，空肠细菌对赖氨酸的利用显著高于回肠细菌，而空肠细菌对精氨酸、苏氨酸、蛋氨酸和亮氨酸的利用则显著低于回肠细菌。

然而，肠道微生物的区室化不仅仅体现在不同肠段上，还可能存在于不同肠道层面上。肠道细菌分为4层，即肠腔、黏液层、黏液下层和肠上皮层（Berg等，1996）。黏液层与黏液下层统称为黏膜层，故将肠道微生物分为3层：肠腔微生物、黏膜微生物和肠壁微生物。不同层次的微生物对氨基酸的代谢也存在差异，Yang等（2014）利用体外发酵技术对肠壁松散连接细菌和肠壁紧密连接细菌对氨基酸的代谢进行研究发现，肠壁紧密连接细菌对氨基酸主要表现出较强的合成能力，而肠壁松散连接细菌对氨基酸既存在合成能力，也存在利用能力。回肠肠壁紧密连接细菌对氨基酸的合成作用主要集中在前6h，合成率在0～20%，而空肠肠壁紧密连接细菌在体外发酵的前12h均表现为对氨基酸的合成，且合成率最高可达40%。对于空肠肠壁松散连接细菌，蛋氨酸、赖氨酸在培养前12h表现出较强的合成能力，而在12～24h内则以分解能力为主，24h后，除谷氨酰胺、赖氨酸、谷氨酸和蛋氨酸外，其余氨基酸均表现出净合成（杨宇翔等，2016）。

三、PDV组织非必需氨基酸代谢

早期的研究发现了小肠黏膜组织能氧化非必需氨基酸和支链氨基酸。随后的研究进一步证实了谷氨酸及谷氨酰胺能被小肠黏膜组织大量利用。猪肠腔食糜中的谷氨酸在肠黏膜吸收时被截留的比例是95%，小肠黏膜组织能大量利用谷氨酸和谷氨酰胺，其中谷氨酰胺绝大部分是来源于动脉血。非必需氨基酸在猪门静脉流通量中约占总氨基酸的44%（Schoor等，2001）。小肠实质上是利用大部分动脉血中的谷氨酰胺释放大量的丙氨酸和血氨。

谷氨酸和谷氨酰胺并不是在肠道中进行代谢转化的唯一日粮氨基酸。被吸收的天冬氨酸在肠内转胺，并产生一种流出物（组织中的丙氨酸）。体外培养研究表明，肠道也可降解精氨酸。成年大鼠肠道所吸收的精氨酸有40%先被小肠黏膜组织代谢，剩余的60%则进入门脉循环（Chung等，1993）。而在断奶仔猪肠道内，精氨酸可被精氨酸酶诱导合成脯氨酸。日粮中约有38%的脯氨酸被仔猪肠细胞线粒体内存在的大量脯氨酸氧化酶氧化，还能合成大量的精氨酸和瓜氨酸以及少量的谷氨酸、谷氨酰胺和鸟氨酸。

几种非必需氨基酸，包括谷氨酰胺、谷氨酸和天冬氨酸被哺乳动物小肠上皮细胞吸收后广泛氧化，因此，在传统日粮中几乎所有的非必需氨基酸都不会进入门静脉。采用同位素示踪技术和动静脉血插管技术研究谷氨酸和苯丙氨酸的在仔猪肠道内的吸收情况，结果显示，门静脉内无摄取的谷氨酰胺、谷氨酸和天冬氨酸。因此，日粮谷氨酸在肠道首过代谢过程中几乎完全被消耗，到达肝外组织的谷氨酸和谷氨酰胺需要从头合成（Reeds等，1996）。

四、PDV组织必需氨基酸代谢

近年来，许多研究发现由门静脉流出的氨基酸代谢终产物，例如氨、丙氨酸、精氨酸和瓜氨酸中氮含量要高于日粮天冬氨酸、谷氨酸、谷氨酰胺、甘氨酸和丝氨酸分解产生的量，小肠黏膜组织能氧化一些日粮必需氨基酸（戴求仲等，2005）。

必需氨基酸通过肠黏膜时至少有30%～60%被分解代谢（Stoll等，1998），有40%～70%的必需氨基酸则被小肠吸收进入门静脉，必需氨基酸在猪门静脉流通量中约占总氨基酸量的56%。研究发现，在猪肠道黏膜组织中参与代谢的苯丙氨酸数量极少，可忽略不计。赖氨酸在小肠黏膜组织中的代谢既不参与三羧酸循环也不产生CO_2，这可能是由于赖氨酸的代谢与肠道微生物作用相关（Chen等，2007）。有研究表明，小肠组织内的蛋氨酸能够通过酶的作用合成鸟氨酸和半胱氨酸（Burrin等，2007），甘氨酸则通过丝氨酸合成。哺乳仔猪日粮中40%的亮氨酸、30%的异亮氨酸和40%的缬氨酸能被PVD组织利用，黏膜蛋白质合成的利用量低于20%（戴求仲等，2004）。

PDV组织是支链氨基酸代谢的主要场所。肠黏膜组织中含有支链氨基酸转氨酶和支链氨基酸α-丙戊二酸脱氢酶，这为支链氨基酸在肠黏膜组织中的代谢提供了酶基础（戴求仲等，2005）。哺乳仔猪吸收的支链氨基酸约有40%参与首过代谢，其余约20%用于合成小肠黏膜蛋白质。饲喂奶蛋白的猪PDV组织对丝氨酸和甘氨酸截留的量分别为40%和50%（Stoll等，1998）。采用同位素示踪技术和动静脉血插管技术测定仔猪肠道内必需氨基酸的吸收情况，结果表明，必需氨基酸净吸收量显著（Reeds等，1996）。

第二节 氨基酸在后肠道中的代谢

日粮蛋白质的消化及氨基酸和肽的吸收是一个高效的过程，但未被消化吸收的日粮和内源性含氮物质（主要是蛋白质和肽）进入后肠被发酵，即使是极易可消化蛋白，也会有小部分未被小肠消化，从而进入后肠（Evenepoel等，1999）。进入后肠的蛋白质和肽被微生物和剩余的胰蛋白酶降解产生小肽和氨基酸，以及多种微生物代谢产物。未降解和部分降解的日粮和内源性蛋白进入盲肠、升结肠、横结肠、降结肠，最后到达乙状结肠及直肠（杨宇翔，2016）。后肠中含有大量微生物，使得食糜在后肠中的相对流速较慢，是微生物对蛋白质进行发酵的原因之一。后肠微生物多样性高于小肠，所以蛋白质的发酵主要在后肠进行。

一、后肠道微生物对氨基酸的代谢

单胃动物肠道中定植着大量微生物，数量大约是宿主机体细胞总数的10倍。肠道细菌在体内作为一个独立的“器官”存在，对宿主健康及肠道免疫起重要作用。后肠食糜内容物中含有10^{13}～10^{14}个微生物，其种类高达数千种。近年来研究表明，肠道微生物参与肠道中营养素的代谢，尤其是氨基酸日粮中未被消化吸收的蛋白质和碳水化合物等物质进入后肠后被肠道中的微生物利用，产生短链脂肪酸、生物胺、氨、硫化氢、吲哚和酚类等物质，影响肠道和宿主健康。肠道中生物胺主要包括腐胺、尸胺和亚精胺等，其中腐胺由微生物分解代谢鸟氨酸和精氨酸产生，尸胺由赖氨酸产生。产生代谢物的微生物主要有拟杆菌（为该属的某些种）、丙酸杆菌、链球菌属和梭菌属。梭菌属的细菌包括梭杆菌、消化链球菌、韦荣氏球菌、埃氏巨球形菌、发酵氨基酸球菌和反刍月形单胞菌等，它们被认为是单胃动物后肠中主要的氨基酸发酵细菌。研究表明，拟杆菌属能在吸收细胞的刷状缘表面分泌类似弹性蛋白酶的蛋白酶，大量分泌的蛋白酶可降解刷状缘上的麦芽糖酶和蔗糖酶，但对碱性磷酸酶的活性没有影响。

一般认为，除刚出生阶段，动物结肠肠腔的氨基酸不会被宿主大量吸收，这说明未降解的蛋白质产生的氨基酸不会被机体吸收用于蛋白合成。结肠上皮细胞有能力降解多种氨基酸，例如结肠上皮细胞降解精氨酸，产生鸟氨酸、一氧化氮和谷氨酰胺。研究表明，小鼠日粮蛋白质的摄入量增加，由于肝脏循环需要更多的鸟氨酸来清除血液中的氨，所以有更多的精氨酸被结肠细胞转变为鸟氨酸和尿素（Béatrice等，2004）。有些研究显示，并不能排除后肠对氨基酸的吸收。在猪模型上的研究发现，后肠中注入蛋白质或氨基酸后，机体整体氮平衡得到增强，说明后肠有部分氨基酸被吸收。此外，给猪的盲肠注射^{15}N标记的蛋白质后，在门静脉中检测到^{15}N标记的氨基酸，这也说明后肠能吸收一部分氨基酸（Niiyama等，1979）。微生物合成的氨基酸会被小肠吸收利用，同时有一小部分可能被后肠吸收。在猪结肠细胞上发现的$ATBO^{+}$中性和阳离子氨基酸转运载体也证实了结肠细胞有吸收氨基酸的能力（Nakanishi等，2001）。有研究表明，肠腔氨基酸通过末端转运载体进入结肠细胞后被利用，从而不进入血液。所以，后肠的氨基酸只能供结肠细胞合成蛋白质或进入其他代谢途径，而机体其它组织不能利用后肠氨基酸。大量的文献报道结肠微生物对氨基酸的代谢是后肠氨基酸的主要代谢终点，基因组和生理学研究表明肠道微生物有特异的酶用于氨基酸代谢（Laparra等，2010）。后肠氨基酸发酵产物对结肠上皮细胞的代谢和肠道微生物菌群具有重要影响。

二、后肠道氨基酸代谢产物

（一）后肠道氨基酸的分解代谢途径

肠道中的氨基酸可被微生物直接吸收，进入胞内作为蛋白质合成的前体物。或进入分解代谢，其中分解代谢最主要的反应是转氨基反应和脱氨基反应。其包含氧化反应、还原反应或者史蒂克兰德氏反应（氧化还原反应），史蒂克兰德氏反应在结肠蛋白降解梭菌中最为普遍（杨宇翔，2016）。史蒂克兰德氏反应需要一对氨基酸同时参与，其中一个氨基酸被氧化脱羧，另一个则被还原。这一对氨基酸中，氢离子供体主要是丙氨酸、亮氨酸、异亮氨酸、缬氨酸和组氨酸，而氢离子的受体主要是甘氨酸、脯氨酸、鸟氨酸、精氨酸和色氨酸。大多数情况下，史蒂克兰德氏反应会产生相应的酮酸或饱和脂肪酸。许多厌氧微生物可通过发酵途径代谢酮酸和饱和脂肪酸。它们以丙酮酸为起点，经过一系列反应生成终产物氢离子受体，比如短链脂肪酸（乙酸、丙酸和丁酸）、有机酸（甲酸、乙酸和苹果酸）、乙醇和气体（氢气和CO_2）。通常情况下，有机酸不会积累，能被微生物迅速利用并产生短链脂肪酸。尿素可被水解成氨和CO_2。脱氨反应生成的氨可作为氮源再利用或者排出体外（Macfarlane等，2012）。生成的氢气和CO_2可被氢利用微生物，例如古菌、乙酸菌和硫还原菌利用产生甲烷、乙酸和硫化氢（Nakamura等，2010）。乙酸作为能量物质被不同类型的上皮细胞或微生物利用。微生物产生的硫化物可被肠细胞进一步代谢（Mimoun等，2012）。

（二）微生物代谢产物

日粮中蛋白质经过水解作用最终生成氨基酸、含硫氨基酸及芳香族氨基酸，其主要通过以下三种模式被微生物代谢利用：① 氨基酸经过脱羧基作用生成多胺、胺类物质的同时释放CO_2，经过脱氨基作用生成铵离子、酮酸和饱和脂肪酸。酮酸和饱和脂肪酸代谢生成酒精释放H_2，最终生成挥发性脂肪酸，包括短链脂肪酸和支链脂肪酸，并释放CO_2；② 含硫氨基酸以正常代谢途径生成代谢产物，并通过脱硫作用最终生成H_2S，其中一部分被释放，另一部分与脱氨基作用生成的铵离子一起用于合成菌体蛋白；③ 芳香族氨基酸经过复杂的代谢途径最终生成吲哚、酚类物质（Davila等，2013）。

1. 支链脂肪酸

支链脂肪酸主要由微生物代谢支链氨基酸如亮氨酸、缬氨酸和异亮氨酸产生，其主要代谢产物为2-甲基丁酸、异丁酸和异戊酸。参与支链氨基酸代谢过程的主要微生物有拟杆菌属、链球菌属、梭菌属和丙酸菌属。蛋白质经微生物发酵后30%可以转化为挥发性脂肪酸，由于微生物可发酵底物的不同，支链脂肪酸占其中16% ～ 23%（Cone等，2005）。相较于短链脂肪酸，支链氨基酸在后肠中含量相对较低，它们只可以通过蛋白质代谢而来，而无法从碳水化合物获得，所以其浓度可以用来监测肠道微生物对蛋白质的利用情况，是蛋白质发酵程度的指示物质。

2. 短链脂肪酸

短链脂肪酸是微生物在单胃动物后肠发酵的终产物，包括乙酸、丙酸和丁酸。纤维和抗性淀粉在微生物发酵作用下产生短链脂肪酸，一部分未消化的蛋白质也被作为底物通过微生物发酵产生短链脂肪酸。后肠中微生物发酵甘氨酸、丙氨酸、谷氨酸、赖氨酸、苏氨酸和天冬氨酸产生乙酸，丁酸由谷氨酸和赖氨酸发酵产生，丙氨酸和苏氨酸则产生丙酸。乙酸、丙酸和丁酸都可以被氧化给结肠上皮供能。研究表明，日粮蛋白质水平的增加会导致大鼠肠道短链脂肪酸和支链脂肪酸的上升。乙酸、丙酸和丁酸分别主要被肌肉、肝脏和结肠黏膜所利用。丁酸作为结肠主要的能量来源，还可以转运至结肠细胞内或者作用于细胞外的靶点，未被降解的丁酸则被重新吸收入血（Andriamihaja等，2010）。

3. 氨

肠道中的氨主要有两种生成途径，分别是肠道微生物对氨基酸的脱氨基作用及微生物尿素酶对尿素的水解。后肠肠腔中氨的含量不仅取决于微生物对氨基酸的脱氨作用和对尿素的水解作用，微生物对氨的利用以及上皮对氨的吸收也发挥着重要作用。微生物代谢产生的氨能够通过肠道周围血管进入静脉血液，经肝脏代谢转化为尿素，以减少氨在肠道的积累。研究结果表明，结肠黏膜存在能将尿素从血液转运到肠腔的尿素转运载体（Stewart等，2004）。Eklou-Lawson等（2009）近年来的研究显示，部分氨和谷氨酸在谷氨酰胺合成酶的作用下生产谷氨酰胺，这在一定程度上控制了肠细胞内氨的浓度。微生物还能利用游离氨合成菌体蛋白，因此肠道内的氨浓度是肠道上皮吸收和肠道微生物利用平衡的结果（Rist等，2013）。

过量的氨对肠道黏膜具有不利影响，氨是潜在的致癌原，其能够增加黏膜损伤和结肠腺癌的概率。氨影响肠道上皮细胞代谢，高浓度的氨可以抑制细胞线粒体利用氧气，增加溶酶体空泡，抑制细胞增殖，同时增加肠上皮细胞的通透性。此外，高浓度的氨会抑制短链脂肪酸在结肠上皮中的氧化，对动物机体具有不利影响。

4.生物胺

肠道微生物对氨基酸的脱羧基作用产生生物胺，主要包括组胺、酪胺、色胺、尸胺、腐胺、亚精胺和精胺。组胺、酪胺、色胺、尸胺相应的前体氨基酸分别是组氨酸、酪氨酸、色氨酸、赖氨酸，腐胺、精胺和亚精胺可由精氨酸代谢产生。拟杆菌属、梭菌属、双歧杆菌属、肠杆菌属、乳酸杆菌属和链球菌属的某些种属细菌参与氨基酸脱羧作用（Rist等，2013）。高浓度的多胺具有潜在的上皮细胞毒性，能够引起细胞氧化应激和增加致癌风险，研究发现高浓度的精胺和亚精胺能够引起腹泻。肠道黏膜的单胺和多胺氧化酶能够代谢胺类物质、降低其浓度、减少对上皮的损伤（Windey等，2012）。营养是影响生物胺浓度的重要的因素，在早期断奶仔猪中，用氨基酸替代部分蛋白质后发现盲肠和结肠腐胺和尸胺的浓度降低（Htoo等，2007）。

5.硫化物

硫化物是肠道蛋白质发酵的主要产物，含硫氨基酸如蛋氨酸、半胱氨酸、胱氨酸能够被肠道微生物代谢，产生硫化物。这一过程主要由肠道内脱硫弧菌属细菌或者其他能够编码亚硫酸盐还原酶的细菌参与。研究发现，硫化物对结肠细胞具有细胞毒性，抑制细胞内的丁酸氧化，进而破坏结肠细胞屏障功能（Roediger等，1997）。

6.吲哚和酚类物质

芳香族氨基酸通过肠道微生物的代谢作用产生吲哚和酚类物质，参与该代谢过程的细菌主要有拟杆菌属、梭菌属、乳酸杆菌、消化链球菌属和双歧杆菌属。酪氨酸经微生物发酵产生苯酚和对甲酚，色氨酸能被微生物代谢产生吲哚和粪臭素。酚类物质在远端结肠的浓度高于近端结肠，说明大肠末端微生物对氨基酸的发酵能力高于近端（Davila等，2013）。人类肠道微生物菌群可以产生多种次级代谢产物并在血液中积累，并且对宿主会产生系统性的影响。利用小鼠模型研究结果显示，肠道中的特定微生物生孢梭菌能代谢芳香族氨基酸，这一代谢途径产生了12种化合物，其中9种已知可在宿主血液中积累，同时发现3种芳香族氨基酸（色氨酸、苯丙氨酸、酪氢酸）作为底物参与这一代谢途径。生孢梭菌、厚壁菌门可以降解色氨酸，并分泌代谢产物吲哚丙酸，吲哚丙酸会在血液中积累，其在血液中的浓度水平在生物体内具有很大的变动范围。

三、影响后肠道中氨基酸代谢的因素

日粮蛋白质水平是影响后肠氨基酸代谢的主要因素。研究表明，育肥猪日均摄入总氮量的50%以尿氮的形式排出，约15%以粪氮的形式排出体外。粪氮主要来源于日粮中未被消化吸收的氮、微生物来源的氮和内源性氮（谯仕彦和岳隆耀，2007）。一定程度上，肠道中蛋白质的合成和降解之间的平衡是由氨氮浓度反映的。罗振等（2015）的研究显示，日粮蛋白质水平若降低6%，则盲肠内的氨氮含量减少50.5%。微生物可利用肠道中的氮源合成微生物蛋白质，为动物提供蛋白质需要，饲喂蛋白质水平为10%日粮的猪食糜微生物蛋白质的含量减少了40.2%，说明微生物生成氮减少。

第三节 氨基酸在肝脏中的代谢

肝脏是动物机体内重要的代谢器官，是氮营养素代谢的中枢，在解剖学结构上与肠道同处于优先利用营养素的器官。肝脏不仅可以参与机体营养物质代谢、生物合成和解毒，而且还可以储存体内的血液，血液是肝脏的基础通道。有研究发现，虽然肝脏的重量只占体重的2%，却存储了25%的心脏血流量。肝脏的血流量占心输出量的35%，约50%的血液都要流经肝脏。肝脏的血液来自于门静脉和肝动脉，门静脉和肝静脉分别是营养物质进出肝脏的血管，在新陈代谢中肝脏起着至关重要的作用。肝脏血液主要来自门静脉，肝动脉只占肝脏血流量的2% ～ 17%。

一、氨基酸在肝脏中的代谢规律

日粮中的大量氨基酸在肠道中会被动物的肠黏膜组织吸收，经过PDV组织消化吸收后剩余的部分从门静脉血液流出，随后进入肝脏代谢。肝脏吸收来自门静脉和肝动脉的氨，并通过自身的代谢转化为尿素和谷氨酸。肝脏中可以进行蛋白质的合成，也可以进行氨基酸的分解代谢。日粮中的蛋白质经过消化道蛋白酶的催化之后，以游离氨基酸和寡肽的形式被小肠吸收，并随门静脉血液进入肝脏，大部分氨基酸被肝脏转化，只有小部分以游离的形式到达外周循环。氨基酸在肝脏中的代谢包括合成和分解两种方式。合成代谢即从肝脏输出蛋白质，供应外周利用的过程。分解代谢一般是先脱去氨基，形成的碳骨架可以被氧化成CO_2和H_2O，产生ATP，也可以为糖、脂肪酸的合成提供碳架。氨基酸在肝脏经过4条潜在途径代谢：① 转化为特殊的含氮代谢物；② 以游离的形式留

在血管内；③ 氧化提供能量和非氮终产物；④ 合成外运蛋白进入肝脏。当猪采食蛋白质的量降低，减少了与蛋白质消化相关的腺体（如胰腺、肝脏）的活动，导致动物产热量减少，进而影响与氨基酸代谢相关的生化反应，例如脱氨基反应（郑培培，2015）。

二、氨基酸在肝脏组织中的合成代谢

氨基酸在肝脏中能通过影响蛋白质的降解从而改变蛋白质的合成。Jefferson等（1969）向实验鼠动脉血中灌注10倍浓度的氨基酸，得到肝脏合成蛋白质的最大效率。通过限制不同种类氨基酸的含量来调节肝脏蛋白质的合成（Woodside等，1972）。氨基酸的种类会影响肝脏对氨基酸的转化率，支链氨基酸同丙氨酸、甘氨酸和芳香族氨基酸的转化率相比较低。Tavill等（1973）的研究发现，提供高浓度的氨基酸并不能提高肝脏中蛋白质的合成率，如果肝脏内氨基酸的活性没有被充分激活，那么蛋白质的降解将会被加大，从而导致蛋白质的合成下降。肝脏对氨基酸的转化存在一定的范围，如果氨基酸浓度过高，肝脏将以不同的形式转化多余的氨基酸。组氨酸在肝脏中可被合成肽，采食组氨酸或肌肽能提高肝细胞酒精中毒引起的抗氧化及抗炎症的活性，因此组氨酸是保护肝脏的因子之一（郑培培，2015）。蛋氨酸约有50%以上在肝脏中进行代谢。肝脏可以利用来自于门静脉循环的部分含硫氨基酸合成蛋白质和谷胱甘肽等物质。肝脏中存在着精氨酸合成所需的脯氨酸氧化酶、鸟氨酸甲酰转移酶、精氨酸琥珀酸合成酶以及氨基甲酰磷酸合成酶，为肝脏内精氨酸的合成提供了物质基础。精氨酸在肝脏中通过尿素循环合成，但是精氨酸的数量不会净增加，原因是在细胞质基质中精氨酸激酶的活性高，使得精氨酸被迅速水解（Urschel等，2005；Wu和Morris，1998）。

三、氨基酸在肝脏组织中的分解代谢

氨基酸降解过程中第一步反应是转氨基作用，转氨基作用必须在谷氨酸脱氢酶的作用下才能形成氨。肝脏是发生转氨基作用和脱羧基作用这两个反应的主要场所，从而降解所有的氨。由于氨有毒性，在被肾脏排出之前氨被肝脏转化为尿素。除此之外，肠道也可生成氨并由血液运输到肝脏，由于运输到肝脏的氨并不进入到系统循环，所以会造成氨中毒。骨骼是三种支链氨基酸肌亮氨酸、异亮氨酸和缬氨酸发生转氨基酸作用的主要场所，这三种支链氨基酸在支链氨基酸转氨酶的作用下转变为相应的支链酮酸，支链酮酸被转移到肝脏进行进一步的代谢。支链氨基酸的氨基最终用于合成谷氨酸，运输到肝脏进行脱氨基作用。不同的动物对异亮氨酸的利用方式不尽相同，单胃动物的骨骼肌氧化大部分来自蛋白质降解的异亮氨酸，生成相应的α-酮酸并在肝脏内被重新氧化。除此之外，肝脏中含有丰富的氨基酸代谢转化酶，对机体的蛋白质代谢有非常重要的作用（印遇龙，2008）。

四、不同氨基酸在肝脏中的代谢规律

（一）赖氨酸

赖氨酸是猪的第一限制性氨基酸，赖氨酸的代谢途径能提高动物合成蛋白质的效率。大多数动物体内赖氨酸分解的主要途径是依赖于酵母氨酸的分解途径，此过程包括赖氨酸α-酮戊二酸还原酶和酵母氨酸脱氢酶，同时，赖氨酰化酶也是赖氨酸分解的关键酶之一。一直以来赖氨酸α-酮戊二酸还原酶在除肝脏外其他组织的活性都是被忽视的。研究发现赖氨酸α-酮戊二酸还原酶和赖氨酰化酶存在于小鸡的肝外组织中，从而证实了赖氨酸分解代谢也发生于肝外的其他组织（Manangi等，2005）。Pink等研究在肠道上皮细胞检测到部分赖氨酸α-酮戊二酸还原酶，即肠道内催化赖氨酸代谢的第一个催化酶，肠道还可以氧化^{14}C-Lys成为$^{14}CO_2$，因此肠道也有赖氨酰化酶（Pink等，2011）。猪的肝脏中赖氨酸α-酮戊二酸还原酶和酵母氨酸脱氢酶的表达活性最高，依次是肠道和肾脏，而赖氨酰化酶在肌肉中表达量最高，说明赖氨酸主要是在肝脏、肠道、肾脏中发生降解，在肌肉发生氧化（Gatrell等，2012）。肠道组织中，赖氨酸可用于合成黏膜蛋白质及进行分解代谢，仔猪肠道大约截留了35%的日粮赖氨酸，其中18%合成黏膜蛋白。Van等研究表明，日粮赖氨酸的5%被仔猪肠道氧化，占全身总赖氨酸氧化量的30%；此外，PDV组织摄取的10%的赖氨酸来源于动脉血，但肠道并不氧化动脉血来源的赖氨酸，所以，日粮是肠道组织优先摄取赖氨酸的来源（Van等，2000）。

研究认为赖氨酸氧化的主要器官是肝脏，赖氨酸α-酮戊二酸还原酶主要是在猪肝脏的线粒体基质中，因此赖氨酸首先必须通过线粒体内膜才能发生代谢。ORC转运蛋白在赖氨酸的转运过程中起着重要作用，ORC1和ORC2在肝脏中大量表达，从而加速肝脏中赖氨酸的代谢。小鼠肝脏内赖氨酸α-酮戊二酸还原酶活性受到日粮蛋白质水平的影响，蛋白质水平越高，赖氨酸α-酮戊二酸还原酶活性越高（Kiess等，2008）。

（二）蛋氨酸

蛋氨酸属于含硫氨基酸，蛋氨酸可用于体内蛋白质合成及作为转甲基反应中甲基的提供者。蛋氨酸是猪的限制性氨基酸，然而在动物体内，蛋氨酸的代谢一般由三个蛋氨酸-高半胱氨酸循环的通路组成：首先蛋白质和蛋氨酸之间发生可逆性地转换，然后蛋氨酸被蛋氨酸腺苷转移酶甲基化生成S-腺苷蛋氨酸，S-腺苷蛋氨酸再转甲基生成S-腺苷高半胱氨酸，后者可进一步水解为高半胱氨酸。在甜菜碱高半胱氨酸甲基转移酶的作用下发生再甲基化，或是在N_5-甲基四氢叶酸高半胱氨酸甲基转移酶的作用下，高半胱氨酸均可生成蛋氨酸，或者发生通路转硫基反应，即不可逆生成胱硫醚，进一步生成半胱氨酸。其中，体内绝大多数组织器官蛋氨酸循环的关键步骤是转甲基和再甲基化通路，而转硫基通路仅分布于肝脏、肾脏、肠道和胰腺等部位，主要由β-胱硫醚合酶和胱硫醚裂解酶催化（Soda，1987）。由此可见，动物机体内蛋氨酸的代谢受到多种酶的参与，过程极其复杂。

日粮中的蛋氨酸大约一半以上在肝脏进行代谢，肝脏利用一部分来自于门静脉循环的含硫氨基酸用于合成蛋白质和谷胱甘肽等。转甲基反应的抑制剂是S-腺苷高半胱氨酸，S-腺苷高半胱氨酸水解酶可以将S-腺苷高半胱氨酸水解为高半胱氨酸和腺苷。肝脏中有三条高半胱氨酸的代谢途径，其中一条是通过转硫基作用可以将高半胱氨酸转换成半胱氨酸，这个途径被β-胱硫醚合酶和胱硫醚裂解酶催化，且只存在于肝脏中。另外两条途径是高半胱氨酸分别在N_5-甲基四氢叶酸高半胱氨酸甲基转移酶和甜菜碱高半胱氨酸甲基转移酶的催化下合成蛋氨酸。Park等（1999）等研究表明，日粮缺乏蛋氨酸会导致断奶仔猪、大鼠肝脏中甜菜碱高半胱氨酸甲基转移酶活性显著升高，其mRNA表达水平也显著升高。

（三）苏氨酸

苏氨酸是一种羟基氨基酸，是动物的第二或第三限制性氨基酸，降低日粮中苏氨酸含量的同时增加赖氨酸或者蛋氨酸等必需氨基酸的含量，动物的生长性能并不能得到改善，因此在猪日粮中添加适量苏氨酸很有必要。苏氨酸在苏氨酸脱氢酶、苏氨酸醛缩酶及苏氨酸脱水酶的催化下变成其他物质，而无需经过脱氨基和转氨基作用。

在动物的肝脏，苏氨酸有三种代谢途径：① 苏氨酸在L-苏氨酸-3-脱氢酶的催化下转化为氨基丙酮、甘氨酸和辅酶A；② 在苏氨酸脱水酶的催化下，苏氨酸转化为2-酮丁酸和氨气；③ 在苏氨酸醛羧酶的催化下分解为甘氨酸和乙酰辅酶A。苏氨酸代谢过程中起最重要作用的酶分别是苏氨酸醛缩酶和L-苏氨酸-3-脱氢酶。饲喂正常日粮时，苏氨酸在猪肝脏中主要被L-苏氨酸-3-脱氢酶催化的，而在禁食和饲喂无氮日粮时，苏氨酸降解主要是通过苏氨酸脱水酶的催化作用得以实现（Ballevre等，1991）。降低仔猪日粮苏氨酸的含量会影响肝脏蛋白质的沉积，所以日粮苏氨酸的含量对肝脏代谢具有十分重要的作用。

（四）谷氨酸和天冬氨酸

谷氨酸在肝脏氨基酸转氨基的过程中起着重要作用，每天可促使80～100g蛋白质水解，而且能转换肌肉水解的大多数氨基酸形成葡萄糖，供机体饥饿状态下利用，因此谷氨酸是连接肝脏氨基酸分解和糖异生作用的一个重要氨基酸（郑培培，2015）。肝脏内含有谷氨酸分解代谢所需的*N*-乙酰谷氨酸合成酶、谷氨酰胺合成酶等，还含有合成氨基酸的谷氨酰胺酶、5-羟脯氨酸酶等，以及可逆地催化谷氨酸代谢的丙氨酸氨基转移酶和谷氨酸脱氢酶，所以肝脏既能代谢谷氨酸也能合成谷氨酸。Cooper等（1988）研究表明，哺乳动物肝脏中谷氨酸脱氢酶的活性是其他器官的几倍，与谷氨酸是其他氨基酸转氨基作用的中间产物有关，谷氨酸来源的部分氮出现在肝脏血氨池中，然而大量谷氨酸氮则用于转氨基作用，用于合成天冬氨酸、丙氨酸及谷氨酰胺。

（五）精氨酸

精氨酸是幼年动物的必需氨基酸，对于成年动物，精氨酸则是条件性必需氨基酸。精氨酸在蛋白质的合成代谢及NO的合成过程中起着重要作用。在动物体内：① 精氨酸在精氨酸酶1的作用下脱胍基生成尿素和鸟氨酸，尿素进入血液循环，鸟氨酸则在肝脏、肾脏或肠黏膜细胞中生成瓜氨酸，随后被转运到细胞液，参与鸟氨酸循环过程；② 精氨酸在NO合成酶的催化作用下合成具有生物活性的NO；③ 精氨酸还可以被甘氨酸转脒基分解为肌酐酸和鸟氨酸，进而降解为尿素和鸟氨酸。肝脏中存在着精氨酸合成所需的脯氨酸氧化酶、鸟氨酸甲酰转移酶、精氨酸琥珀酸合成酶和氨基甲酰磷酸合成酶，为肝脏精氨酸代谢提供物质基础。研究发现精氨酸在肝脏中可以通过尿素循环合成，但没有净产生，这是因为细胞质基质精氨酸激酶具有极速高效性，使得精氨酸被迅速水解（Urschel等，2005）。

（六）支链氨基酸

亮氨酸、异亮氨酸和缬氨酸是机体的三种必需氨基酸，它们具有相似的结构，共用具有氧化脱羧作用的酶及膜上的载体。支链氨基酸占机体蛋白质组成中必需氨基酸的35%～40%，动物组织内支链氨基酸的代谢首先是在支链氨基酸氨基转移酶的催化下可逆性地产生支链酮酸。支链氨基酸氨基转移酶有两个亚型，一个是支链氨基酸氨基转移酶m，定位于细胞在线粒体；另一个是支链氨基酸氨基转移酶c，定位于细胞质。支链氨基酸代谢的第二步是由支链酮酸脱氢酶进行催化，且此步不可逆。支链酮酸脱氢酶存在活化（去磷酸化）和非活化（磷酸化）两种形式，而抑制其活化的酶是支链酮酸脱氢酶激酶（郑培培，2015）。在调节支链酮酸脱氢酶复合物的过程中，支链酮酸脱氢酶K起重要作用，支链酮酸脱氢酶K调节了支链氨基酸的代谢。支链氨基酸氨基转移酶有两个亚型，其中支链氨基酸氨基转移酶m在哺乳动物组织内普遍存在，心脏和肾脏相对较高，肝脏中由于支链氨基酸氨基转移酶的表达量少，所以活性较低。支链氨基酸代谢主要是在肝外组织发生的，说明肝脏利用支链氨基酸用于蛋白质合成，但是并不能直接降解支链氨基酸。肝脏支链酮酸脱氢酶可以代谢肝外组织合成的支链酮酸，为肌肉蛋白质合成提供支链氨基酸。

五、氨基酸在肝脏中的代谢研究

肝脏是蛋白质合成和氨基酸分解代谢的重要器官。肝脏中存在大量的转氨酶和脱氨酶，肝脏中发现了几乎所有的必需氨基酸分解代谢酶。肝脏在氨基酸的代谢中起着关键作用，并通过调节血液中氨基酸的组成影响氨基酸对周围组织的供应。氨基酸在PDV组织中的大量代谢，发生脱氨反应产生大量的氨并进入门静脉，是肝脏尿素合成的直接前体物。肝脏是氨基酸代谢转化的中心，氨基酸的合成与分解都在肝脏中进行，经小肠吸收进入门静脉的氨基酸大部分都通过肝脏进行代谢转化。氨氮和尿素的水平可以反映出氨基酸在肝脏中的利用情况。

杨静（2016）的研究表明，甘氨酸和丙氨酸在PDV组织中大量产生，并没有被消耗。在PDV组织产生的甘氨酸和丙氨酸中有20%左右的氮来自于谷氨酸。经过肝脏代谢后，甘氨酸和丙氨酸数量显著降低，尿素与谷氨酸大量合成，PDV组织异常增加的甘氨酸和丙氨酸是由于谷氨酸等氨基酸的过度代谢导致。这一氨基酸代谢规律与机体的自我保护功能相吻合：PDV组织中氨基酸代谢所产生的氨如果全部直接进入肝脏组织将造成严重的肝损伤，而将其中一部分氨转化为分子量相对较小的甘氨酸和丙氨酸，不仅有效降低氨的浓度、减轻对肝脏的损伤，同时又能发挥谷氨酸等氨基酸在PDV组织中的代谢燃料功能。

肝脏中含氮化合物的估计消耗量如表3.4所示。研究表明，与饲喂18%蛋白质水平日粮相比，饲喂15%蛋白质水平日粮猪的肝脏对苏氨酸、亮氨酸、赖氨酸、组氨酸、精氨酸和必需氨基酸的消耗增加，脯氨酸、天冬氨酸、谷氨酸、甘氨酸、丙氨酸、胱氨酸、酪氨酸、非必需氨基酸和氨气的消耗降低。饲喂13.5%蛋白质水平日粮导致猪的肝脏增加消耗苏氨酸、缬氨酸、蛋氨酸、异亮氨酸、亮氨酸、苯丙氨酸、赖氨酸、组氨酸、精氨酸、色氨酸，减少肝脏中脯氨酸、天冬氨酸、谷氨酸、甘氨酸、丙氨酸、胱氨酸、酪氨酸、非必需氨基酸和氨气。同时，13.5%蛋白质水平日粮导致肝脏尿素产量增加，并且增加了肝脏中必需氨基酸的消耗（Wu等，2018）。当来自PDV的非必需氨基酸供应不足时，必需氨基酸被用来合成非必需氨基酸以平衡离开肝脏的氨基酸组成。日粮蛋白质水平降低导致肝脏中非必需氨基酸供应的减少和必需氨基酸消耗的增加。非必需氨基酸缺乏导致肝脏中必需氨基酸消耗的增加，不利于氨基酸的最佳利用。

表3.4　饲喂不同日粮蛋白质水平猪肝脏对氨基酸的消耗

消耗量/（mg/min）	日粮		
	18% CP	15% CP	13.5% CP
苏氨酸	1.88	2.67	4.06
缬氨酸	2.79	2.98	3.62
蛋氨酸	1.47	1.86	2.25
异亮氨酸	2.05	2.31	2.64
亮氨酸	3.89	5.38	5.70
苯丙氨酸	1.17	1.31	1.51
赖氨酸	3.53	5.14	6.07
组氨酸	1.83	2.11	2.51
精氨酸	3.57	3.96	4.30
色氨酸	0.80	0.92	1.18
脯氨酸	3.42	1.52	1.69
天冬氨酸	1.77	0.56	0.64
丝氨酸	1.44	0.66	0.57
谷氨酸	–8.30	–10.3	–12.2
甘氨酸	11.4	10.4	8.76
丙氨酸	12.8	11.2	9.23
胱氨酸	0.73	0.09	0.03
酪氨酸	1.40	0.81	0.54
必需氨基酸	23.3	28.7	33.8
非必需氨基酸	24.6	15.0	9.22
总氨基酸	47.9	43.7	43.0
氨气	5.38	4.17	3.79
尿素	–13.1	–11.9	–10.6
（尿素/氮采食量）/%	36.5	37.5	38.4

注：引自Wu等，2018。

第四节　影响单胃动物氨基酸代谢的主要因素

动物如何对蛋白质充分并且合理地利用一直以来都是动物营养研究所关注的热点和重点问题之一。从动物对蛋白质的需要（即对氨基酸的需要）到以可消化氨基酸为基础的理想蛋白质氨基酸模式的建立以及应用，已经使动物对蛋白质的利用和生产效率有了大幅度的提高。氨基酸在PDV与肝脏中的代谢转化机制是一个非常复杂的过程，氨基酸在肝脏中利用率的高低直接关系到氨基酸对机体的供应量，氨基酸在机体中的代谢则受很多因素的影响。

一、日粮因素

（一）日粮构成因素

日粮蛋白质的来源、品质、加工储存条件及动物对蛋白质的摄入量等均可影响动物机体的蛋白质的消化，进而影响氨基酸的代谢。日粮构成是影响氨基酸代谢的主要因素之一。蛋白质在大肠的发酵往往会伴随着潜在病原菌的增加。研究表明，仔猪饲喂易消化的蛋白质（例如酪蛋白），其在前肠几乎可以完全被消化和吸收，从而降低进入大肠的蛋白质数量，减少大肠微生物对蛋白质的发酵，降低断奶仔猪的腹泻率（Kiriyama等，2004）。断奶仔猪饲喂不同来源蛋白质的日粮（如大豆蛋白、鱼粉、棉粕、乳蛋白和肉蛋白）时，结果显示，植物蛋白显著降低粪便中潜在致病菌如大肠杆菌和葡萄球菌的数量，从而改善微生物对氨基酸的代谢作用（Kellogg等，1964）。戴求仲等（2005）研究发现在不同肠段肠腔及肠细胞中，与蛋白质消化吸收相关的酶，例如胃蛋白酶、胰蛋白酶、糜蛋白酶、羧肽酶、氨肽酶等的分泌受摄入蛋白质的种类、数量、氨基酸组成和蛋白质的消化代谢产物的影响。

（二）日粮蛋白质水平

蛋白质摄入量对组织养分利用率具有重要影响，特别是当日粮摄入量较低或处于临界状态时。蛋白质营养不良降低动物整体生长速率。新生仔猪蛋白质营养不良对整体生长的影响主要是降低胴体生长而并不影响胃肠道生长，因此蛋白质营养不良实际上相对增加了肠道蛋白质的需要量。

1. 日粮蛋白质水平对猪门脉系统的影响

日粮蛋白质水平对氨基酸代谢的影响。肠道养分的摄入量对组织养分利用率具有重要影响，当日粮摄入量较低或处于临界状态时，PDV组织氨基酸代谢也会受到影响。Van等（2000）通过肠道和静脉灌注测定赖氨酸和苏氨酸在饲喂高蛋白质日粮（蛋白质水平为20%）和低蛋白质日粮（蛋白质水平为10%）仔猪的PDV组织代谢情况发现，高蛋白质日粮组仔猪PDV组织所利用的赖氨酸全部来自动脉血，而低蛋白质日粮组仔猪PDV组织所利用的赖氨酸来自于肠腔和动脉血（戴求仲等，2004）。这就表明，在蛋白质摄入长期偏低的情况下，肠道对赖氨酸的需要量相对较高，并优先利用日粮来源的赖氨酸。

日粮蛋白质水平对仔猪肝、门静脉血浆葡萄糖的影响。葡萄糖是机体内大多数组织细胞的主要供能物质，正常情况下动物的血糖水平恒定在一定的范围之内，这对于维持组织细胞结构和供能具有重要意义。王润莲等（2014）研究表明，降低日粮粗蛋白质水平对肉仔鸡翅静脉血清葡萄糖浓度无显著影响。降低日粮粗蛋白质水平不影响仔猪门静脉、肝静脉和肝动脉血浆葡萄糖的浓度，但是仔猪门静脉血浆葡萄糖在PDV组织中的净吸收量却随日粮粗蛋白质水平的降低而降低，降低日粮粗蛋白质水平将增加PDV组织对葡萄糖的消耗（杨静等，2016）。研究表明，降低日粮粗蛋白质水平并平衡赖氨酸、蛋氨酸、苏氨酸和色氨酸4种必需氨基酸会减少非必需氨基酸在PDV组织中的净吸收量，因为谷氨酸等非必需氨基酸在PDV组织中的代谢极其旺盛，降低日粮粗蛋白质水平时如果仅仅平衡重要必需氨基酸将造成进入门静脉的非必需氨基酸的数量显著降低（陈澄，2015）。大多数细胞偏好谷氨酸及谷氨酰胺作为其供能物质，因此，在谷氨酸等非必需氨基酸供应不足的情况下，PDV组织将增加对葡萄糖等能源物质的消耗，这也是降低日粮粗蛋白质水平后葡萄糖在PDV组织中的净吸收量降低的内在原因（Kight和Fleming，1995）。随着葡萄糖净吸收量的减少，低蛋白质日粮仔猪肝脏所消耗的葡萄糖也随之减少，体现了肝脏在维持机体葡萄糖稳定方面的自我调节功能（杨静等，2016）。

日粮蛋白质水平对仔猪肝、门静脉血浆总蛋白含量的影响。总蛋白含量在一定程度上反映了日粮蛋白质的营养水平及动物对蛋白质的消化利用程度。动物生长迅速及代谢增强时，血液中需要较多带极性基团的白蛋白来运输体组织的合成原料和代谢废物。程忠刚等（2004）研究发现，仔猪对日粮中蛋白质的利用率增强时，静脉血中总蛋白含量较高。日粮粗蛋白质水平对仔猪肝、门静脉血浆总蛋白的浓度以及仔猪肝脏中总蛋白的合成速率无明显的影响，当日粮粗蛋白质含量降低到14.0%时，仔猪所需的总蛋白总量下降，肝静脉总蛋白流通量的变化与其自身的基本功能保持一致（杨静等，2016）。

日粮蛋白质水平对仔猪肝、门静脉血浆尿素氮含量的影响。尿素氮作为蛋白质和氨基酸代谢的终产物，其含量与体内氮沉积率、蛋白质或氨基酸利用率呈显著负相关。尿素氮的浓度可以较准确地反映动物体内蛋白质代谢和氨基酸之间的平衡状况。氨基酸平衡良好时，尿素氮浓度下降，尿素氮浓度越低则表明氮的利用效率越高。研究表明，泌乳猪血清尿素氮含量与日粮粗蛋白质水平呈正相关。随着日粮粗蛋白质水平的降低，仔猪肝静脉尿素氮的流通量显著降低（杨静等，2016）。

2. 日粮蛋白质水平对猪肝脏氨基酸代谢的影响

根据氨基酸在肝脏内的转化，氨基酸代谢一般分为合成代谢和分解代谢。合成代谢主要是肝脏中氨基酸合成蛋白质的过程，分解代谢是氨基酸氧化和形成尿素的过程。肝脏对氨基酸的代谢受到日粮蛋白质水平的影响，日粮蛋白质水平对肝脏氨基酸代谢的影响主要体现在两个方面：① 当日粮蛋白质水平供给不足时，为保证机体蛋白质的需求，肝脏以蛋白合成代谢为主；② 当日粮蛋白水平含量较高时，为将多余蛋白质排出体外，肝脏以蛋白分解代谢为主。

有研究采用平衡赖氨酸、蛋氨酸、苏氨酸和色氨酸的低蛋白质水平日粮饲喂仔猪，提高了仔猪肝脏内必需氨基酸的代谢率，然而谷氨酸和天冬氨酸随着日粮蛋白质水平降低，在肝脏的净合成增加，肝脏对氨基酸代谢利用受到日粮蛋白质水平和氨基酸种类的影响。低蛋白水平日粮降低了门静脉氨基酸浓度及进入肝脏代谢的氨基酸总量，进而改变了出肝脏的肝静脉血液中氨基酸模式。而门静脉和肝静脉血流速度几乎不受日粮蛋白水平影响，门静脉与肝静脉血流速度之比约为3 ∶ 4（郑培培，2015）。适当增加日粮中的蛋白水平有利于肝脏组织氨基酸代谢转化酶活的提高，从而促进谷氨酸的合成。在适当降低日粮蛋白水平及补充必需氨基酸外，还需提高特定的非必需氨基酸在日粮中的比例。这不仅可以降低氮的排放、维持氨基酸代谢转化酶活力和氨基酸转运载体的表达，还可以提高仔猪肝脏氨基酸代谢转化效率（陈澄，2015）。

（三）抗营养因子

1. 非淀粉多糖

日粮中的抗营养因子对于动物氨基酸代谢有负面作用，包括非淀粉多糖、植酸、单宁等。日粮中的非淀粉多糖含量对蛋白质和氨基酸的消化率具有重要的影响。研究表明，日粮中β-葡聚糖含量增加或日粮中总的非淀粉多糖含量增加时，生长猪大量氨基酸的回肠表观消化率均降低（Yin等，2001）。同时，非淀粉多糖影响猪饲料氮沉积及内源性氮的分泌，谷物纤维能显著增加猪内源性氮和氨基酸的排泄（印遇龙，2008）。此外，日粮中非淀粉多糖能加速PDV组织的基础代谢，影响饲料氨基酸的利用。

2. 其他抗营养因子

植物性饲料中的植酸可与蛋白质及氨基酸等物质结合并形成不溶性复合物，

从而降低蛋白质及氨基酸的养分利用率。单宁与消化道中的内源性氮结合，降低氨基酸的真消化率。

二、动物因素

（一）品种

我国地方品种猪资源丰富，分布广泛。由于遗传特性的差异，不同品种猪的生长速度、体型大小、胴体组成和消化生理特征均不同，对氨基酸的需求量也不同。生长速度快、瘦肉率高的猪对氨基酸的需要量更高，以沉积更多的蛋白质。动物品种不同，氨基酸的代谢也存在差异。研究表明，长白猪在回肠中的谷氨酰胺含量显著高于地方品种猪。肠道是谷氨酰胺代谢的主要部位，谷氨酰胺是组织蛋白质合成所需原料的主要来源，地方猪种肠道组织缺乏谷氨酰胺供应，可能是影响氨基酸代谢的因素之一（表3.5）。长白猪空肠和回肠组织中的精氨酸浓度高于地方品种猪，可能也是长白猪生长速度优势的原因之一。对不同品种猪肝脏中氨基酸含量的研究表明，巴马香猪和宁乡猪肝脏谷氨酰胺的含量高于长白猪；巴马香猪和蓝塘猪肝脏的谷氨酸含量高于长白猪；巴马香猪、宁乡猪和湘西黑猪肝脏的鸟氨酸含量显著高于长白猪（郭洁平，2013）。

表3.5 不同品种猪回肠游离氨基酸含量 单位：%

氨基酸	巴马香猪	环江香猪	蓝塘猪	宁乡猪	湘西黑猪	长白猪
谷氨酰胺	2.36±0.24	1.55±0.09	1.329±0.131	2.28±0.25	1.84±0.13	3.34±0.45
谷氨酸	1.58±0.22	1.80±0.26	1.72±0.22	1.63±0.10	1.49±0.28	1.66±0.23
鸟氨酸	0.35±0.04	0.28±0.04	0.24±0.03	1.00±0.32	0.38±0.07	0.30±0.05
瓜氨酸	0.35±0.02	0.42±0.05	0.36±0.04	0.27±0.03	0.45±0.06	0.37±0.04
精氨酸	2.14±0.34	2.22±0.41	1.56±0.27	1.92±0.30	1.79±0.20	3.08±0.48
异亮氨酸	1.20±0.19	0.72±0.11	0.62±0.08	1.25±0.11	0.66±0.10	1.29±0.24
亮氨酸	2.71±0.39	2.03±0.32	1.55±0.21	3.10±0.25	1.73±0.23	3.31±0.51
丙氨酸	1.81±0.30	1.94±0.22	1.51±0.17	2.17±0.25	1.66±0.19	2.06±0.36
赖氨酸	1.71±0.29	1.30±0.22	0.99±0.17	1.86±0.17	1.11±0.16	2.04±0.34
组氨酸	3.17±0.53	2.53±0.49	1.86±0.30	3.27±0.29	2.14±0.36	3.23±0.58
苏氨酸	1.20±0.16	0.93±0.14	0.79±0.06	1.29±0.11	0.94±0.09	1.37±0.15
色氨酸	2.72±0.38	3.09±0.46	2.90±0.37	2.78±0.16	2.84±0.35	2.86±0.40
缬氨酸	1.59±0.16	1.18±0.20	0.93±0.14	1.58±0.18	1.06±0.15	1.78±0.24

续表

氨基酸	巴马香猪	环江香猪	蓝塘猪	宁乡猪	湘西黑猪	长白猪
甘氨酸	4.67±0.58	4.99±0.79	5.23±0.54	5.87±0.47	5.22±0.77	5.72±0.86
丝氨酸	1.77±0.27	1.60±0.27	1.15±0.13	2.41±0.20	1.40±0.24	2.12±0.30
酪氨酸	1.90±0.29	1.49±0.23	1.07±0.13	1.86±0.14	1.17±0.18	2.01±0.25
苯丙氨酸	2.09±0.05	2.28±0.09	2.00±0.14	2.06±0.07	1.99±0.14	2.15±0.15
天门冬酰胺	2.52±0.37	2.23±0.40	1.64±0.21	3.08±0.31	2.10±0.39	2.94±0.60
天门冬氨酸	0.33±0.05	0.38±0.07	0.33±0.05	0.38±0.03	0.33±0.04	0.48±0.07
脯氨酸	4.85±0.57	2.58±0.25	2.76±0.29	4.53±0.36	2.94±0.34	4.29±0.54

注：引自郭洁平，2013。

（二）年龄及性别

猪的健康状况及发育阶段是影响猪日粮氨基酸吸收后利用率的主要生理因素。胃肠道中蛋白质与氨基酸的内源性损失与动物的发展阶段有关，而且不同生长阶段的猪生长激素和胰岛素的分泌变化导致生长育肥猪肌肉蛋白合成速度相对较慢、降解速度相对较快，仔猪蛋白质和氨基酸吸收后的利用效率通常高于生长肥育猪。有研究表明，随着动物的生长，门静脉氨基酸流通量及净流量均呈线性增长。处于不同生长阶段的猪其PDV组织皆会产生大量的甘氨酸和丙氨酸，说明PDV组织会广泛代谢谷氨酸等氨基酸，同时产生大量的氨（吴赵亮，2016）。

三、环境因素

环境温度对动物代谢的影响之一是改变饲料的代谢能值。动物应激时基础代谢提高、骨骼肌蛋白沉积下降、肝急性期蛋白合成上升、抗体生成上升、氨基酸糖异生的量上升，这就意味着免疫应激状态下动物机体代谢的改变很可能会影响动物的氨基酸需要模式（李永塘等，2010）。

小结

肠道微生物对氨基酸代谢有着重要影响，未来应深入研究肠道宿主细胞与肠道微生物在氨基酸代谢上的分工与协作。氨基酸在肠道作为能源物质被大量地消耗，这不利于氨基酸的高效利用与氮减排，在氨基酸存在的条件下如何提高葡萄糖等能量物质的供能效率是今后亟待解决的科学问题。

（尹杰，李铁军）

参考文献

[1] 包正喜. 门静脉血氨对仔猪肝脏氨基酸代谢的影响[D]. 硕士学位论文，武汉：华中农业大学，2016.

[2] 陈澄. 日粮蛋白水平对仔猪肝脏氨基酸代谢转化的影响研究[D]. 硕士学位论文，重庆：西南大学，2015.

[3] 程忠刚，许梓荣，林映才，等. 高剂量铜对仔猪生长性能的影响及作用机理探讨. 四川农业大学学报，2004，22：58-61.

[4] 戴求仲，王康宁，印遇龙，等. 生长猪肠道氨基酸代谢研究进展. 家畜生态学报，2005，26：67-73.

[5] 戴求仲. 日粮淀粉来源对生长猪氨基酸消化率、门静脉净吸收量和组成模式的影响[D]. 博士学位论文，雅安：四川农业大学，2004.

[6] 李永塘，付大波，侯永清，等. α-酮戊二酸对免疫应激仔猪肝脏氨基酸代谢的影响. 饲料工业，2010，31：15-17.

[7] 罗振，成艳芬，朱伟云. 低蛋白日粮对育肥猪盲肠代谢产物及菌群的影响. 畜牧与兽医，2015，47：17-21.

[8] 谯仕彦，岳隆耀. 近20年仔猪低蛋白日粮研究小结. 饲料与畜牧，2007（12）：6-11.

[9] 李铁军，黄瑞林，印遇龙，等. 日粮纤维对猪回肠微生物氮及微生物氨基酸流量的影响. 畜牧兽医学报，2003，34：32-38.

[10] 王润莲. 0～3周龄肉仔鸡饲粮粗蛋白最低需要量研究. 中国畜牧杂志，2014，50：46-50.

[11] 吴赵亮. 不同生长阶段猪门静脉排流组织氨基酸代谢规律研究[D]. 硕士学位论文，重庆：西南大学，2016.

[12] 杨静，许庆庆，李貌，等. 饲粮粗蛋白质水平对仔猪门静脉回流组织氮代谢的影响. 中国畜牧杂志，2016，52：34-38.

[13] 杨静. 甘氨酸和丙氨酸在猪肝脏中的代谢去向研究[D]. 硕士学位论文，西南大学，2016.

[14] 杨宇翔. 消化道微生物对猪和大鼠氨基酸代谢的影响[D]. 博士学位论文，南京农业大学，2016.

[15] 印遇龙. 猪氨基酸营养与代谢[M]. 科学技术出版社，2008.

[16] 郑培培. 不同蛋白水平日粮影响仔猪肝脏氨基酸代谢的研究[D]. 硕士学位论文，武汉：华中农业大学，2015.

[17] Hamard A，Sève B，Le Floc'h N. A moderate threonine deficiency differently affects protein metabolism in tissues of early-weaned piglets. Comparative Biochemistry and Physiology - Part A：Molecular & Integrative Physiology，2009，152：491-497.

[18] Andriamihaja M，Davila A M，Eklou-Lawson M，*et al.* Colon luminal content and epithelial cell morphology are markedly modified in rats fed with a high-protein diet. American Journal of Physiology Gastrointestinal & Liver Physiology，2010，299：1030-1037.

[19] Ballevre O，Buchan V，Rees W D，*et al.* Sarcosine kinetics in pigs by infusion of [1-14C]sarcosine：use for refining estimates of glycine and threonine kinetics. American Journal of Physiology-Endocrinology and Metabolism，1991，260：E662-E668.

[20] Béatrice M，Véronique R，François B. Adaptive increase of ornithine production and decrease of ammonia metabolism in rat colonocytes and hyperproteic diet ingestion. American Journal of Physiology-Gastrointestinal and Liver，2004，287：G344-G351.

[21] Berg R D. The indigenous gastrointestinal microflora. Trends in Microbiology，1996，4：430-435.

[22] Burrin D G，Stoll B. Emerging aspects of gut sulfur amino acid metabolism. Current Opinion in Clinical Nutrition and Metabolic Care，2007，10：63-68.

[23] Chen L X，Yin Y L，Jobgen W S，*et al.* In vitro oxidation of essential amino acids by jejunal mucosal cells of growing pigs. Livestock Science，2007，109，19-23.

[24] Chung S Y，Bordelon Y M. Development of a membrane-based assay for detection of arginase：application to detection of arginine-binding proteins in peanuts. Journal of Agricultural and Food Chemistry，1993，41：402-406.

[25] Cone J W，Jongbloed A W，Gelder A H V，*et al.* Estimation of protein fermentation in the large intestine of pigs using a gas production technique. Animal Feed Science & Technology，2005，123-124：463-472.

[26] Cooper A J L，Nieves E，Rosenspire K C，*et al.* Short-term metabolic fate of ^{13}N-labeled glutamate，alanine，and glutamine（amide）in rat liver. Journal of Biological Chemistry，1988，263：12268-12273.

[27] Dai Z L，Zhang J，Wu G，*et al.* Utilization of amino acids by bacteria from the pig small intestine. Amino Acids，2010，39：1201-1215.

[28] Davila A M，Blachier F，Gotteland M，*et al.* Intestinal luminal nitrogen metabolism：role of the gut microbiota and consequences for the host. Pharmacological Research，2013，68：95-107.

[29] Deutz N E，Bruins M J，Soeters P B. Infusion of soy and casein protein meals affects interorgan amino acid metabolism and urea kinetics differently in pigs. Journal of Nutrition，1998，128：2435-2445.

[30] Eklou-Lawson M，Bernard F，Neveux N，*et al.* Colonic luminal ammonia and portal blood l-glutamine and l-arginine concentrations：a possible link between colon mucosa and liver ureagenesis. Amino Acids，2009，37：751-760.

[31] Evenepoel P，Claus D，Geypens B，*et al.* Amount and fate of egg protein escaping assimilation in the small intestine of humans. The American journal of physiology，1999，277：G935-G943.

[32] Gatrell S K，Berg L E，Barnard J T，*et al.* Tissue distribution of indices of lysine catabolism in growing swine. Journal of Animal Science，2012，91：238-247.

[33] Htoo J K，Araiza B A，Sauer W C，*et al.* Effect of dietary protein content on ileal amino acid digestibility，growth performance，and formation of microbial metabolites in ileal and cecal digesta of early-weaned pigs. Journal of Animal Science，2007，85：3303-3312.

[34] Jefferson L S，Korner A. Influence of amino acid supply on ribosomes and protein synthesis of perfused rat liver. Biochemical journal，1969，111：703-712.

[35] Kellogg T F，Hays V W，Catron D V，*et al.* Effect of level and source of dietary protein on performance and fecal flora of baby pigs. Journal of Animal Science，1964，23：1089-1094.

[36] Kiess A S，Cleveland B M，Wilson M E，*et al.* Protein-induced alterations in murine hepatic α-aminoadipate δ-semialdehyde synthase activity are mediated posttranslationally. Nutrition research，2008，28：859-865.

[37] Kight C E，Fleming S E. Oxidation of glucose carbon entering the TCA cycle is reduced by glutamine in small intestine epithelial cells. American Journal of Physiology，1995，268：G879-888.

[38] Kiriyama S，Kasaoka S，Morita T. Physiological functions of resistant proteins：proteins and peptides regulating large bowel fermentation of indigestible polysaccharide. Journal of Aoac International，2004，87：792-796.

[39] Laparra J M，Sanz Y. Interactions of gut microbiota with functional food components and nutraceuticals. Pharmacological Research，2010，61：219-225.

[40] Liuting W，Xiangxin Z，Zhiru T，*et al.* Low-protein diets decrease porcine nitrogen excretion but with restrictive effects on amino acid utilization. Journal of Agricultural and Food Chemistry，2018，66：8262-8271.

[41] Macfarlane G T，Macfarlane S. Bacteria，colonic fermentation，and gastrointestinal health. Journal of AOAC International，2012，95：50-60.

[42] Manangi M K，Hoewing S F A，Engels J G，*et al.* Lysine α-ketoglutarate reductase and lysine oxidation are distributed in the extrahepatic tissues of chickens. Journal of Nutrition，2005，135：81-85.

[43] Mimoun S，Andriamihaja M，Chaumontet C，*et al.* Detoxification of H_2S by differentiated colonic epithelial cells：implication of the sulfide oxidizing unit and of the cell respiratory capacity. Antioxidants &

Redox Signaling，2012，17：1-10.
[44] Nakamura N，Lin H C，Mcsweeney C S，*et al.* Mechanisms of microbial hydrogen disposal in the human colon and implications for health and disease. Annual Review of Food Science and Technology，2010，1：363-395.
[45] Nakanishi T，Hatanaka T，Huang W，*et al.* Na^+- and Cl^--coupled active transport of carnitine by the amino acid transporter ATB（0，+）from mouse colon expressed in HRPE cells and Xenopus oocytes. The Journal of Physiology，2001，532：297-304.
[46] Niiyama M，Deguchi E，Kagota K，*et al.* Appearance of ^{15}N-labeled intestinal microbial amino acids in the venous blood of the pig colon. American Journal of Veterinary Research，1979，40：716-718.
[47] Park E I，Garrow T A. Interaction between dietary methionine and methyl donor intake on rat liver betaine-homocysteine methyltransferase gene expression and organization of the human gene. Journal of Biological Chemistry，1999，274：7816-7824.
[48] Pink D B S，Gatrell S K，Elango R，*et al.* Lysine α-ketoglutarate reductase，but not saccharopine dehydrogenase，is subject to substrate inhibition in pig liver. Nutrition Research，2011，31：544-554.
[49] Reeds P J，Burrin D G，Jahoor F，*et al.* Enteral glutamate is almost completely metabolized in first pass by the gastrointestinal tract of infant pigs. American Journal of Physiology，1996，270：413-418.
[50] Rist V T S，Weiss E，Eklund M，*et al.* Impact of dietary protein on microbiota composition and activity in the gastrointestinal tract of piglets in relation to gut health：a review. Animal，2013，7：1067-1078.
[51] Roediger W E W，Moore J，Babidge W. Colonic sulfide in pathogenesis and treatment of ulcerative colitis. Digestive Diseases and Sciences，1997，42：1571-1579.
[52] Schoor S R D V D，Goudoever J B V，Stoll B，*et al.* The pattern of intestinal substrate oxidation is altered by protein restriction in pigs. Gastroenterology，2001，121：1167-1175.
[53] Soda K. Microbial sulfur amino acids：An overview. Methods in Enzymology，1987，143：453-459.
[54] Stewart G S，Fenton R A，Frank Thévenod，*et al.* Urea movement across mouse colonic plasma membranes is mediated by UT-A urea transporters. Gastroenterology，2004，126：765-773.
[55] Stoll B，Henry J，Reeds P J，*et al.* Catabolism dominates the first-pass intestinal metabolism of dietary essential amino acids in milk protein-fed piglets. The Journal of Nutrition，1998，128：606-614.
[56] Tavill A S，Metcalfe J，Black E，*et al.* The anti-anabolic effect of glucagon on albumin synthesis by the isolated perfused rat liver. Clinical science and molecular medicine，1973，45：13P.
[57] Urschel K L，Shoveller A K，Pencharz P B，*et al.* Arginine synthesis does not occur during first-pass hepatic metabolism in the neonatal piglet. American Journal of Physiology-Endocrinology and Metabolism，2005，288：1244-1251.
[58] Van Goudoever JB，Stoll B，Henry JF，*et al.* Adaptive regulation of intestinal lysine metabolism. Proceedings of the National Academy of Sciences USA，2000，97：11620-11625.
[59] Windey K，Preter V D，Verbeke K. Relevance of protein fermentation to gut health. Molecular Nutrition & Food Research，2012，56：184-196.
[60] Woodsine K H，Mortimore G E. Suppression of protein turnover by amino acids in perfused rat-liver. Journal of biological chemistry，1972，247：6474-6481.
[61] Wu G，Morris S M. Arginine metabolism：nitric oxide and beyond. Biochemical Journal，1998，336：1-17.
[62] Yang YX，Dai ZL，Zhu WY. Important impacts of intestinal bacteria on utilization of dietary amino acids in pigs. Amino Acids，2014，46：2489-2501.
[63] Yin Y，Huang R，Li T，*et al.* Amino acid metabolism in the portal-drained viscera of young pigs：effects of dietary supplementation with chitosan and pea hull. Amino Acids，2010，39：1581-1587.
[64] Yin Y L，Baidoo S K，Jin L Z，*et al.* The effect of different carbohydrase and protease supplementation on apparent（ileal and overall）digestibility of nutrients of five hulless barley varieties in young pigs. Livestock Production Science，2001，71：109-120.

[65] Yin Y L，Mcevoy J D G ，Schulze H，*et al.* Apparent digestibility（ileal and overall）of nutrients and endogenous nitrogen losses in growing pigs fed wheat（var. Soissons）or its by-products without or with xylanase supplementation. Livestock Production Science，2000，62：119-132.

[66] Yin Y L，Huang R L，Libao-Mercado A J，*et al.* Effect of including purified jack bean lectin in casein or hydrolysed casein-based diets on apparent and true ileal amino acid digestibility in the growing pig. Animal Science，2004，79：283-291.

第四章

反刍动物氨基酸的代谢

受瘤胃的影响，反刍动物氨基酸代谢同单胃动物相比差异极为明显。大量的日粮氨基酸在瘤胃内需要转化为微生物蛋白，然后随同瘤胃未降解蛋白质到达小肠为机体所消化吸收。

第一节 氨基酸在瘤胃内的代谢

近年来，随着动物营养研究深入，反刍动物瘤胃内对于蛋白质消化代谢的研究比较成熟，但是对于一些氨基酸的相关代谢途径和功能的研究还不够系统，氨基酸代谢成为热点话题。在反刍动物瘤胃内有大量的微生物，其中包括细菌、原虫和真菌，反刍动物的生存主要依赖于瘤胃微生物发酵后所产生的氨基酸，但饲料中的蛋白质并不是都被分解为氨基酸。众所周知，当动物摄取饲料时，饲料中的蛋白质在瘤胃内降解，大多数由瘤胃微生物完成，这一过程一般分为两个部分：蛋白质水解成肽和游离的氨基酸，氨基酸通过脱氨基作用生产氨、挥发性脂肪酸、CO_2等，用于合成微生物蛋白或者被瘤胃壁吸收（Kung等，1996）。在日粮中氨基酸供给量充足的情况下，能量代谢效率会提高，能够增加动物的采食量。为了使小肠内氨基酸含量更高，提高动物的经济效益，了解瘤胃内氨基酸的代谢就变得尤为重要。

一、瘤胃微生物

在反刍动物瘤胃中，存在着大量的瘤胃微生物。瘤胃微生物与蛋白质的降解和氨基酸的代谢息息相关，例如瘤胃微生物通过脱氨基或者脱羧作用来调控氨基酸的代谢途径，影响氨基酸的降解率，从而增加氨基酸进入小肠的流通量。瘤胃微生物包括原虫、细菌和真菌以及少量的噬菌体等，瘤胃微生物与宿主之间、微生物与微生物之间处于动态平衡，共同维持机体的正常运行。研究瘤胃微生物能更全面地了解消化代谢系统，能合理运用饲料，提高饲料的营养价值和反刍动物的经济效益。

在反刍动物瘤胃中，瘤胃细菌种类繁多，而且它们都有着多种功能。瘤胃细菌主要属于拟杆菌门（Bacteroidetes）和厚壁菌门（Firmicutes），其分类方式也有多种，一般根据形态或者功能来进行分类，以下是根据瘤胃细菌的功能差异来进行分类的（Mcsweeney等，2005）（表4.1）。

表4.1　瘤胃细菌分类归纳表

纤维降解细菌	淀粉降解菌	半纤维素降解菌	蛋白降解细菌	脂肪降解菌	酸利用菌	乳酸产生菌	其他瘤胃细菌
瘤胃球菌	牛链球菌	多毛毛螺菌	噬淀粉瘤胃杆菌	脂解厌氧弧杆菌	乳酸利用菌	乳酸杆菌	脱硫弧菌
产琥珀酸丝状杆菌	噬淀粉瘤胃杆菌	螺旋体	溶纤维丁酸弧菌		产琥珀酸弧菌	多酸光岗菌	瘤胃脱硫肠状菌
溶纤维丁酸弧菌	普雷沃氏菌	溶糊精琥珀酸弧菌	栖瘤胃普雷沃氏菌		其他酸利用菌		吉氏颤螺菌
梭菌	溶淀粉琥珀酸单胞菌	真细菌					消化链球菌
	反刍兽新月形单胞菌						
	双歧杆菌						

注：引自Mcsweeney等，2005。

反刍动物瘤胃中还存在个体较大的微生物，比如瘤胃原虫，最主要的原虫有纤毛虫和鞭毛虫两大类。原虫是最简单的单细胞真核生物，它由细胞膜、细胞质和细胞核组成。原虫的分类方式也多种多样，在生物学中划分为鞭毛纲、肉足纲、孢子纲和纤毛纲四类（刘凌云等，2009）。其中瘤胃纤毛虫就有布契利属、等毛虫属、厚毛虫属、寡等毛虫属、*Charoina*、内毛属、双毛属、原始纤毛属、单甲属、真双毛属、双甲属、多甲属、鞘甲属、后毛属、硬甲属、甲属、前毛属和头毛属18个属。瘤胃鞭毛虫一般分为五种，即*Chilomastix caprae*、*Monocercomoncides caprae*、反刍单尾滴虫、似人五毛滴虫和*Tetratrichomonac buttreyi*。

瘤胃中厌氧真菌一般都能产生游动孢子，但是它的分类并不系统，目前最通用的属分类方式是*Caecomyces*、*Cyllamyces*、*Piromyces*、*Neocallimastix*、*Anaeromyces*和*Orpinomyces*六类。

二、蛋白质降解

在反刍动物饲料中，蛋白质是氮的主要来源，饲料中的蛋白质进入瘤胃后，一部分蛋白质被瘤胃微生物所分泌的蛋白酶、肽酶等降解为寡肽、氨基酸和氨。肽是蛋白质降解过程的中间产物，不同肽的降解速率由不同的瘤胃微生物决定。肽的主要吸收是在瘤胃和瓣胃中进行，在反刍动物中的瘤胃内经蛋白质降解得到的肽最终会形成氨基酸，其降解速率与它的化学组成和N端结构有关（刘玮等，2011）。瘤胃内肽最终形成氨基酸的速率一般高于氨基酸被微生物利用的速率，减缓其降解速率的方法一般是采用控制其酶活性或者抑制菌群对肽的吸收。瘤胃微生物通过再利用发酵产生的挥发性脂肪酸作为碳架，并且利用发酵时产生的能量ATP，将降解产生的寡肽、氨基酸和氨与内源分泌的氨一起合成微生物蛋白（Microbial crude protein，MCP），这部分蛋白质称为瘤胃可降解蛋白质（Rumen degradable protein，RDP）（王佳堃等，2004）。还有一部分蛋白质未被瘤胃微生物降解而进入后段消化道中，这一部分蛋白质称为未降解蛋白质（Undegradable protein，UDP），这部分微生物蛋白跟着食糜一起流入真胃和小肠中进一步消化吸收。

被降解的蛋白质大部分不能得到很好的利用，使得其消化率不高。不同饲料中的蛋白质在瘤胃中的降解率差异较大，通常情况下RDP在饲料总蛋白含量中占65%，蛋白质的降解率能够直接影响后面进入小肠的蛋白质含量和氨基酸数量。

蛋白质降解率的测定方法有很多种，主要分为体内法、尼龙袋法和体外法三种，其中体外法又分为酶解法、溶解度法和人工瘤胃法三种（张乃锋等，2002）。体内法是通过瘘管技术和微生物标记物来测定十二指肠的食糜流通量、内源含氮物质数量以及微生物氮的数量来计算降解率，是一种最直接的测量方法，它具有结果准确、数据可靠的优点，缺点是耗费大量的人力物力，操作过程繁琐。尼龙袋法是将饲料装入尼龙袋中，利用瘤胃瘘管技术将尼龙袋放入瘤胃中培养，设定一定的时间梯度收集尼龙袋，测定饲料蛋白质在瘤胃内不同停留时间的消化率，从而计算出蛋白质降解率（林春健等，2011）。由于此方法成本低、操作简单、能够同时进行大批测量，所以运用最为广泛。

体外法测量蛋白降解率有三种方法，其中溶解度法是通过计算待测饲料在缓冲液中的溶解度来反映降解率的方法。它的不足之处是相关性低，单一或几种消化酶很难模拟真正的消化体系，重复性较差，优点是操作简单、较经济（李树聪等，2001）。人工瘤胃法则是在体外进行培养，用瘤胃液模拟瘤胃环境来研究降解率的方法，分为短期发酵法和持续动态发酵技术两种。短期发酵法一般用于干物质消化率的测定和利用氨来估测降解率，持续发酵法是通过控制发酵条件及内容物的排出来模拟瘤胃内环境，有更强的相关性，但是也存在着局限性，还不能推广（颜品勋等，2011）。而酶解法与人工瘤胃法相似，也是模拟瘤胃环境，只是将瘤胃液替换成酶溶液，它能模拟微生物分解蛋白质和纤维素的作用，测定方式分为利用单一和多种蛋白水解酶来降解饲料的两种方法，再测量降解率，具有操作简易、稳定性较高、绿色环保的优点。

三、氨基酸在瘤胃内的代谢

瘤胃中的氨基酸主要由蛋白质降解产生，研究氨基酸在反刍动物瘤胃中的代谢机理，有助于我们采取办法降低氨基酸在瘤胃中的降解率，从而提高氨基酸进入小肠内的流通量，还有助于提高动物机体对微生物蛋白的利用率。氨基酸在瘤胃中的代谢分为两类，分别为分解代谢和合成代谢。分解代谢是指瘤胃微生物将不能利用的复杂有机物包括限制性氨基酸分解为葡萄糖、有机酸等物质；合成代谢则以饲料蛋白产生的氨基酸作为氮源合成微生物蛋白（刁欢等，2006）。氨基酸代谢大多数是饲料蛋白代谢中的一个步骤，氨基酸经过脱氨基作用后剩下的碳架用于合成各种挥发性脂肪酸，这一过程是由蛋白降解菌共同完成的。

在反刍动物瘤胃微生物中，瘤胃纤毛虫具有很强的脱氨基作用，在氨基酸代谢中不可或缺，它能使氨基酸产生氨，一般对于谷氨酰胺、瓜氨酸、天冬酰胺等数量不多的氨基酸有较强的脱氨基作用，而对于谷氨酸、天冬氨酸和组氨酸则没有脱氨基作用（张洁等，2008）。在氨基酸代谢过程中，瘤胃细菌也有着极其重要的作用，不同的细菌则可以利用不同的氨基酸。

对绵羊用尼龙袋法测定大豆粕、花生粕、棉籽粕、菜籽粕和酒糟5种不同蛋白质饲料在瘤胃内氨基酸的动态降解率（李建国等，2004）。结果表明：花生粕总氨基酸动态降解率最高，为69.53%，其次为大豆粕、棉籽粕、酒糟和菜籽粕，分别为61.3%、48.7%、48.0%和38.8%（表4.2）。

表4.2 不同蛋白质饲料各种氨基酸和总氨基酸瘤胃动态降解率 单位：%

饲料	赖氨酸	蛋氨酸	组氨酸	亮氨酸	异亮氨酸	苏氨酸	苯丙氨酸	谷氨酸	精氨酸	总氨基酸
花生粕	70.84	75.52	69.81	69.81	66.85	66.45	67.99	70.23	74.06	69.53
大豆粕	64.13	42.41	64.41	58.41	58.56	44.52	59.9	65.67	69.15	61.33
棉籽粕	47.2	52.35	47.52	43.94	41.58	46.76	45.48	50.95	57.87	48.66
酒糟	42.27	53.27	46.07	41.03	43.89	53.8	44.83	50.63	40.99	47.99
菜籽粕	41.64	42.02	43.08	34.68	34.55	35.82	34.29	42.66	43.24	38.84

注：引自李建国等，2004。

研究结果还表明这四种不同的蛋白质饲料有着相同点，即它们的赖氨酸、谷氨酸和精氨酸在瘤胃中的降解率都比较高，而亮氨酸和异亮氨酸等在瘤胃中的降解率相对低一些。

四、影响因素

（一）日粮类型

在上面已经提到，不同的蛋白质饲料各种氨基酸和总氨基酸具有不同的降解率，不同日粮类型可能会通过影响微生物区系和瘤胃内的pH等综合影响氨基酸的代谢。研究表明，以青粗饲料为基础日粮比精饲料降解率高，它通过影响蛋白质在瘤胃内的降解产物肽和氨基酸的生成速率来影响氨基酸的代谢。不同饲料中的蛋白组成均不同，而不同蛋白质的蛋白水解酶也不相同，从而影响其降解。蛋白质的二级结构、三级结构、二硫键和结构关联性也同样会影响其降解，不同日粮中的蛋白结构均有差异（刘倩等，2017）；另外，不同日粮的干湿程度也会影响氨基酸代谢，湿料、干料和半干料通过影响瘤胃微生物的活性和降解速率以及饲料在瘤胃中的停留时间，进而影响氨基酸的代谢。

（二）微生物种类

不同的微生物种类具有不同的降解速率，其脱氨基作用也各有差异，上文已提到，原虫、细菌和真菌都与蛋白质降解和氨基酸代谢息息相关，其中纤毛虫能分泌蛋白水解酶。而在细菌中，主要研究的与蛋白降解有关的菌有嗜淀粉拟杆菌、溶纤维丁酸弧菌和栖瘤胃普雷沃氏菌三种，部分真菌则能够影响氨基肽酶活性，但真菌对于降解的影响作用并不大（李吕木等，2006）。瘤胃微生物通过分泌的一系列酶以及各自的协同作用和拮抗作用的相互调节，来调控蛋白质和氨基酸的降解程度，进而影响氨基酸的代谢。

（三）饲料氨基酸的瘤胃降解保护

饲料中的蛋白质和氨基酸在瘤胃内降解，会造成大量损失，为了提高其利用率，人们通过常用加热处理、包被处理和单宁保护等方法将氨基酸保护起来，避免氨基酸在瘤胃中降解，而直接进入小肠内吸收利用，从而提高饲料营养价值（韩继福等，2003）。这种技术称为过瘤胃保护技术，其能够影响蛋白质和氨基酸的降解程度，使得蛋白质沉积，也会影响某些酶和菌群活性，例如加热处理能够使得酶活性降低，从而影响氨基酸代谢。关于瘤胃保护氨基酸的介绍具体见本章第四节内容。

第二节　氨基酸在乳腺中的代谢

泌乳反刍动物乳蛋白合成的重要器官是乳腺。随着人们消费观的改变，绿色、健康和低脂消费成为主流，乳腺营养物质代谢的研究备受关注。在反刍动物乳腺中，蛋白质和氨基酸代谢旺盛，氨基酸作为三大营养物质之一，能够影响乳腺的生长发育，它也是乳蛋白合成的前体物，与乳蛋白调控机制息息相关。了解氨基酸在乳腺中的代谢过程能帮助我们更好地提高反刍动物的产奶量、乳蛋白合成量，提高泌乳动物的经济效益。

一、乳腺氨基酸的吸收

大量研究表明，乳中特异性蛋白质来源于血液中游离的氨基酸，血液中氨基酸的供给量影响其浓度，进而影响乳腺对氨基酸的吸收。李喜艳等（2011）研究发现乳腺对赖氨酸的吸收随蛋白质水平增加而增加。日粮中添加鱼粉则静脉血液中赖氨酸的含量和乳腺对赖氨酸、亮氨酸、酪氨酸的净吸收均显著增加。越来越多的实验表明蛋白质水平能够影响乳腺对氨基酸的吸收作用。乳腺对氨基酸的吸收受血液中氨基酸的浓度、红细胞数、氨基酸转运载体等影响。氨基酸的运输主要是通过氨基酸转运载体完成，多种氨基酸的转运载体和表达调控机制能够影响奶牛乳腺中氨基酸的吸收，从而影响乳蛋白合成效率，提高乳产品品质和经济效益。

二、氨基酸供应

血浆中游离的氨基酸浓度能够影响乳腺氨基酸吸收和代谢，但是其浓度并不是越高越好。两者相互协调能够提高乳蛋白合成效率和乳产品的利用率。

Guinard等（1994）研究表明，在正常情况下，游离的氨基酸浓度会维持在一定的水平范围内，当过量地增加游离氨基酸的含量时，游离氨基酸含量会下调而维持血浆中摄入量的稳定。影响乳腺摄取氨基酸能力的因素有很多，例如氨基酸的转运载体的活力，进一步的研究表明在十二指肠中增加赖氨酸的灌注量能够提高赖氨酸的吸收量以及乳蛋白的合成量。在十二指肠中增加酪蛋白的灌注量也能够增加其吸收量和乳蛋白合成量，但当浓度达到762g/d时，乳蛋白的合成效率降低，表明在乳腺中必需氨基酸供应并不是越多越好。在一定范围内增加必需氨基酸的量能够提高其吸收能力和乳蛋白合成效率，但当其吸收量超过合成乳蛋白需要量时，合成乳蛋白效率降低。

三、泌乳反刍动物氨基酸在乳腺中的代谢过程

在反刍动物中，乳腺内的氨基酸代谢作为乳产品供应的基础，揭示各氨基酸代谢通路有利于提高乳产品质量。乳腺中的氨基酸从血液中获得，大部分用于合成乳蛋白，若氨基酸的供应量不足或者过量时，会降低乳蛋白的合成量，适度增加氨基酸供应量能够提高其产量。李喜艳等（2011）发现乳蛋白合成场所开始于粗面内质网的核糖体上，由信号肽引导进入内质网腔，在内质网和高尔基体进行修饰，也就是进行磷酸化和糖基化等过程，再通过分泌泡转移到上皮细胞顶膜，最后胞吐至腺泡腔内。

乳腺从血液中获得的氨基酸除了用于上述中的乳蛋白合成外，还有一部分合成结构蛋白，用于参与合成细胞，一部分氨基酸进入代谢途径用于非必需氨基酸、部分支链氨基酸以及多胺的合成，血液中氨基酸供应量增加能够影响其氧化能力或者能够使氨基酸直接进入乳内（刘兰等，2016）。

研究反刍动物乳腺中氨基酸的代谢过程，就需要了解乳腺中必需氨基酸和非必需氨基酸的代谢过程和效率。乳腺中各种氨基酸代谢过程比较复杂，通常以支链氨基酸、赖氨酸、精氨酸和含硫氨基酸为主要研究对象。王俊锋等（2004）研究表明，在支链氨基酸中，研究最多的是亮氨酸、缬氨酸和异亮氨酸这三种氨基酸，其中乳腺能吸收大量的亮氨酸，其含量超过合成乳蛋白的需要量。Lin等（2014）研究表明，亮氨酸分解代谢能力越强，乳蛋白产量越低，亮氨酸的氧化能力与乳蛋白的合成呈负相关。支链氨基酸的氧化能够引发非必需氨基酸、脂肪酸和碳架的合成，是机体维持营养代谢所必需的氨基酸。缬氨酸不仅参与合成乳蛋白，还会影响氧化相关的代谢过程。在赖氨酸的代谢研究中，虽然乳腺对赖氨酸的吸收量多于合成乳蛋白的需要量，但是由于赖氨酸与乳腺内的代谢相关，赖氨酸仍作为限制性氨基酸。对赖氨酸进一步研究表明，赖氨酸在乳腺内进行分解代谢，当其含量过量时，其氧化能力增强，但是具体的机

制还有待进一步研究。Bequette等（2003）研究发现精氨酸的代谢功能较多，例如精氨酸可作为含氮氧化物前体，也能够合成脯氨酸，是一种功能性必需氨基酸。在乳腺中，精氨酸在精氨酸酶的作用下转化为氨和鸟氨酸，鸟氨酸在鸟氨酸脱羧酶作用下转化为多胺，能够调控乳分泌。含硫氨基酸在代谢中研究最多的是蛋氨酸和半胱氨酸，其中蛋氨酸是限制性氨基酸，能够影响多种代谢途径，它通过生产磷脂、肉碱和多胺等特殊组分来参与代谢。蛋氨酸吸收量高于分泌量，能满足乳蛋白合成，而半胱氨酸也在代谢中起重要作用，但是其吸收量低于分泌量，因此需要提供一定的半胱氨酸以合成乳蛋白。

四、氨基酸对乳蛋白合成的影响

在反刍动物乳腺中，蛋白质的合成通常由乳蛋白和组织蛋白的合成两部分组成，乳蛋白最主要是酪蛋白和乳清蛋白。合成乳蛋白主要是利用血液中游离的氨基酸来完成，必需氨基酸全部来源于血液，非必需氨基酸由乳腺中其他物质如葡萄糖来合成。氨基酸能够影响乳蛋白的合成效率（Jiakun等，2005），例如精氨酸和鸟氨酸可提供氮源。氨基酸结构相对于蛋白质含量对乳蛋白合成的影响更大。大量研究表明，乳中酪蛋白的合成与必需氨基酸利用率有关，当提供一定量的保护性氨基酸时，可提高乳蛋白的产量和乳产品的质量。氨基酸提供不足或者过量都会降低其产量，乳腺能够根据自身需求量来调控氨基酸摄取量，并且其调控是由代谢来完成的。Pacheco等（2003）研究表明，在反刍动物血液中支链氨基酸和赖氨酸分配给乳腺最多，乳腺支链氨基酸摄取量大于乳中支链氨基酸的含量，而非必需氨基酸摄取量则小于乳中的含量，说明支链氨基酸有可能转化为非必需氨基酸，进一步揭示了氨基酸的相互作用能够影响乳蛋白合成效率。

第三节 反刍动物小肠限制性氨基酸

限制性氨基酸是指在动物日粮中必需氨基酸含量与机体所需必需氨基酸含量相比，比值偏低的氨基酸。这些氨基酸的含量不足会限制其他氨基酸的利用，影响机体的营养调控机制，其中缺乏最多、限制能力最强的作为第一限制性氨基酸，然后根据缺乏量和限制性强度依次分为第二限制性氨基酸、第三限制性氨基酸等。在反刍动物小肠中，限制性氨基酸含量并不少，其中牛和羊的第一限制性氨基酸是蛋氨酸。限制性氨基酸往往会阻碍营养物质的充分吸收，通常增加限制性氨基酸的含量能够提高动物的营养价值和肉品质、乳品质，研究反刍动物小肠限制性氨基酸的调控机制，能提高动物的经济效益和降低尿氮损失，还能够提高动物日粮的消化率，为今后对限制性氨基酸的研究提供理论基础。

一、反刍动物限制性氨基酸的研究进展

在反刍动物中，小肠对氨基酸的消化利用和运输会导致氨基酸利用率增加，使得某些氨基酸的限制作用得以表现。在小肠中，吸收氨基酸的主要部位是空肠和回肠，其大部分氨基酸来源于微生物蛋白质和未降解蛋白。通常情况下增加机体内某种限制性氨基酸能提高氨基酸利用率，但是它会受需要量和氨基酸模式的限制，再加上反刍动物小肠限制性氨基酸的研究与单胃限制性氨基酸的研究不同，所以需要考虑氨基酸之间的相互作用和动物本身的消化系统特点来研究其调控机制（王建华等，2007）。Richardson等（1978）等研究发现当用微生物蛋白质作为荷斯坦肉牛生长的唯一蛋白质来源时，生长牛的第一限制性氨基酸是蛋氨酸，而第二和第三限制性氨基酸分别是赖氨酸和苏氨酸。Fraser等（1991）等发现，用酪蛋白作为唯一氮源的产奶牛，第一限制性氨基酸是赖氨酸、第二限制性氨基酸是蛋氨酸。Greenwood等（2000）实验证明，饲喂豆皮的荷斯坦生长牛的第一限制性必需氨基酸为蛋氨酸。Sun等（2007）报道，饲喂玉米-豆粕型日粮的生长山羊小肠第一、第二、第三限制性氨基酸分别是蛋氨酸、赖氨酸、亮氨酸。

（一）蛋氨酸

蛋氨酸能作为合成蛋白质的原料，有四种构型，参与肝内脂肪与磷脂的代谢，在反刍动物中还能作为过瘤胃蛋白源，有杀菌作用，并能减少氮的排放（丁景华等，2008）。当蛋氨酸不足时能影响肌肉的生长，表现为生长缓慢、发育不良、生产性能降低等。由于蛋氨酸在饲料中比较缺乏，尤其对于禽类而言经常作为第一限制性氨基酸，严重影响蛋白质的利用率和生长性能，所以大部分日粮中都要添加蛋氨酸，在饲料中添加蛋氨酸的营养价值相当于添加鱼粉的50倍（艳敏，2007）。蛋氨酸和赖氨酸一般会被认为是玉米基础日粮的限制性氨基酸。

（二）赖氨酸

赖氨酸经常作为合成蛋白质的第一限制性氨基酸。有L型和D型两种构型，在动物蛋白中含量较高，但在植物性饲料（如玉米、小麦等）中的含量较低，而且赖氨酸容易在饲料加工过程中被破坏导致其利用率不高，在一般日粮原料中，98.5%L-赖氨酸盐酸盐和65%赖氨酸硫酸盐作为赖氨酸的添加剂（李

刚，2016）。赖氨酸可调控代谢机制，促进骨骼生长发育，还能提高饲料的利用率，与机体内消化系统密切相关。当缺乏赖氨酸时，氨基酸利用率会降低，造成发育不良、神经系统失衡、腹泻等问题的出现。王友明等（2013）研究表明，在日粮中提供适量的赖氨酸含量可以降低背膘厚度、增加眼肌面积和瘦肉率，赖氨酸经常与其他限制性氨基酸（如蛋氨酸）互相作用来影响机体的营养吸收机制。

（三）组氨酸

在蛋白质中一般均含有L-组氨酸。组氨酸通常情况下也作为动物机体的限制性氨基酸，当机体缺乏组氨酸时，会影响神经系统和消化系统的调控，影响蛋白质的合成，组氨酸具有舒通血管的功能，又是一种神经递质，在日粮中适量添加组氨酸能刺激胃酸和胃蛋白酶的分泌，促进咪唑乳酸、组胺等物质的合成，维持细胞pH稳定，有利于动物机体健康等。当日粮干物质中UDP的含量较低时，His通常作为第一限制性氨基酸（傅莹，2011）。一般在奶牛中组氨酸作为第三限制性氨基酸，影响机体的生理功能。

（四）苏氨酸

苏氨酸有4种构型，能调控日粮中氨基酸平衡、影响蛋白质合成、改善肉品品质和饲料的消化率，还能降低氮排放、改善环境。当机体缺乏苏氨酸时，会影响机体的免疫功能，降低动物的抵抗力，使动物采食量降低、发育不良；饲粮中适量添加苏氨酸能调节日粮氨基酸模式，满足机体的氨基酸需求、提高饲料利用率和营养价值，苏氨酸还可以作用于另一种氨基酸（色氨酸），可以缓解色氨酸作用于机体时的机体生长抑制作用（刘雪峰，2011）。研究表明，苏氨酸是机体抗体和免疫球蛋白的主要成分，对机体的免疫系统具有重要意义。苏氨酸需要量一般根据赖氨酸的多少来计算，在赖氨酸和蛋氨酸含量已满足的情况下，根据小肠苏氨酸与赖氨酸的比例配制日粮，以提高日粮的营养价值和动物的氨基酸利用率。

（五）其他限制性氨基酸

在不同的反刍动物当中，其限制性氨基酸也有差异，例如Schwab等（1992）研究表明，在泌乳奶牛中赖氨酸是第一限制性氨基酸，第二限制性氨基酸是蛋氨酸；Merchen和Tigemeyer（1992）指出，在含硫氨基酸的奶牛中亮氨酸、异亮氨酸、缬氨酸是潜在的限制性氨基酸，并证明生长牛的限制性氨基酸为蛋氨酸、精氨酸、亮氨酸。Richardson和Hatfield（1978）的研究表明，当用微生物蛋白质来作为代谢蛋白的提供源时，生长牛的限制性氨基酸的顺序是蛋氨酸、赖氨酸、苏氨酸。以尿素为唯一氮源的生长绵羊的限制性氨基酸为蛋氨酸、赖氨酸、苏氨酸（王洪荣，2004），王洪荣（1998）研究了饲喂玉米型日粮生长绵羊的6种限制性氨基酸次序为蛋氨酸、苏氨酸、赖氨酸、精氨酸、色氨酸和组氨酸。越来越多的证据表明，不同动物、不同日粮、不同年龄时期其限制性氨基酸均不同，在实际生产中应根据相应的物种和日粮类型来适当增加氨基酸含量，配制适合的日粮对动物体的生长发育具有极其重要的作用。

二、反刍动物限制性氨基酸的研究方法

在研究反刍动物限制性氨基酸时，一般分为体内法和离体实验法，而体内法又分为饲养试验、氨基酸灌注法和血插管技术三种，通过动物效应的某些指标如氮沉积等来确定限制性氨基酸的排序。

（一）体内法

1. 饲养试验

饲养试验一般是通过动物的生长性能来确定限制性氨基酸的种类和次序。由于反刍动物瘤胃作用，蛋白质在瘤胃中降解和具有部分保护氨基酸，所以很难通过饲料来测定限制性氨基酸。在实际生产中，虽然过瘤胃氨基酸技术越来越成熟，但是到目前为止在实际应用中仅限于蛋氨酸等少量的氨基酸。

2. 氨基酸灌注法

研究反刍动物限制性氨基酸一般采用氨基酸灌注法。氨基酸灌注法是直接增加氨基酸进入十二指肠的量，通过观察机体各项指标如尿素氮浓度和血浆氨基酸水平变化等情况来确定限制性氨基酸的顺序（隋恒凤等，2006），氨基酸灌注法分为递增法和递减法两种。应用氨基酸灌注法研究反刍动物限制性氨基酸时，需要先测定其小肠食糜氨基酸流量和氨基酸消化率，以此来计算需要灌注的氨基酸含量，最后再确定各氨基酸水平。采用氨基酸灌注技术，不仅可以较为准确地测量反刍动物限制性氨基酸的种类和顺序，而且能提高肉品质和营养价值，有利于氨基酸平衡和吸收。

3. 血插管技术

血插管技术是在动物体内某个部位的血管中插入永久性血插管，能够方便采集动物血液和代谢物，用来研究动物机体代谢调控机制。在生产实践中，运用最多的是单一的静脉或动脉插管、动-静脉组合插管等。血插管技术可以用来研究不同的营养素如蛋白质、氨基酸、生物活性物质、营养调控剂对门静脉氨基酸、葡萄糖等的影响（徐海军等，2009）。Gillespie（1983）研究发现，颈静

脉氨基酸浓度与皮肤氨基酸组成之间有很大的关联。Sahlu和Fernadez（1992）发现，在日粮中灌注各种水平的蛋白质和氨基酸到腹腔内的效果没有灌注到皮肤特定区域的效果好，通过皮肤特定区域灌注氨基酸可以确定代谢的流通量，估测限制性氨基酸含量。

（二）离体试验

在限制性氨基酸研究中，蛋白质周转是最直观、最有效的指标。应用离体试验来确定限制性氨基酸的种类和顺序是通过测量各个组织中的蛋白质来进行的。离体培养法稳定性较强、成本低，在实验过程中的饲养条件较容易控制，可比性好。离体实验与体内实验的测量结果可能存在差异，越来越多的研究结果表明，运用离体实验来测量蛋白质代谢的结果与运用体内法测量的结果不同（王洪荣等，2004）。有研究发现，运用离体实验测量在肌肉中合成蛋白质的速率相对于体内法测量的结果更慢，其降解率更快。虽然离体实验存在着瑕疵，但是利用离体实验，也可以获得大量有效数据，例如在研究毛纤维生长的限制性氨基酸时，通常利用离体实验与分子生物学相结合来研究（Preedy等，1986）。

三、影响因素

（一）日粮

限制性氨基酸对反刍动物日粮组成有很大影响。由上文可知，反刍动物小肠中氨基酸主要来源于瘤胃微生物蛋白质和饲料未降解蛋白质，其中一部分被降解，另一部分进入后消化道消化吸收。日粮中不同的粗蛋白水平或饲料原料组合，都会影响限制性氨基酸的种类和顺序，在实际生产中，植物性饲料中玉米蛋白缺乏赖氨酸，油籽类蛋白蛋氨酸含量较低，在用玉米饲料饲喂荷斯坦牛时一般认为赖氨酸和蛋氨酸是第一和第二限制性氨基酸。饲喂不同降解率蛋白质日粮时，其氨基酸组成也不同，例如饲喂低降解率蛋白质日粮时，十二指肠中的氨基酸组成与日粮相近，而饲喂高降解率时相差很大。日粮中氮源含量差异会影响反刍动物的瘤胃MCP的产量，MCP产量能对氨基酸比例产生一定影响，因此进入反刍动物小肠氨基酸的组成和量不同（王洪荣等，2004）。王洪荣（1998）研究发现，绵羊瘤胃微生物中的多数氨基酸不受含3种氮源的日粮影响，但饲喂血粉日粮的绵羊瘤胃微生物中组氨酸、缬氨酸、酪氨酸、脯氨酸比例降低。因此，某些氨基酸比例会受日粮中氮源种类的影响，不同日粮中的氨基酸氮含量不同，可能是因为不同日粮的微生物类型有差异，导致其氨基酸组成不同。王洪荣（1998）发现，在用麻饼日粮和血粉饲喂同一种绵羊时，它们的第一限制性氨基酸和第二限制性氨基酸均不一样。研究发现，不同能量的日粮也会影响限制性氨基酸。

（二）动物种类

反刍动物小肠限制性氨基酸是在某些条件下形成的，它具有相对性，其限制程度和种类根据动物的种类、性能、生长阶段、生理状况及日粮类型和饲喂方式不同而改变，不同种类、不同生产性能的反刍动物对氨基酸的需求不相同，例如羊的小肠限制性氨基酸与牛存在着很大的差异。Fraser等（1991）和Schwab等（1992）的实验发现，泌乳奶牛在产奶高峰期和其他产奶时期的限制性氨基酸有差异，而且氨基酸之间还存在协同限制作用，共同限制机体的营养调控。Merchen和Tigemeyer（1992）与Richardson和Hatfield（1978）的研究发现，奶牛和生长牛的限制性氨基酸的种类和顺序不同，而Nimrich等（1970）研究发现，日粮采用尿素作为唯一氮源时，蛋氨酸、赖氨酸、苏氨酸分别是生长绵羊的第一、第二和第三限制性氨基酸，与生长牛和奶牛有差异。羊绒和羊毛的氨基酸含量与蛋白质沉积有差异，其代谢过程也不同，因此产绒和产毛羊限制性氨基酸的种类和顺序不同。有研究表明，生长绵羊和绒山羊的限制性氨基酸种类和顺序以及限制程度有差异，它们的限制性氨基酸种类和顺序以及限制程度如表4.3所示（王洪荣等，2004；董晓玲，2003）：

表4.3　生长绵羊和绒山羊的限制性氨基酸种类和顺序以及限制程度

限制性氨基酸	生长绵羊	限制性氨基酸	内蒙古白绒山羊
蛋氨酸	46.7%	半胱氨酸	72.2%
苏氨酸	28.7%	丝氨酸	54.3%
赖氨酸	23.5%	精氨酸	51.8%
精氨酸	17.3%	蛋氨酸	29.1%
色氨酸	15.9%	组氨酸	20.5%
组氨酸	15.0%		

注：引自王洪荣等，2004。

四、反刍动物小肠限制性氨基酸的评价指标

评价反刍动物小肠限制性氨基酸的指标有很多，在实际生产中最常用的主要有氮平衡值、血浆尿素氮、血浆游离氨基酸浓度、尿中尿素氮、分子生物学指标和蛋白质周转指标等，通过这些指标来真实有效地反映出反刍动物限制性氨基酸调控机体和对体内的限制程度，从而更好地调整日粮氨基酸平衡，获得最大的营养价值。

（一）氮平衡值

氮平衡值是指氮的摄入量和排泄量的差值，它能够说明机体内蛋白质的代谢过程，氮平衡值能够反映机体对蛋白质的利用状况，从而进一步说明氨基酸的利用率，但是这个评价指标具有不确定性，只能知道摄入量和排放量，具体调控机制和原因并不知晓，更何况机体内还存在内源性氮和蛋白质周转作用，氮平衡值的计算并没有将这一部分计算在内，因而存在着一定的误差。应用氮平衡值的方法来评估机体内蛋白质利用状况、反映氨基酸的利用率常常会出现高估氨基酸的摄入量和低估其排放量的情况，使得计算结果不准确，而且不同的外界因素也常常会影响氮平衡值的计算结果，导致此类方法的误差相对较大。

（二）血浆尿素氮

血浆中尿素氮的含量变化可以反映出RDP、UDP及能量的供应情况，从而说明蛋白质消化代谢过程和氨基酸的利用情况。有研究发现，通过氨基酸灌注实验改变了血浆尿素氮的含量，但是对于其他代谢物和激素浓度则没有影响，对血浆尿素氮的测定可以反映动物体内蛋白质代谢和氨基酸平衡情况。血浆尿素氮还可能与氨基酸具有相互调节作用。Lewis等（1977）研究发现，当日粮中色氨酸含量较低时，血浆尿素氮浓度会升高，可能是由于色氨酸的限制作用导致氨基酸脱氨基，使得尿素氮含量增加。血浆尿素氮是氮代谢的一个重要指标，研究表明，绵羊的限制性氨基酸不足或者氨基酸不平衡时，都会影响血浆尿素氮含量，导致其含量提高。

（三）血浆游离氨基酸浓度

反刍动物血浆游离氨基酸浓度一般比较稳定，但是摄入的氨基酸含量过高或者限制性氨基酸的限制作用都会导致血浆游离氨基酸浓度的变化，在实际生产中，当机体灌注氨基酸后，测量所得在血浆中氨基酸水平增加最小的为第一限制性氨基酸，其他根据增加量的多少依次为第二、第三……限制性氨基酸。有研究表明（王洪荣，1998）在生长绵羊中，减少第一限制性氨基酸和第二限制性氨基酸的供给量时，血浆中该氨基酸水平不会下降，甚至会提高；而减少限制程度较小的限制性氨基酸的供给量时，则血浆中该氨基酸浓度会降低，可能与自身调节有关，因此血浆中游离氨基酸浓度变化与其限制程度息息相关。Egan（1972）研究发现，在绵羊血浆中甘氨酸与其他氨基酸的比值越高，进入十二指肠的α-氨基酸含量和氮平衡性则越低。所以甘氨酸与其他氨基酸的比值可以作为评价氨基酸利用机制的一个重要指标。1972年，Chandler通过测量血浆中游离氨基酸变化来计算氨基酸流入乳腺量与流出量的差值后除以流入量得到乳腺中氨基酸的利用率，来计算奶牛的限制性氨基酸，其比值越大，限制程度则越高。

（四）尿中尿素氮

由上文可知，反刍动物血浆尿素氮的测定可以反映动物体内蛋白质代谢和氨基酸平衡情况，而尿素氮在尿中的含量变化有时也能反映氨基酸利用情况。有研究发现，在氮平衡实验中，反刍动物尿中尿素氮的含量变化能够影响氮的不平衡，因此尿素氮在尿中的含量能够反映蛋白质利用率，从而进一步说明氨基酸的代谢情况。日粮蛋白质或者机体内限制性氨基酸发生改变，都会导致尿素的分泌量变化。尿中尿素氮的变化是评价氨基酸利用率的一个重要指标。

（五）分子生物学指标

一些生物学指标也可以作为评价限制性氨基酸的限制程度和氨基酸的利用情况。例如Reeds等（1986）研究发现，在动物肝脏和肌肉中，RNA/DNA的值以及RNA浓度可以影响蛋白质合成能力，而且其结果与氮沉积和日增重所得的结果一致，因此它可作为评价氨基酸利用的间接指标之一。一些生物学指标如激素和类激素的作用也与蛋白质合成有关。Prior和Smith（1983）等研究发现，一些激素如胰岛素、生长激素可以影响组织中蛋白质的合成和分解代谢，因此激素可以作为评价氨基酸的间接指标。

（六）蛋白质周转指标

蛋白质周转是指动物在某段时间内蛋白质合成率和降解率的总和，它可以真实有效地反映蛋白质周转情况和氨基酸代谢动态，是评价氨基酸平衡和限制性氨基酸种类和顺序最有效的方法，在实际生产中，蛋白质合成的测定方法主要是通过同位素示踪技术来观察蛋白质和氨基酸在体内的变化情况来得到合成率。Waterlow等（1978）研究通过利用同位素^{14}C和^{3}H标记了赖氨酸、亮氨酸和蛋氨酸，来研究不同蛋白质水平日粮的羔羊体内这三种氨基酸的蛋白质周转情况和氨基酸的利用率，进一步研究出赖氨酸是其限制性氨基酸。由此可见，在评价限制性氨基酸时，采用蛋白质周转的方法作为评价指标能得到具体的代谢调控过程，结果可靠。

第四节　反刍动物瘤胃保护氨基酸

在反刍动物中，蛋白质作为营养成分之一，在瘤胃中大量被降解供机体吸收，以满足动物机体需求。瘤胃保护性氨基酸又称为过瘤胃氨基酸或者旁路氨基酸，它是将氨基酸通过物理、化学和生物等方法保护起来，避免氨基酸在瘤胃中降解，减少氨基酸不必要的浪费，使氨基酸更多地进入到小肠内被消化吸收，从而提高氨基酸的利用率。过瘤胃保护氨基酸一般分为两类，第一类包括氨基酸类似物、衍生物、聚合物、金属螯合物等。蛋氨酸羟基类似物是最常用的一类。第二类为包被氨基酸，包被氨基酸在瘤胃中处于稳定状态，其在真胃中被降解后氨基酸被小肠消化吸收，从而达到减少氨基酸在瘤胃中降解的目的（胡民强等，2003）。

一、过瘤胃氨基酸的保护技术

过瘤胃氨基酸能够避免氨基酸在瘤胃中降解造成浪费，是降低饲养成本、提高营养价值的一种有效方法，在运用过瘤胃氨基酸时，有很多技术来保护氨基酸不被瘤胃所降解，选择绿色健康、无毒无害且成本低的技术就显得尤为重要。在实际生产中最常用的过瘤胃保护技术有化学合成氨基酸的衍生物、类似物、金属氨基酸螯合物法，物理法包被氨基酸法和微胶囊技术等。通过选择合适的过瘤胃氨基酸保护技术，使氨基酸经过瘤胃被小肠充分吸收，来提高氨基酸的利用率。

（一）化学合成氨基酸的衍生物、类似物和金属氨基酸螯合物

通过化学方法合成氨基酸的衍生物、类似物和金属氨基酸螯合物等化合物，它们不受瘤胃微生物脱氨和转氨作用，在瘤胃中不降解而进入小肠中被吸收，如蛋氨酸羟基类似物、N-羟甲基蛋氨酸钙盐和N-硬脂酸-蛋氨酸等（郭玉琴等，2004）。氨基酸类似物也能在瘤胃中保持一定的稳定性，有研究发现，饲喂赖氨酸类似物的日粮时由小肠吸收的赖氨酸约占一半。对于氨基酸螯合物，它是将多个氨基酸分子与二价金属离子螯合形成五元环结构，这种五元环结构较稳定，不易被瘤胃微生物降解，从而达到保护作用。Fe、Cu、Mn、Zn等微量元素与氨基酸螯合可提高其吸收效率，微量元素氨基酸螯合物经常作为饲料添加剂使用，不仅起到过瘤胃保护氨基酸作用，还能提高微量元素的利用率（任建民等，2009）。利用化学方法合成氨基酸的衍生物、类似物和金属氨基酸螯合物等方法较为稳定，但是应注意其繁琐的加工工艺造成的污染和避免对机体产生有害影响。

（二）物理法包被氨基酸法

通过物理方法包被氨基酸主要有脂肪包被法、多聚合物包被法和酵母富集法3种。包被法的原理是选择对pH敏感的材料，如脂肪、纤维素和聚合物等，通过这些材料将氨基酸进行包被处理使氨基酸不易在瘤胃中降解而在通过真胃和小肠时因pH改变导致这些材料降解，游离氨基酸流出被小肠消化吸收从而形

成瘤胃保护性氨基酸。物理法包被氨基酸无毒无异味、包被效果好、价格低廉，但不能大规模生产，且具有不稳定性，因此包被法具有局限性。

1.脂肪酸和聚合物包被氨基酸

利用脂肪酸和聚合物包被氨基酸时，通过感受pH值的变化使这种包被物在瘤胃中不被溶解而在真胃和小肠中溶解破裂，释放出游离氨基酸在小肠内被吸收。由于包被物依赖于pH值，因此与日粮混合会降低其效果，而且日粮和机体内pH有时候会改变而影响包被物的效果，如果选用对pH值不敏感的材料，则应选择具有对瘤胃有抗性而对小肠没有抗性的材料为宜。采用脂肪酸和多聚物包被氨基酸的方法具有较好的保护性，Rogers（1987）研究发现，当蛋氨酸和赖氨酸被包被物包被时在pH值为5.4的环境下稳定性可达94%，其极高的稳定性能够保证这两种氨基酸在小肠中被充分吸收利用。在用脂肪包被法时应注意兼顾其他物质的利用率是否受到影响，有的包被材料在小肠中难以被消化，使氨基酸利用率降低，出现过度保护。

2.酵母富集氨基酸

Ohsumi等研究发现一种酵母能使赖氨酸富集在酵母的液泡内，该液泡在瘤胃液中稳定而在胃蛋白酶中会立即释放赖氨酸，使赖氨酸在小肠内吸收。这种方法保护性能好，而且绿色环保，不会对机体产生有害影响，起到过瘤胃保护氨基酸的作用，具有很好的发展前景（夏楠等，2008）。

（三）微胶囊技术

微胶囊技术是一种比较新型的包被技术，它是通过物理和化学方法将一些具有活性、敏感性和挥发性的固体或液体用高分子材料包裹成不足1000pm的微小颗粒，常用的包被材料有长链脂肪酸、甘油三酯和脂肪酸钙等，在食品业中应用较广泛，目前在饲料行业也开始应用。微胶囊技术可保护氨基酸避免在瘤胃中降解，使营养价值提升（褚永康等，2012）。也可以在其他物质中使用微胶囊技术，例如微胶囊技术可调控氮在瘤胃中的释放，降低了高血氨病的患病率，提高了氮的利用率。但由于采用微胶囊技术容易发生包被过度的情况，使包被物在小肠中也不易被吸收，影响其利用率，而且微胶囊技术价格昂贵、操作复杂，因此具有一定的局限性，很难做到广泛应用。

二、过瘤胃氨基酸对反刍动物的影响

（一）过瘤胃氨基酸在奶牛中的应用

大量的研究结果表明，过瘤胃氨基酸通过影响奶牛的产奶量、乳成分等指标来调控机体营养。孙华等（2010）的研究表明，过瘤胃蛋氨酸能够提高荷斯坦奶牛平均日产奶量、乳蛋白率和体细胞数。韩兆玉等（2009）的结果表明，在热应激的条件下，过瘤胃蛋氨酸可以提高荷斯坦奶牛平均日产量、乳脂率、乳糖含量以及一些酶活力。有研究指出，饲喂过瘤胃蛋氨酸奶牛平均日产奶量和乳蛋白含量得到了提高。徐元年等（2007）通过在日粮中添加过瘤胃蛋氨酸和过瘤胃赖氨酸，结果显示试验全期产奶量和前期产奶量相比于没有添加过瘤胃氨基酸的组均有所提高（杨魁，2014）。当奶牛在泌乳时期氨基酸缺乏时会影响其产奶量，使其不能达到最高产奶量。在奶牛日粮中添加过瘤胃氨基酸不仅可以提高总产奶量和乳蛋白含量，还能减少奶牛日粮中对于某些氨基酸的供应量，提高饲料利用率。过瘤胃蛋氨酸和过瘤胃赖氨酸可增加氨基酸在小肠的吸收，促进乳蛋白的合成，使乳蛋白的含量提高。有研究通过给奶牛日粮中每天添加15g过瘤胃蛋氨酸和40g过瘤胃赖氨酸，结果表明过瘤胃蛋氨酸和过瘤胃赖氨酸对奶牛干物质采食量无显著影响，而乳蛋白含量提高7.5%（胡民强，2003）。同样地，Rogers等（1989）在8头泌乳中期的奶牛日粮中补充五种不同水平的过瘤胃蛋氨酸和过瘤胃赖氨酸，发现乳蛋白的产量和乳蛋白的含量均有所提高。瘤胃氨基酸可以促进奶牛中瘤胃的发酵，增加瘤胃微生物的合成，提高饲料利用率，从而提高了乳脂率，进而提高了奶牛的性能和营养价值，降低成本（褚永康等，2012）。

在研究过瘤胃氨基酸对奶牛的影响中发现，过瘤胃氨基酸还可能对奶牛的免疫系统有所影响。热应激能通过影响奶牛的外周血液淋巴细胞和抗氧化活性物质的活性来影响奶牛的生产性能。研究发现，过瘤胃氨基酸能够影响外周血液淋巴细胞，从而改善热应激对奶牛的影响。韩兆玉等（2009）研究发现过瘤胃蛋氨酸能够显著降低在热应激条件下的奶牛外周血液淋巴细胞凋亡率，从而抑制了热应激对奶牛的影响，使其性能有所提高。

（二）过瘤胃氨基酸在肉牛中的应用

过瘤胃氨基酸不仅能影响奶牛的生产性能，同时也能影响肉牛的某些生产指标。Davenport等（1990）通过饲喂生长育肥牛过瘤胃赖氨酸，提高了日增重和血浆游离赖氨酸含量，降低其干物质采食量、料重比、血浆游离氨基酸总量。Waggoner等（2009）的研究发现过瘤胃蛋氨酸可以提高肉牛的血清胰岛素样生长因子含量和血浆尿素氮含量，降低血浆缬氨酸含量。Archibeque等（1996）在安格斯育肥牛的日粮中添加过瘤胃蛋氨酸能够影响氮的存留量和氮的表观生物学效价。而Williams等（1999）的研究则发现在安格斯杂交阉牛的日粮中添加过瘤胃赖氨酸和过瘤胃蛋氨酸对其日增重有所影响。不仅如此，Liker等（1991）通过饲喂过瘤胃蛋氨酸来降低肉牛血浆总蛋白、白蛋白、尿素氮，升高血浆血糖、谷丙转氨酶、总胆固醇、肌酐含量（杨魁，2014）。因此，过瘤胃氨基酸不仅影响肉牛的日增重、血浆游离氨基酸含量等，还对一些血生化指标有所影响。不仅如此，过瘤胃氨基酸还能通过影响肉品质来影响肉牛的营养价值，例如薛丰等（2010）在利木赞杂交肉牛的日粮中添加过瘤胃赖氨酸可以提高其胴体重量和肉的剪切力、滴水损失、粗蛋白和粗脂肪的含量，降低背膘厚和眼肌面积，进一步影响肉牛的肉品质。过瘤胃氨基酸还可能影响氮沉积，单达聪等（2007）研究发现过瘤胃蛋氨酸和过瘤胃赖氨酸能够提高氮的沉积量，从而减少氮排放，优化环境，为今后氮沉积的研究提供依据。

（三）过瘤胃氨基酸在羊中的应用

过瘤胃氨基酸在反刍动物羊身上的作用也极其显著。过瘤胃氨基酸在羊的基础生长指标中研究较多，如刘丽丽等（2007）在绒山羊日粮中添加过瘤胃氨基酸发现羊绒生长速度、伸直长度、细度、强度和拉伸长度均有所提高。斯钦等（1995）发现过瘤胃蛋氨酸可以提高内蒙古细毛羯羊平均日增重、羊毛增长量和重量，影响胃肠道内的氨基酸水平，从而提高氨基酸利用率，提高氮沉积率和经济效益。对过瘤胃氨基酸在羊的氮沉积中的影响也有研究，刘建华（2004）在内蒙古绒山羊的日粮中添加过瘤胃赖氨酸可以降低其尿氮、尿中尿素氮、血浆尿素氮、尿中肌酐和血浆肌酐的含量，增加氮的沉积量，减少氮排放。不仅如此，过瘤胃氨基酸还能够提高羊对氨基酸的利用率，通过给羔羊饲喂过瘤胃蛋氨酸可以提高血浆蛋氨酸和赖氨酸的含量。过瘤胃氨基酸也能够影响羊的免疫系统，沈赞明等（2005）研究发现，饲喂过瘤胃蛋氨酸和赖氨酸能够提高山羊血液中淋巴细胞转化率和白细胞介素含量，从而影响羊的免疫系统。由此可见，过瘤胃氨基酸通过对羊的基础生长指标和氮沉积以及免疫系统等方面的影响，来调控羊的营养机制和经济效益。

三、过瘤胃保护氨基酸的影响因素

（一）生产工艺

过瘤胃氨基酸尤其是包被氨基酸，虽然效果极佳，但是它在实际生产中还存在一些困难。当运用不同的生产工艺时，可能对产品的使用效果造成影响。例如在加工时某些包被物产品包膜容易被破坏，此时氨基酸不能得到很好的保护，降低了产品过瘤胃保护效果，而且不同的包被处理方法也会有不同的效果，例如利用动物油包被处理的方法中，其营养物质消化率、氮沉积率和氨基酸水平均高于用氢化棕榈油包被处理的方法。当然，过瘤胃保护氨基酸技术同样会出现“过度保护”的情况，使氨基酸在小肠内不能得到完全消化吸收，降低了氨基酸的利用率。这就是不同的处理方法有可能造成的影响，因此在选择包被物材料和方法时需要提前了解其作用机制和进行大量的实验来筛选出最适合的包被方法（任建民等，2009）。在选择包被方法和材料时，不仅要考虑到氨基酸的包被效果，同时还需要兼顾一些其他方面的作用。谢实勇等（2002）利用包被处理的产品时发现氨基酸在唾液、瘤胃液及真胃液中的溶解度都超过10%，其原因可能是粒度过细。因此，为了避免产品的损失和提高产品的使用效果，在加工过程中需要选择适合的包埋材料和方法，同时还需要兼顾氨基酸的生物利用率，才能生产出更有价值的过瘤胃保护氨基酸产品供畜禽使用。

（二）日粮

日粮中氨基酸构成对产品效果具有重要影响。Socha等（2005）分别在蛋白质水平为16%与18.5%的日粮中添加过瘤胃蛋氨酸，结果发现前者的血清尿素含量更低，后者乳蛋白和乳脂肪含量分别提高了0.21%和0.14%。在日粮中的氨基酸越均衡，其消化率就越好，例如在豆粕型日粮和玉米青贮日粮比较中，由于玉米青贮型日粮氨基酸较均衡，所以其添加效果要比豆粕型日粮好。在不同的日粮中，由于成分上的差异，对于赖氨酸和蛋氨酸的补充量难以统一，当饲喂玉米型或者大麦型日粮时，第一限制性氨基酸可能是赖氨酸，当饲喂豆科植物型或者动物性蛋白质型日粮时，第一限制性氨基酸可能就不是赖氨酸而变成蛋氨酸。Rogers等（1999）在玉米蛋白粉+尿素日粮中添加过瘤胃蛋氨酸和过瘤胃赖氨酸能提高奶量和奶蛋白含量。在豆粕型日粮中添加过瘤胃蛋氨酸能提高产奶量和乳中的固形物含量，而在大麦型日粮中添加过瘤胃蛋氨酸则无显著影响，由此可见，不同类型的日粮添加过瘤胃氨基酸的作用效果不同。

（三）添加时期

在动物不同生长时期添加过瘤胃保护氨基酸也会影响其效果。Misciattlli等（2003）研究发现，在泌乳前期给奶牛添加过瘤胃蛋氨酸和过瘤胃赖氨酸对产奶量无显著影响。杨正德等（2011）研究表明，在盛乳期添加过瘤胃蛋氨酸和过瘤胃赖氨酸使乳脂率及乳蛋白含量有所提高。从分娩前2周至分娩后12周添加液状蛋氨酸羟基类似物，泌乳量提高8%，乳脂含量增加7%，乳蛋白含量无显著影响。也有人发现添加过瘤胃蛋氨酸和过瘤胃赖氨酸，生长牛的生长性能显著高于成年牛（夏楠等，2008）。研究发现，在奶牛产前2～3周添加氨基酸能促进干物质的摄取，从而提高奶牛的产奶量。

（四）氨基酸种类

过瘤胃氨基酸产品的稳定性和使用效果不仅与材料和加工方法有关，同时与氨基酸的种类也有关。赖氨酸本身具有溶解性较高的特点，因此其过瘤胃的保护效果没有其他氨基酸稳定。郭玉琴（2006）利用相同的加工工艺来包被等量的蛋氨酸和赖氨酸时发现，过瘤胃蛋氨酸的稳定性和效果均显著高于过瘤胃赖氨酸，由此可见，氨基酸种类的不同也会影响产品的稳定性和效果的发挥。

小结

瘤胃在反刍动物氨基酸代谢过程中发挥着重要的作用，认知瘤胃微生物氨基酸合成与分解代谢机理及调节机制是提高反刍家畜氨基酸利用效率的重要前提。乳腺中氨基酸代谢途径及影响因子复杂，未来应深入研究反刍家畜乳腺氨基酸代谢机理，为提高乳品品质和乳产量提供依据。

（陈惠源，张相鑫，孙志洪）

参考文献

[1] 褚永康，林英庭，陈俏俏. 过瘤胃氨基酸在反刍动物饲料中的应用. 中国饲料，2012（6）：36-39.
[2] 单达聪，熊六飞. 全混合日粮新技术舍饲肉用绵羊效果的研究. 现代农业科技，2007（24）：160-162.
[3] 刁欢，李吕. 瘤胃微生物主要氨基酸代谢的研究进展. 饲料工业，2006，27：47-49.
[4] 丁景华，张永亮. 蛋氨酸和胱氨酸互作关系研究进展. 广东饲料，2008，17：32-33+16
[5] 董晓玲. 内蒙古白绒山羊限制性氨基酸的研究[D]. 硕士论文，呼和浩特：内蒙古农业大学，2003.
[6] 傅莹. 限制性必需氨基酸对奶山羊泌乳性能及其乳腺氨基酸代谢的影响[D]. 硕士学位论文，泰安：山东农业大学，2011.
[7] 郭玉琴，王加启. 氨基酸过瘤胃保护方法及其在奶牛营养中的应用. 中国畜牧兽医，2004，31：6-8.
[8] 郭玉琴. 蛋氨酸和赖氨酸过瘤胃保护及其效果评价研究[D]. 博士学位论文，北京：中国农业科学院，2006.
[9] 韩继福，吴其宏. 过瘤胃氨基酸对乳牛瘤胃发酵、产乳量及乳成分的影响. 安徽农业大学学报，2003，30：139-143.
[10] 韩兆玉，周国波，金志红，等. 过瘤胃蛋氨酸对热应激下奶牛生产性能、淋巴细胞凋亡以及相关基因的影响. 动物营养学报，2009，21：665-672.
[11] 胡民强，王瑞晓，胡文娥. 瘤胃保护性氨基酸在奶牛日粮中的应用. 广东畜牧兽医科技，2003，28：19-21.
[12] 李刚. 限制性氨基酸在饲料生产中的应用. 饲料博览，2016（6）：18-21.
[13] 李建国，赵洪涛，王静华. 不同蛋白质饲料在绵羊瘤胃中蛋白质和氨基酸降解率的研究. 河北农业大学学报，2004，27：89-92.
[14] 李吕木，乐国伟，施用晖. 蛋氨酸为氮、碳源对瘤胃微生物氨基酸代谢的影响. 西北农林科技大学学报（自然科学版），2006，34：22-26.
[15] 李树聪，王加启，唐文花. 反刍动物饲料蛋白质瘤胃降解率的测定方法综述. 草食家畜，2001（1）：32-36.
[16] 李喜艳，王加启，魏宏阳. 反刍动物乳腺氨基酸的吸收与代谢. 中国奶牛，2011（2）：11-14.

[17] 林春健，冯仰廉. 尼龙袋法评定饲料在反刍动物瘤胃内蛋白质降解率. 北京农业大学学报，1987，13：375-381.
[18] 刘建华. 瘤胃保护性氨基酸的研制及其对内蒙古白绒山羊消化代谢影响的研究[D]. 硕士学位论文，呼和浩特：内蒙古农业大学，2004.
[19] 刘兰，刘红云，刘建新. 奶牛乳腺氨基酸代谢利用及其信号通路. 动物营养学报，2016，28：345-352.
[20] 刘丽丽，耿忠诚，潘振亮. 过瘤胃氨基酸（RPAA）对绒山羊生产性能的影响. 黑龙江畜牧兽医，2007（6）42-43.
[21] 刘凌云，郑光美. 普通动物学第4版[M]. 高等教育出版社，2009.
[22] 刘倩，符潮，周传社. 反刍动物瘤胃微生物限制性氨基酸代谢研究进展. 家畜生态学报，2017，38：83-87.
[23] 刘玮. 日粮中蛋白质在反刍动物胃肠道的降解及吸收. 现代畜牧科技，2011（8）：245-245.
[24] 刘雪峰. 畜禽的几种饲料添加剂. 养殖技术顾问，2011（9）：52.
[25] 任建民，刘强，张延利. 奶牛过瘤胃氨基酸营养研究进展. 山西农业科学，2009，37：9-11.
[26] 沈赞明，解红梅. 半胱胺盐酸盐和蛋氨酸赖氨酸对山羊细胞免疫的影响. 中国兽医科技，2005，34：27-32.
[27] 斯钦. 过瘤胃蛋氨酸添加剂对绵羊补饲效果的研究. 饲料研究，1995（4）：4-5.
[28] 隋恒凤，李树聪，王加启. 用十二指肠灌注法研究蛋氨酸和赖氨酸在泌乳奶牛限制性氨基酸中的顺序. 中国畜牧兽医，2006，33：32-35.
[29] 孙华，张晓明，王欣. 过瘤胃保护蛋氨酸对奶牛生产性能的影响及经济效益分析. 中国奶牛，2010（11）：7-11
[30] 王洪荣，董晓玲. 反刍家畜限制性氨基酸的研究进展[C]. 中国畜牧兽医学会动物营养学分会学术研讨会，2004.
[31] 王洪荣，邵凯. 蛋氨酸锌螯合物在绵羊体内的生物利用率及其对瘤胃代谢的影响. 动物营养学报，1998，10：23-27.
[32] 王佳堃，吴慧慧，刘建新. 奶牛氨基酸代谢与营养调控研究进展[C]. 动物生理生化学分会学术会议暨全国反刍动物营养生理生化学术研讨会，2004.
[33] 王建华，戈新，王洪荣. 日粮对奶牛限制性氨基酸的影响和调控途径. 中国畜牧杂志，2007，43：40-43.
[34] 王俊锋，黄静龙. 反刍动物乳腺的氨基酸营养代谢研究. 中国饲料，2004（20）：22-23.
[35] 王友明，周永学，黄明. 低蛋白日粮在养猪生产中的应用. 上海畜牧兽医通讯，2013（1）：54-55.
[36] 夏楠，王加启，赵国琦. 瘤胃保护性氨基酸在奶牛生产中的应用研究. 中国畜牧兽医，2008，35：5-9.
[37] 谢实勇. 蛋氨酸对绒山羊消化代谢及生产性能影响研究[D]. 硕士学位论文，北京：中国农业大学，2002.
[38] 徐海军，印遇龙，黄瑞林. 血插管技术在动物机体营养代谢研究中的应用. 现代生物医学进展，2009，9：1970-1972.
[39] 徐元年，张幸开，袁耀明. 过瘤胃赖氨酸和过瘤胃蛋氨酸对泌乳早期奶牛生产性能影响的研究. 乳业科学与技术，2007，30：43-45.
[40] 薛丰，杜晋平，解祥学. 玉米和玉米青贮日粮添加赖氨酸对肉牛生长性能及血液生化指标的影响. 中国畜牧杂志，2010，46：38-41.
[41] 颜品勋，冯仰廉，杨雅芳，莫放. 青粗饲料蛋白质及有机物瘤胃降解规律的研究. 中国畜牧杂志，1996，32：42-43.
[42] 艳敏. 理想蛋白在畜禽业上的应用. 饲料博览，2007（11）：31-32.
[43] 杨正德，潦家宽，襄成江. 提高泌乳盛期奶牛乳脂率与乳蛋白含量的营养调控研究. 西南农业学报，2011，24：289-293.
[44] 杨魁. 过瘤胃蛋氨酸和过瘤胃赖氨酸在生长育肥牛中的应用研究[D]. 硕士学位论文，重庆：西南大学，2014.

[45] 张洁，陈旭伟，徐爱秋. 瘤胃微生物氨基酸代谢的研究进展. 中国奶牛，2008（5）：18-21.

[46] 张乃锋，张淑爱. 反刍动物瘤胃蛋白质降解率的评定技术. 山东畜牧兽医，2002，1：34-35.

[47] Bequette B J，Hanigan M D，Lapierre H，*et al.* Mammary Uptake and Metabolism of Amino Acids by Lactating Ruminants. In：Animal Acids in Animal Nutrition [M]. Wilson，R P（ed）. CAB International，Oxon，UK.

[48] Davenport G M，Boling J A，Gay N. Performance and plasma amino acids of growing calves fed corn silage supplemented with ground soybeans，fishmeal and rumen-protected lysine. Journal of Animal Science，1990，68：3773-3779.

[49] Egan A R. Plasma and urinary metabolites as indices of nitrogen utilization in sheep. Proceedings of the New Zealand Society of Animal Production，1972，32：87.

[50] Fraser D L，Rskov E R，Whitelaw F G，*et al.* Limiting amino acids in dairy cows given casein as the sole source of protein. Livestock Production Science，1991，28：235-252.

[51] Gillespie，J M. 1983. In：Biochemistry and Physiology of the skin[M]. Goldsmith，I A（ed）. Oxford University Press，New York，1983，457-510.

[52] Greenwood R H，Titgemeyer E C. Limiting amino acids for growing Holstein steers limit-fedsoybean hull-based diets. Journal of Animal Science，2000，78：1997-2004.

[53] Guinard J，Rulquin H. Effect of graded levels of duodenal infusions of casein on mammary uptake in lactating cows. 2. Individual amino acids. Journal of Dairy Science，1994，77：3304-3315.

[54] Jiakun L J W. Amino acid metabolism in the mammary gland of the lactating ruminants. Scientia Agricultura Sinica，2005.

[55] Kung Jr L，Rode L M. Amino acid metabolism in ruminants. Animal Feed Science & Technology，1996，59：167-172.

[56] Lewis A J，Peo E R，Cunnningham P J，*et al.* Determination of the optimum dietary proportions of lysine and tryptophan for growing pigs based on growth，food intake and plasma metabo1ites. The Journal of Nutrition，1977，107：1369-1376.

[57] Lin X Y，Wang J F，Su P C，*et al.* Lactation performance and mammary amino acid metabolism in lactating dairy goats when complete or met lacking amino acid mixtures were infused into the jugular vein. Small Ruminant Research，2014，120：135-141.

[58] Mcsweeney C S，Denman S E，Mackie R I. Rumen bacteria. In：Methods in Gut Microbial Ecology for Ruminants[M]. Makkar H P S，McSweeney C S（eds）. Springer-Verlag Gmbh，Heidelberg，Germany，2005.

[59] Merchen，N R，Titgemeyer E C. Manipulation of amino acid supply to the growing ruminant. Journal of Animal Science，1992，70：3238-3247.

[60] Nimrich K，Hatfield E E，Kmiuski J，*et al.* Qualitative assessment of supplemental amino acids needs for growing lambs fed urea as the sole nitrogen source. Journal of Nutrition，1970，100：1293-1300.

[61] Pacheco D，Tavendale M H，Reynolds G W，*et al.* Whole-body fluxes and partitioning of amino acids to the mammary gland of cows fed fresh pasture at two levels of intake during early lactation. British Journal of Nutrition，2003，90：271-281.

[62] Preedy V R，Smith D M，Sugden P H. A comparison of rates of protein turnover in rat diaphragm in vivo and in vitro. The Biochemical Journal，1986，233：279-282.

[63] Prior R L，Smith S B. Role of insulin in regulating amino acid metabolism in normal and alloxan-diabetic cattle. The Journal of Nutrition，1983，113：1016-1031.

[64] Reeds P J，Hay S M，Dorwood P M，*et al.* Stimulation of muscle growth by clenbuterol：lack of effect on muscle protein biosynthesis. British Journal of Nutrition，1986，56：249-258.

[65] Richardson C R，Hatfield E E. The limiting amino acids in growing cattle. Journal of Animal Science，1978，46：740-745.

[66] Rogers J A，Krishnamoorthy U，Sniffen C J. Plasma amino acids and milk protein production by cows fed rumen-protected methionine and lysine. Journal of Dairy Science，1987，70：789-798.

[67] Rogers J A，Peirce-Sandner S B，Papas A M，*et al.* Production responses of dairy cows fed rations amounts of rumen protected methionine and lysine. Journal of Dairy Science，1989，72：1800-1817.

[68] Sahlu T，Fernandez J M. Effect of intraperitoneal administration of lysine and methionine on mohair yield and quality in Angora goats. Journal of Animal Science，1992，70：3188-3193.

[69] Schwab C G，Boza C K，Wihitehouse N L，*et al.* Amino acid limitation and flow to duodenum at four stages of lactation. 1. Sequence of lysine and methionine limitation. Journal of Dairy Science，1992，75：3486-3507.

[70] Socha M T，Putnam D E，Garthwaite B D，*et al.* Improving intestinal amino acid supply of pre- and postpartum dairy cows with rumen-protected methionine and lysine. Journal of Dairy Science，2005，88：1113-1126.

[71] Sun Z H，Tan Z L，Yao J H，et al. 2007. Effects of intra-duodenal limiting amino acids on immunoreaction，total DNA and RNA contents of skeletal muscles and jejunal mucous membrane for growing goat fed a mixture of maize stover and concentrate. Small Ruminant Research，169：159-166.

[72] Waggoner J W，Löest C A，Mathis C P，*et al.* Effects of rumen-protected methionine supplementation and bacterial lipopolysaccharide infusion on nitrogen metabolism and hormonal responses of growing beef steers. Journal of Animal Science，2009，87：681-692.

[73] Waterlow J C，Gardick P J，Millward D J. 1978. Protein turnover in mammalian tissues and in the whole body. North-Holland Publishing Co.，Amsterdam，Netherlands.

[74] Williams J E，Newell S A，Hess B W，*et al.* Influence of rumen-protected methionine and lysine on growing cattle fed forage and com based diets. Journal of Production Agriculture，1999，12：696-701.

第五章

氨基酸模式

某种蛋白质中各种必需氨基酸组成比例称为氨基酸模式。饲粮蛋白质中的氨基酸模式影响动物对氨基酸利用，当饲粮中的任何一种必需氨基酸缺乏时，会对机体造成氨基酸不平衡，从而影响蛋白质的合成，改变饲粮蛋白质的利用效率。当饲粮蛋白质的氨基酸模式越接近动物的蛋白质中氨基酸模式时，饲粮中氨基酸才能被机体充分利用。饲粮氨基酸模式的意义在于在降低动物饲粮蛋白质水平的前提下，不影响动物正常生长和繁殖性能，科学合理地补充必需氨基酸，使氨基酸模式越加接近机体的需要，在最经济的条件下，保证机体达到最佳的性能，从而使得蛋白质的营养价值得到最大程度的利用。

第一节 理想氨基酸模式概念及其理论基础

理想氨基酸模式指动物饲粮中各种氨基酸的最佳平衡量，这种平衡不会因为某种氨基酸的量的改变而得到增效。目前这种平衡模式已在畜牧生产中得到广泛应用。

畜禽氨基酸需要量受饲粮、遗传因素和环境的影响很大。猪营养学家首先将体重不同的猪对其必需氨基酸的需要量表示为相对于赖氨酸的比例。该方法的理论基础是，氨基酸的总需要量受多种因素的影响会不断地发生改变，但是必需氨基酸相对于赖氨酸的比例只有在日龄有较大变化时才会产生显著性变化。

因此，获知在一定阶段的一种必需氨基酸相对于赖氨酸的理想比例就可以精确计算出在变化情况下赖氨酸的需要量。根据理想氨基酸模式配制的动物饲粮还可以提高饲料蛋白质的利用效率，减少养殖氮排放，从而降低对环境造成的污染。

理想氨基酸模式尽管具有非常明显的优势，但是在实际生产中会受到各种因素的影响，使结果达不到预期，例如氨基酸的互作效应。由于用于维持和生长的氨基酸相对于总氨基酸的比例随着动物体型的变化而发生改变，而且动物维持和生长的氨基酸模式也并不是恒定不变的，所以动物在整个生长过程中理想氨基酸模式的组成都在发生着变化，因此，理想氨基酸模式的研究需要区别不同家畜品种、生长时期、生理状态及生长环境。

人们对动物理想氨基酸模式的认识最早可追溯到Howard（1958）提出的“完全蛋白质”概念，其实质内容为当动物对各种氨基酸的需要量与饲粮中的各种氨基酸组成与比例相接近甚至吻合时，机体会最大限度地利用饲粮中的蛋白质营养。理想蛋白质较为完整的定义是Mitchell（1964）提出来的“理想蛋白质可用氨基酸混合物或者可以被完全氧化或者代谢的蛋白质来描述，而这种氨基酸的混合物与动物用于生产和维持的氨基酸需求量和占比几乎一致”。而Fuller（1979）则将理想蛋白质重新定义为“每种非必需氨基酸与必需氨基酸的含量都具有限制性的饲粮蛋白质”。动物饲粮如果出现缺乏一种或者多种必需氨基酸时，可以通过平衡缺乏氨基酸的手段来改变饲料蛋白质沉积，当动物饲粮出现缺乏非必需氨基酸时，向饲料中添加任何一种氨基酸均会使饲料蛋白质沉积发生变化。

理想氨基酸模式研究的理论基础源自动物生长所需要的氨基酸比例为一个相对稳定的值，一般不会受到遗传因素的影响。尽管机体的生理条件、环境因素、饲粮等因素可能会对其产生一定的影响，但是在一定条件下，机体对各种氨基酸的需要量为一相对稳定的值。氨基酸平衡是保证动物对氨基酸利用效率最大化的一关键点。在实际生产中都会非常严格把控各种氨基酸的添加量及比例，计算出各种限制性氨基酸之间的平衡模式，确定出各种氨基酸的最适添加比，真正做到精准饲养、精准营养，以保证各个氨基酸之间的平衡关系。动物饲粮中如果出现某一种或多种氨基酸的过量和缺乏时都会导致各种氨基酸之间失去一种相对平衡，进而影响畜禽的健康生长和发育。氨基酸不平衡首先会对限制性氨基酸代谢产生影响。Papas等（1984）给绵羊真胃灌注平衡和不平衡氨基酸混合物，结果灌注平衡氨基酸混合物的绵羊采食量和日沉积氮显著提高。氨基酸之间存在的协同和拮抗作用也会对氨基酸平衡产生影响。例如，赖氨酸和精氨酸之间有拮抗作用，亮氨酸、异亮氨酸和缬氨酸之间有拮抗，这种拮抗作用可提高尿中精氨酸排出量，抑制肝脏中转氨酶活性，从而使肌酐合成量减少。D'Mello等（1971）的研究结果表明，赖氨酸和精氨酸之间的拮抗作用会降低鸡的采食量和生长速度。氨基酸营养平衡饲粮的优化配合是减少动物的粪、尿氮排出量，提高动物体内氮沉积和蛋白质饲料利用效率以及减少动物排泄物对环境污染的重要途径。

随着越来越多的学者对理想氨基酸模式进行研究，氨基酸模式的研究与定义日益成熟，虽然各位学者对氨基酸模式的阐述有细微差别，但是所表之意相同。理想氨基酸的实质就是必需氨基酸以及非必需氨基酸与必需氨基酸之间最佳的平衡蛋白质模式，因此，其精髓是氨基酸之间的平衡。在理想氨基酸模式下，机体可以达到最高的饲粮蛋白质利用率，同时受到饲粮中的部分必需氨基与非必需氨基酸的氮源限制作用。影响动物氨基酸平衡的主要因素为环境因素、遗传因素、生产性能及营养因素。

第二节　理想氨基酸模式的研究方法

动物饲粮氨基酸在消化、吸收、合成生物活性物质及参与蛋白质构建等众多过程中，各氨基酸之间存在着复杂的作用机理。由于这些互作的影响因素及互作机理不明确，因此，很难对理想氨基酸模式做出机理性的阐述，目前现有的理想氨基酸模式都存在一定的缺陷有待进一步完善。现将目前理想氨基酸模式研究方法总结为如下几种。

一、分析动物体氨基酸组成法

分析动物体氨基酸组成的方法。分析畜禽血液或肌肉组织的氨基酸成分，作为建立理想蛋白氨基酸平衡的依据。早期，国外很多学者用动物血液氨基酸组成来确定理想氨基酸模式，但是血液氨基酸组成存在复杂的互作且受外界因素影响较大，难以对理想氨基酸模式做出准确表达。因此，后来根据吸收后门静脉及动静脉的氨基酸组成差异性来研讨氨基酸模式。蛋白质含量非常高的肌肉组织为动物体最大的氨基酸代谢池，是体内氨基酸需要量最大的组织。因此，对于动物在不同生长阶段的整体蛋白质的氨基酸组成进行分析，并将其作为动物理想蛋白模式的氨基酸组成比例的指示物。在计算氨基酸比例时，可用绝对含量（单位理想蛋白中各种氨基酸的含量）和相对含量两种方式来表述。相对含量是采用与某一氨基酸的比例来表示，现如今，多采用将赖氨酸定为100，计算其它各种氨基酸对赖氨酸的比例。利用析因法，对于动物的氨基酸需要量剖分为维持、增重、生产产品（如羽毛、鸡蛋）等各种需要量，并通过对动物的胴体及其他产品的氨基酸组成进行分析，推导出动物的理想蛋白模式。此外，动物乳中的氨基酸组成成分与机体的氨基酸组成在比例关系上具有某种一致性，这似乎是动物自身调节的一种形式，以最大限度地满足初生动物的营养需要。但是，这类方法目前尚属于组织氨基酸成分分析和具体的数据上的比较，处于定性的研究阶段，还需要对具体的日粮蛋白质（氨基酸）在动物机体各部分的沉积效率进行充分研究后，才能在动物体组织氨基酸成分分析与动物理想蛋白模式之间建立起科学、定量的联系。

二、氨基酸部分扣除法

氨基酸部分扣除法，是由Wang和Fuller（1989，1990）创立的，也是当时公认的一种测定氨基酸模式较理想的方法。其基本原理是：在理想蛋白中，每一种氨基酸都是限制性的，且限制性的顺序相同；去除非限制性氨基酸对N沉积无影响。因此，就可以用去除某一氨基酸的一部分对N沉积所产生的影响来确定氨基酸的模式。

三、梯度氨基酸日粮法

梯度氨基酸日粮法即以低蛋白日粮为基础，固定除待测氨基酸以外的其它氨基酸的浓度，变换待测氨基酸的浓度，通过N平衡试验筛选出最佳的日粮氨基酸浓度，即为梯度氨基酸日粮法测定理想氨基酸平衡模式。

四、同位素示踪法

氨基酸在动物体中的代谢，一般在不平衡或者过量时表现为转化成能量，当饲粮中氨基酸严重失衡或超限时，不仅容易导致后肠道的微生物发酵，影响动物肠道健康，对动物产生不利的影响，而且造成饲粮蛋白质资源的严重浪费。应用同位素标记饲粮氨基酸和纯化饲粮，充分考虑氨基酸转化为能量等的浪费占比，甚至根据同位素性质揭示氨基酸在动物体内的转化情况，以便于更加系统地阐述动物氨基酸理想应用模式。同位素示踪技术具有准确、快捷、灵敏度高等特点，但是在利用同位素标记外源氨基酸时，由于肠道氨基酸循环速度很快，可能会对氨基酸的测定值造成一定的影响。

五、营养免疫法

氨基酸在机体免疫中具有突出地位。例如，苏氨酸、精氨酸、谷氨酰胺和甘氨酸有助于增强猪体的免疫力和维护肠道完整性。功能性氨基酸不同程度地参与调节胃肠道、胸腺、脾脏和淋巴等组织器官以及血液中免疫细胞的免疫功能，根据一些免疫指标可以很准确地反映机体营养代谢情况，因此，一些免疫指标可以作为评价理想氨基酸模式的指标。

六、"黑匣子"法

不考虑动物体内氨基酸的转化及代谢情况，仅考虑开始状态与最后状态氨基酸模式的差异性，选取不同生长时期的健康动物进行整体匀浆处理，分析不同生理状态的氨基酸组成及差异性，将其氨基酸模式作为理想氨基酸模式参考。该法对理想氨基酸模式的探讨较为粗略，适用于小型动物的氨基酸模式研究。

七、综合法

所谓综合法就是查阅、总结以往测定的各阶段及用途的动物氨基酸的需要量，建立其比例关系。利用综合法确定动物理想蛋白氨基酸模式是目前比较常用的方法，ARC（1981）首次推荐生猪的理想蛋白氨基酸模式时，除了考虑母猪乳和仔猪机体氨基酸组成模式之外，还从其他方面进行了工作。首先，汇总了生长猪的单个氨基酸的需要量，并建立其比例关系，发现猪（集中于20～50kg的生长猪）对赖氨酸、异亮氨酸、苏氨酸、半胱氨酸和蛋氨酸等必需氨基酸的需要量表示为占饲粮的百分比时差异较大；然后，当蛋白质的生物学效价达到最大时，估计出饲粮蛋白质中的赖氨酸的最适浓度为6～8g/16g氮，因而推荐猪的理想蛋白氨基酸模式中赖氨酸的浓度为7g/16g氮。该法看似简单，只需总结前人的试验结果并对未测定的氨基酸进行测定即可，但是由于不同研究者的研究条件存在差异，如日粮因素、饲养水平等，其次考察指标也不相同，要想越加接近地表达动物理想氨基酸模式，需要综合考虑环境和遗传因素。因此，利用综合法得出的理想蛋白氨基酸模式与实际的生理需要可能存在一定的偏差，其准确性还有待进一步探究。在利用综合法确定理想氨基酸模式时需尽可能对比不同的研究方法确定的理想氨基酸模式，以确定最接近动物实际的理想蛋白质氨基酸模式。

八、其他法

除了以上列出的几种方法之外，还有传统的饲养实验法和氨基酸指示剂氧化法。传统的饲养实验法是根据动物的生产性能和基础日粮中氨基酸的关系，探索最佳生产性能下氨基酸的需要量，但这种方法每次只能测定一种氨基酸，不能反映其他需求量大的氨基酸之间的供求关系。氨基酸指示剂氧化法的原理是，除了被测氨基酸之外，其他氨基酸都能满足需要的日粮中，随着被测氨基酸含量增加，其他必需氨基酸的氧化将降低，且蛋白质的合成量增多。如果被测氨基酸的量增加到超过需要量时，氨基酸指示剂的氧化将维持一个恒态，这一转折点就是被测氨基酸的需要量。但该方法中，氨基酸指示剂和被测氨基酸必须有不同的氧化途径，以保证日粮被测氨基酸浓度的改变不会影响氨基酸指示剂。

第三节 不同家畜的氨基酸平衡模式

畜禽的生理活动包括维持、生长、育肥、妊娠、产毛、产奶及产蛋等多个方面。任何畜禽在任何时候都至少处于一种（维持）生理状态。畜禽常常由于生产目的不同而处于两种或者三种生理状态，畜禽的氨基酸营养需要即为满足各项生理活动所需氨基酸总和。所以，大多数营养学家将畜禽氨基酸营养需要量从生理活动角度分为维持需要和生产需要。

一、反刍动物理想氨基酸模式

对于反刍动物而言，饲粮氨基酸营养平衡的重点就是饲粮中各种蛋白质组分之间的平衡。首先要根据动物生产水平和目的来确定饲粮蛋白质总水平，还需要充分考虑饲粮蛋白质中可溶性蛋白质（SP）、降解蛋白质（RDP）与非降解蛋白质（UDP）之间的平衡。NRC（2001）明确给出了奶牛营养需要量中不同蛋白质组分的平衡比例范围，详见表5.1。

表5.1 泌乳奶牛饲粮不同蛋白质组分的平衡比例范围

项目	泌乳初期	泌乳中期	泌乳后期
粗蛋白质（DM基础）/%	17～18	16～17	15～16
可溶性蛋白质（CP基础）/%	30～34	32～36	32～38
降解蛋白质（CP基础）/%	62～66	62～66	62～66
非降解蛋白质（CP基础）/%	34～38	34～38	34～38
降解蛋白质/非降解蛋白质RDP/UDP	1.74～1.82	1.74～1.82	1.74～1.82

注：引自NRC，2001。

（一）反刍动物氨基酸平衡模式

反刍动物由于瘤胃微生物的作用，使得对其饲粮理想氨基酸模式的评价很难应用。王洪荣（2013）认为对于反刍动物而言，瘤胃微生物发酵对饲粮蛋白质具有降解作用，故难以将微生物合成的蛋白质与饲粮中的蛋白质区别开来，导致对反刍动物的营养氨基酸需要量很难做出精确的评定。反刍动物的饲粮组成在各个胃室之间变化非常明显，很难评估其生物学价值，使得研究者无法完全根据饲料原料中氨基酸模式配合反刍动物饲粮。氨基酸平衡饲粮的优化配合技术的最终目的是降低动物的尿、粪氮排出量，提高动物体内氮沉积和蛋白质饲料利用效率从而降低动物排泄物对环境造成污染。目前，理想氨基酸营养平衡模式的研究已成为反刍动物氨基酸营养研究新热点。反刍动物蛋白质营养利用是一个非常复杂的系统性过程，需要从饲粮氨基酸营养平衡、小肠可吸收氨基酸平衡、肝脏门静脉排流组织氨基酸平衡等方面综合考虑。

1.小肠可吸收氨基酸平衡

近年来，人们逐渐认识到进入反刍动物小肠的可吸收氨基酸组成平衡与否对动物生产有很大影响。因此，如何预测进入小肠的各种氨基酸的流量及其组成模式，以及采取相应的调控措施来改善其平衡，并满足动物的生产需求成为当今反刍动物氨基酸营养研究的主要目标。在理想氨基酸研究中，需要选择一种参比蛋白作为对照，参比蛋白的选择因研究目标不同而异。对于生长动物，以组织（肌肉或胴体）的氨基酸组成作为参比蛋白是最佳选择。在奶牛理想氨基酸模式研究中，也可选择牛奶酪蛋白或微生物蛋白质作为参比蛋白。王洪荣等（2013）研究生长绵羊的小肠可消化理想氨基酸模式时选择改进的肌肉模式作为目标模式。甄玉国通过研究绒山羊小肠内理想氨基酸模式得出，可以选择肌肉氨基酸（90%）+绒毛氨基酸（10%）和肌肉氨基酸（80%）+绒毛氨基酸（20%）之间的模式作为目标模式。这说明在一定范围内动物机体可通过自我稳衡调控功能来调节血液循环中的氨基酸趋于平衡，但一旦超出动物本身所能达到的调控范围，某些氨基酸在血液循环中大量滞留，反而会影响氨基酸平衡性。同时也说明，小肠可吸收氨基酸理想模式是一个范围，而不是一个固定值。在这个理想模式范围内，动物借助机体的自我调控功能，使进入组织代谢层次的氨基酸模式趋于理想的平衡模式。

反刍动物小肠氨基酸来源于瘤胃微生物发酵产生的氨基酸和饲粮瘤胃非降解氨基酸及少量的内源性氨基酸。与反刍动物小肠氨基酸代谢密切相关的因素主要有：① 小肠对氨基酸的吸收利用；② 过瘤胃饲粮蛋白质的数量与氨基酸的组成；③ 进入小肠的瘤胃微生物氨基酸的数量与瘤胃微生物的氨基酸组成。Abe等（1999）研究发现，向体重约为103kg的生长牛真胃内投喂0.33g/kgBW

的Met，育成牛会出现明显的中毒症状。此外饲粮氨基酸平衡还可以大幅度降低饲养成本，节约蛋白饲料资源，一定程度降低了粪氮、尿氮的排放量。氨基酸平衡能保证最大程度地发挥各种氨基酸的利用效率，从而降低饲粮蛋白水平，节约成本，有利于畜禽养殖业的长远发展。

2.肝脏门静脉排流组织氨基酸平衡

门静脉是消化道（包括胰腺和肝脏）的回流静脉血管，担负着从饲粮中获取新氮源的功能，因此，门静脉中氨基酸平衡状况能够反映肠道对氨基酸的利用情况。小肠可吸收氨基酸（小肽）经过胃肠道吸收进入肠系膜静脉，再流入门静脉，然后经肝脏处理由肝静脉汇入后腔静脉，进入心脏，最后在肺中携氧后分配给外周组织利用。氨基酸在肝脏中经过整合与部分氧化后供肝外组织利用，肝脏门脉排流组织氨基酸模式与小肠可吸收氨基酸有一定差异。在连续饲喂条件下，肠道组织的总蛋白质代谢状况应该是维持稳态，所以外源蛋白质吸收量应能弥补动脉供应清除的氨基酸。门静脉氨基酸的净流量应该能够反映肠道可消化蛋白质的氨基酸模式。通过门静脉回流内脏的氨基酸是随着饲粮和胃肠组织内能量载体物质的变化而变化的。近年来，随着插管技术及血流量和同位素示踪技术的应用，加深了对肠道氨基酸与门静脉氨基酸平衡的研究。甄玉国研究发现，绒山羊小肠可吸收氨基酸模式对门静脉氨基酸的净流量具有显著影响。

3.肝脏外组织氨基酸平衡

经肝脏代谢整合后的氨基酸经肝静脉汇入后腔静脉，进入心脏，最后在肺中携氧后分配给外周组织利用。外周组织包括肌肉、骨骼、皮肤、脂肪和乳腺组织等，重量占体重的80% ～ 90%。氨基酸吸收后的分配与利用与各个组织的氨基酸组成有很大的关系。肌肉是体内蛋白质合成速率最低的组织，在成年反刍动物只有2% ～ 3%。但是，由于肌肉蛋白质的比例高，约在50%以上，所以每天合成总量约占全身的20%。作为主要的蛋白质贮存器官，骨骼肌的氨基酸组成与整个机体的氨基酸库非常相似。皮肤和羊毛的氨基酸组成与胴体有很大的差异；皮肤含有高比例的甘氨酸、脯氨酸和羟脯氨酸，而羊毛含有低比例的蛋氨酸、赖氨酸，酪氨酸比例变化大，半胱氨酸比例比较高。由于这些氨基酸比例的差异，也造成不同组织氨基酸需求的特殊性。反刍动物小肠内所吸收的氨基酸用于内脏组织（消化道和肝脏）蛋白质合成的数量远远大于用于肌肉组织蛋白质合成的数量。Macrea等（1993）研究表明，羔羊和阉牛小肠内所吸收的氨基酸用于内脏组织蛋白质合成与用于肌肉组织蛋白质合成的数量比分别为2.1 ∶ 1.0和3.2 ∶ 1.0。

（二）牛生长阶段的理想氨基酸模式

近年来，理想氨基酸模式在成年奶牛的研究较多，对生长阶段反刍动物的氨基酸平衡模式的研究较少。Hill等（2008）研究表明，5周龄前犊牛代乳料中赖氨酸、甲硫氨酸和苏氨酸的适宜比例为100 ∶ 31 ∶ 60；刁其玉提出羔羊的氨基酸平衡模型为赖氨酸、苏氨酸和色氨酸比值为100 ∶ 50.5 ∶ 14.3。云强等（2011）研究表明，8～16周龄犊牛的玉米-豆粕型开食料中适宜的赖氨酸、甲硫氨酸比例为3.1 ∶ 1。

氨基酸平衡模式的构建除与饲粮和动物本身有关外，还受研究方法的影响。动物理想氨基酸模式的研究方法主要有析因法、计量效应法、屠体法和氨基酸部分扣除法。许多研究指出析因法和剂量效应法易受其他因素的影响，结果都存在一定的问题。

陈正玲（2001）用三种方法确定的肉鸭理想氨基酸模式之间存在一定差异，屠体法测定的模式只能作为参考，剂量效应法测定的维持生长模式与氨基酸部分扣除法确定的模式相对较为接近，氨基酸部分扣除法确定的模式可能与肉鸭实际理想氨基酸模式更为接近。氨基酸部分扣除法是基于析因法和剂量效应法两者优点于一体的准确测定理想氨基酸模式的有效方法。通过扣除饲粮部分氨基酸观察动物的生长性能、饲料转化率、N沉积等指标，从而确定动物的氨基酸限制性顺序。Wang等（2011）采用氨基酸部分扣除法确定了猪的理想氨基酸模型，并作为NRC（2012）修订猪理想氨基酸模式的一个重要依据。但氨基酸扣除法在反刍动物理想氨基酸模式的研究中应用不多，有两篇研究采用氨基酸部分扣除法确定了犊牛和羔羊的理想氨基酸模式。Wang等（1990）采用氨基酸扣除法指出获得最大平均日增重时，0～2和4～6周龄犊牛的赖氨酸、甲硫氨酸和苏氨酸需求比例100 ∶ 35 ∶ 63和100 ∶ 27 ∶ 67。李雪玲等采用氨基酸扣除法确定了60～90日龄和90～120日龄羔羊获得最大平均日增重、料中比和DP时，赖氨酸、甲硫氨酸、苏氨酸和色氨酸的适宜比例为100 ∶ 44 ∶ 42 ∶ 8和100 ∶ 41 ∶ 38 ∶ 11，并且采用屠体法验证发现两种方法确立的羔羊氨基酸适宜比例相近。

目前氨基酸部分扣除法已应用于单胃动物的氨基酸限制性顺序及平衡模式的研究，但此方法在反刍动物尤其在生长牛理想氨基酸模式的研究方面应用较少。由于反刍动物的特殊消化生理，该方法是否适用于不同阶段生长牛的理想氨基酸模式研究需进一步验证，生长牛适宜的理想氨基酸模式研究方法也需进一步探索。

（三）牛生长阶段氨基酸需要量的研究

由于反刍动物的特殊消化过程，评定反刍动物的氨基酸需要量不能根据其摄入的氨基酸量进行评定，要根据其进入小肠并被吸收的氨基酸量进行综合评定，也就是根据代谢氨基酸量来确定。表5.2汇总了近年来国外学者Zinn（1988）对生长阶段牛的代谢氨基酸需要量的研究结果。我们可以看出体重、日增重均是影响生长阶段牛的氨基酸需要量的因素，并根据研究成果拟合出了生长肉牛甲硫氨酸的需要量模型METR＝1.956+0.0292*PG*+0.0290*W*（*PG*为蛋白增重，*W*为体重，R^2＝0.92），用此模型计算的氨基酸需要量与其动物试验测定的生长肉牛氨基酸需要量相近。Zinn等（1998）将上述公式具体化，得出了依据体重和日增重确定甲硫氨酸需要量的模型：METR＝1.956+0.0292×ADG[268–（29.4×0.0557$BW^{0.75}$×$ADG^{1.097}$）÷ADG]+0.112×$BW^{0.75}$，经过100头生长公牛的饲养试验验证得出本公式计算的小肠Met的提供量与实际测定量之间的相关性为0.99，此模型可用于计算肉牛生长阶段Met需要量。Montano等（2016）用192头公牛验证了NRC（2000）氨基酸需要量计算模型的准确性，认为NRC（2000）提供了可靠的计算饲粮提供给小肠代谢氨基酸量及生长牛代谢氨基酸的需要量的模型。但目前很少有研究证实此计算模型在生长牛增重关键时期的实用性。

表5.2　生长肉牛Met的需要量

体重/kg	日增重/kg	Met需要量/（g/d）	资料来源
55	0.25	0.48	Williams等（1974）
130	0.50	7.70	Mathers等（1979）
135	0.40	9.80	Williams等（1974）
200	1.00	12.90	Hutton等（1972）
274	0.73	12.60	Bergen等（1968）

由于瘤胃发酵的转化导致进入生长牛小肠的氨基酸的数量和种类不统一，计算到达小肠的氨基酸量非常困难，所以近些年有关建立不同阶段生长牛的氨基酸需要量模型的研究很少。但模型的建立是确定各阶段反刍动物氨基酸需要量的基础，通过模型的拟合确立各阶段生长牛的氨基酸需要量是有待研究的重点。模型建立需要以大批量数据为基础，但目前生长阶段后备牛的氨基酸需要量还处于空白，所以研究生长后备牛的氨基酸需要量、为后续模型的建立提供基础刻不容缓。微生物蛋白质是一种“高质量”的蛋白质，它会同过瘤胃蛋白质随食糜进入真胃和小肠，供动物体吸收和利用。大量研究表明，MCP可提供成年奶牛所需的绝大部分氨基酸；犊牛由于瘤胃发育不完善，MCP合成有限，微生物提供的氨基酸较少，其氨基酸主要由饲粮提供；生长牛的瘤胃发育基本完善，已具备基本的合成MCP的能力，所以MCP为生长牛氨基酸的另一主要来

源。因此，MCP的氨基酸组成也可能会影响生长牛的氨基酸平衡及需要量。

二、猪理想氨基酸模式

我国是个养猪大国，养猪业的可持续发展关乎国计民生，但氮排放污染和蛋白质饲料资源紧缺一直困扰着我国养猪业的发展，如何提高蛋白质在机体内的利用效率已成为动物营养与饲料科学这个专业领域关注的热点和难点问题之一。为了能够降低养殖成本、获取品质佳的肉产品和降低养殖场氮排放量，国内许多专家学者围绕猪的理想氨基酸模式做了大量工作，以期从中探索出一种经济、高效及环保的养殖模式。在当前我国养猪生产中，为追求生长速度而盲目参考美国NRC标准使用高蛋白质水平日粮，或因缺乏优质蛋白质原料不得不使用低质蛋白质原料并通过提高蛋白水平来满足猪对必需氨基酸的需要，这不仅造成有限蛋白饲料资源的巨大浪费，还对生态环境造成污染。而规模化养猪的不断推进更加剧了环境污染压力。

自1981年ARC采用理想氨基酸配比模式以来，理想氨基酸就得到业界的极大关注，猪理想氨基酸模式研究经过几十年的发展，各个国家也因此依据一些有关本国对猪的理想氨基酸需要量研究的结果对饲料行业标准做出了一定的更新。随着理想氨基酸模式的应用推广，理想氨基酸模式在实践中得到逐步完善，猪理想氨基酸模式应该与机体的生理机能相适应，机体对氨基酸的需要量会因蛋白质的沉积状况、繁殖性能、泌乳性能、维持状态的不同而不同。在维持状态下，动物对赖氨酸的需要量要比苏氨酸、含硫氨基酸等相对要低。小猪的理想氨基酸比例与较大的商品猪理想氨基酸配比存在较大的差异。

研究表明，生长猪的饲粮氨基酸需要量和各种氨基酸之间的比值保持一定，仅有各种氨基酸绝对含量上有一定差异。不同用途猪对氨基酸的利用及平衡模式也存在较大的区别，如表5.3和5.4所示，各国依据不同时间给出了不同种用途猪对各个氨基酸的利用及氨基酸平衡模式。

表5.3　标准化回肠可消化氨基酸的需要量模式

氨基酸	50kg生长猪		200kg怀孕母猪		200kg泌乳母猪	
	需要量/（g/d）	占赖氨酸比例/%	需要量/（g/d）	占赖氨酸比例/%	需要量/（g/d）	占赖氨酸比例/%
赖氨酸	1.34	100.0	1.85	100.0	2.46	100.0
精氨酸	0.73	54.4	0.91	49.1	2.04	83.1
组氨酸	0.47	35.2	0.64	34.8	1.05	42.7
异亮氨酸	1.17	87.7	1.58	85.6	2.06	83.8

续表

氨基酸	50kg生长猪		200kg怀孕母猪		200kg泌乳母猪	
	需要量/（g/d）	占赖氨酸比例/%	需要量/（g/d）	占赖氨酸比例/%	需要量/（g/d）	占赖氨酸比例/%
亮氨酸	1.67	124.9	1.92	103.6	2.84	115.4
蛋氨酸	0.37	27.7	0.49	26.4	0.54	22.0
蛋氨酸+胱氨酸	1.37	102.4	1.96	105.8	1.93	78.5
苯丙氨酸	1.21	90.5	1.33	72.0	1.90	77.1
苯丙氨酸+酪氨酸	1.97	147.7	2.42	130.8	3.31	134.3
苏氨酸	1.83	137.0	2.37	128.0	3.02	122.7
色氨酸	0.51	38.0	0.58	31.4	0.74	30.2
缬氨酸	1.58	118.1	2.01	108.7	3.50	142.3

注：引自Nutrient Requirements of Swine，2012。

表5.4 生长猪理想蛋白质氨基酸模式（占赖氨酸比例，%）①

氨基酸	ARC②（1981）	INRA（1984）	日本③（1993）	SCA（1990）	NRC④（1998）	NRC⑤（2012）
赖氨酸	100	100	100	100	100	100.0
精氨酸	—	29	—	—	39	54.4
组氨酸	33	25	33	33	22	35.2
异亮氨酸	55	59	55	54	54	87.7
亮氨酸	100	71	100	100	95	124.9
蛋氨酸	—	—	—	—	26	27.7
蛋+胱氨酸	55	59	51	50	57	102.4
苯丙氨酸	—	—	—	—	58	90.5
苯丙+酪氨酸	96	98	96	96	92	147.7
苏氨酸	60	59	60	60	64	137.0
色氨酸	15	18	15	14	18	38.0
缬氨酸	70	70	71	70	67	118.1

① 表中除NRC（1998和2012）以回肠真可消化氨基酸为基础外，基余均以总氨基酸为基础。

② 英国国家研究委员会（ARC）1981。

③ 30 ～ 70kg生长猪。

④ 20 ～ 50kg生长猪。

⑤ 50kg生长猪。

NRC（2012）猪的营养需要涵括了有关理想蛋白质氨基酸模式的最新成果，提出完整的表述氨基酸的需要及理想蛋白质氨基酸模式。迄今为止，猪的理想蛋白质模式研究最多的是生长肥育猪，近几年来逐渐向种猪及其他类型猪延伸。目前，畜禽蛋白质研究中，氨基酸营养、小肽营养及理想蛋白质氨基酸模式已经成为成熟的技术手段，生产上也是以可消化氨基酸和理想蛋白质为基础配制饲粮，以理想蛋白质为基础评价饲料蛋白质质量的方法，克服了用以化学评分、必需氨基酸指数及生物学效价评价蛋白质质量时缺乏可加性的缺点。运用理想蛋白质技术，不但可以提高蛋白质的利用率，也能够减少畜禽氮排泄的污染，对于提高动物生长速度、降低料重比、减轻环境污染、缓解蛋白质饲料资源短缺具有十分重要的意义。因此，理想蛋白质氨基酸模式的建立和完善具有重要的理论价值和实践意义。

由于母猪对蛋白质的摄入量受限，而用于胎儿组织（McPherson等，2004）和乳腺实质组织（Kim等，2011；Ji等，2006）生长以及猪乳合成（Revell等，1998；Jones和Stahly，1999）所需的营养会逐渐增加，导致妊娠后期和哺乳阶段的母猪处于营养负债状态。母体处于分解状态对胎儿和新生仔猪的生长极为不利，对仔猪的健康产生不利的影响，从而增加了仔猪的患病率和死亡率（Wu等，2006）。在蛋白质摄入量受限的情况下，尤其是在妊娠期和哺乳期，向母猪提供获得最大利用效率的理想平衡氨基酸是非常有必要的。为妊娠母猪建立理想蛋白质模式，有些重要因素需要考虑：① 胎儿生长所需要的氨基酸；② 乳腺组织生长所需要的氨基酸；③ 年轻母猪母体生长所需要的氨基酸。用于胎儿、乳腺和母体组织增重的氨基酸数量和构成的改变将影响妊娠母猪的理想氨基酸模式。蛋白质沉积和维持所需的氨基酸数量加起来构成了妊娠母猪的氨基酸需要量。妊娠母猪在妊娠前期和后期的氨基酸需要量不同，这些需要量也受妊娠期胎儿数量、乳腺数量、母猪体重和母体增重的影响。故母猪日粮中应用理想氨基酸模式具有非常重要的意义。

1992年Chung和Baker论述了仔猪的理想蛋白需要量，1994年Friesen论述了肥育猪的理想蛋白需要量，指出这种理想蛋白的概念最大的好处是以赖氨酸的需要量为标准，去衡量其它氨基酸的需要量。生长猪的理想氨基酸模式随着生长期不断更新，在生长早期用于维持的氨基酸占总量的比值较小，随后逐渐增加，生长猪实际需求氨基酸平衡决定饲粮氨基酸平衡。随着个体的逐渐成熟，在生长后期维持占比逐渐占主要，在生猪养殖业实际生产中应当根据需求调整饲养周期和饲粮氨基酸平衡模式，以期以最小的经济投入获得最大的效益。

陈澄（2015）在研究不同日粮蛋白质水平（氨基酸模式）对仔猪肝脏氨基酸代谢转化的影响时得出低蛋白质水平平衡氨基酸可以降低必需氨基酸在肝脏

中的代谢比例，提高氨基酸的利用效率、降低尿素的合成量，从而达到减少氮排放的目的。许庆庆（2017）研究低蛋白质水平理想氨基酸模式对育肥猪蛋白质利用及生长性能影响时得出，低蛋白质平衡氨基酸模式可以降低育肥猪盲肠中致病菌如变形菌门和螺旋菌门的丰度；在不影响育肥猪生长性能的情况下能降低3个百分点的日粮蛋白水平；显著减少育肥猪氮排放量，并提高能量利用效率。当前制约养殖业发展的首要因素为蛋白质原料的短缺，生长猪各个生长阶段的氨基酸模式存在较大的差异性，当饲粮氨基酸模式不断调整至无限接近生长猪实际氨基酸需求模式时，对氨基酸的利用率将无限接近100%。因此，在生猪养殖业的实际生产中，随着养殖阶段的不断调整，猪饲粮将需要做出相应的调整，最大程度地满足理想氨基酸需求模式，实现生猪的精准营养，从而改善养殖场环境，利于猪只健康。

刁其玉（2007）等认为，动物各种理想氨基酸模式中，均以必需氨基酸与赖氨酸的比例来描述的原因为：① 赖氨酸的作用主要是合成蛋白质；② 赖氨酸为日粮中的第一限制性氨基酸；③ 营养学家对赖氨酸营养需要量的研究成果较多；④ 对赖氨酸的分析比对其他氨基酸尤其是含硫氨基酸的分析简单准确；⑤ 动物对其他氨基酸的需要量没有赖氨酸高。

三、家禽理想氨基酸模式

长期以来，家禽给我们提供了大量的廉价优质的动物性蛋白质，这些动物蛋白质产品为家禽将人类不便利用的饲料蛋白转化而来的，而动物饲粮营养的有效性是动物产生高效营养的动物蛋白质产品的先决条件。为此，国内外许许多多的专家学者长期致力于禽理想氨基酸营养模式的研究。随着对家禽氨基酸需要模式的深入研究，动物营养学家发现不仅仅要为家禽提供充足的氨基酸，还需充分考虑各种氨基酸之间的配比（氨基酸之间的平衡模式），即理想氨基酸模式。所谓理想氨基酸模式是指饲粮提供能满足动物营养需要的各种氨基酸的最佳平衡点，且该平衡不能通过单一增减或替换饲粮中任何氨基酸而发生改变。理想氨基酸模式已广泛用于家禽生产，但是早期的氨基酸平衡是基于总氨基酸。为了更准确评定和满足动物营养需要，降低饲料成本，减轻环境负担，利用可消化氨基酸配制日粮越来越凸显其优势，因饲料原料中可消化氨基酸具有可加性，较总氨基酸更能反映其营养价值，故准确测定家禽可消化氨基酸需要量及饲料原料可消化氨基酸含量，已成为动物营养学研究热点之一。

通过比较多种鸡的理想氨基酸模式，总结了多位专家的研究数据（如表5.5）。尽管获得数据所采用的方法有所不同，但得到的理想氨基酸模式有良好的一致性。

表5.5　部分学者提出的鸡理想氨基酸模式（认可消化氨基酸为基础）

来源	产蛋鸡						肉鸡	
	Coon等（1999）	Leeson等（2005）	Rostagno（2005）	Bregendahl等（2008）	Lemme（2009）	NRC（1999）	NRC（1994）	Baker（1994）
赖氨酸	100	100	100	100	100	100	100	100
蛋氨酸	49	51	50	47	50	50	49	50
蛋氨酸+胱氨酸	81	88	91	94	91	86	82	72
苏氨酸	73	80	66	77	70	70	73	67
色氨酸	20	21	23	22	21	22	18	16
精氨酸	130	103	100	—	104	106	114	105
异亮氨酸	86	79	83	79	80	78	73	67
缬氨酸	102	89	90	93	88	86	82	77

家禽对氨基酸的代谢速度较快。经肠道吸收的氨基酸在体内用于组织蛋白的合成，氨基酸分解提供能量或转化生成糖和脂肪。由于线粒体内缺乏氨甲酰磷酸合成酶，不能获得氨甲酰磷酸与尿氨酸合成瓜氨酸，尿素循环不能形成。因此家禽氨基酸的代谢最终产物是尿酸。家禽氨基酸营养研究进展主要分为三个阶段：① 用可消化氨基酸消耗值取代了总氨基酸值；② 提出伊利诺斯家禽理想蛋白质的概念并制定出完善的理想氨基酸模型；③ 提出了肉仔鸡周龄饲喂的概念。

鸡理想蛋白质的研究较猪起步晚，1994年Bakker在总结多年研究数据的基础上，同时提出了伊利诺斯肉鸡理想蛋白模式。Pack（1996）在肉鸡理想蛋白模式基础上依据鸡的不同日龄阶段将其分为三个阶段（0～14日龄、15～35日龄、大于35日龄）。Lopez（1995）研究发现，家禽对饲粮粗蛋白质的有效利用仅为40%左右，其余的蛋白质则以粪氮及尿氮形式排出体外。如果按照理想氨基酸模式，在饲粮中添加合成氨基酸，可以大幅度降低饲粮粗蛋白质水平，提高机体对蛋白质的利用效率、降低氮排放量，从而达到降低饲料成本、改善养殖场环境的效果。目前，随着我国化工业生产的日渐成熟，价格便宜的合成氨基酸越来越多，如赖氨酸、蛋氨酸、色氨酸、苏氨酸等合成氨基酸的大量投入使用也使得低蛋白质饲粮的应用成为现实。Leeson（1996）研究表明，添加单体氨基酸的同时降低饲粮粗蛋白质水平不对蛋鸡的生产性能产生显著性影响。而Penz（1991）研究表明当饲粮粗蛋白质水平降低至13%时，即使添加赖氨酸、蛋氨酸及色氨酸，也会对鸡蛋重、蛋鸡体增重、料蛋比和鸡蛋蛋白及蛋黄含量产生显著影响。任冰等（2012）研究表明理想氨基酸模式下降低饲粮粗蛋白质水平对蛋鸡平均日采食量、日产蛋重及料蛋比均不产生显著性影响，可显著提高产蛋率，但有降低蛋鸡平均蛋重的趋势；会极显著影响鸡蛋的蛋白高度和哈氏单位，对蛋黄颜色也有显著影响，但对蛋壳厚度与蛋壳强度无显著影响；对鸡蛋蛋壳含量、蛋黄含量以及蛋黄含水率均无显著影响，但有降低蛋白含量的趋势。

第四节 理想蛋白质氨基酸模式的意义

一、有效地评定蛋白质的营养价值

由于蛋白质资源在日粮中的重要地位和蛋白质原料价格的逐年攀升，国内外对其营养价值的评定做了大量的研究，但利用各种化学方法、微生物方法甚至离体法、去盲肠法等，均无法充分考虑各种氨基酸之间的互作效应，更不能够对各种氨基酸在动物体内吸收利用情况作出明确阐述。动物理想氨基酸模式不仅综合考虑了各种氨基酸的互作平衡，还可以对饲料蛋白质中的可利用氨基酸做出系统评定。

二、确定动物对各种氨基酸的需要量

采用理想蛋白质氨基酸模式可以确立整理出一套理论上的氨基酸需要量。首先确定饲料蛋白质中赖氨酸的最佳浓度，然后按理想氨基酸模式固定它与其余必需氨基酸之间的最佳比例，求出其余必需氨基酸的最低限制性浓度，通过计算总必需氨基酸与非必需氨基酸之间的比例，最终得出理想蛋白质需要量。该种方法确定的理想氨基酸模式在1～5kg仔猪和50～100kg育肥猪阶段存在一定争议，需要综合多种方法确定最佳氨基酸模式。

三、有利于非常规蛋白质原料的开发

目前，我国蛋白资源严重短缺、价格高昂，每年需要向国外进口将近9000万吨的大豆。为降低饲料成本，来源丰富、价格低廉、氨基酸消化率较低且不平衡的非常规蛋白原料（如菜籽粕、棉籽粕等）大量用于饲料生产，以总氨基酸含量为基础配制动物饲粮面临一定的挑战。以真消化氨基酸为基础，通过添加适量的合成氨基酸来配制低蛋白平衡饲粮，不仅能在数量和比例上满足动物

机体对氨基酸的需要，还能提高机体对饲料蛋白质的利用效率，减少氮排放、降低饲料成本。陈朝江（2005）以可利用氨基酸指标为基础配制低杂粕及高杂粕两种饲粮，结果表明日粮中含10%棉粕和10%菜粕对产蛋后期蛋鸡的生产性能无显著影响。理想氨基酸模式利于非常规蛋白质原料在饲料生产中的大面积使用。以理想氨基酸模式拟合饲粮中常规蛋白质原料、非常规蛋白质原料及平衡氨基酸，在充分考虑环境因素、营养因素及生理状态等多种影响因素的条件下，将不会影响动物的生产性能，会极大程度地缓解饲料蛋白质资源短缺对养殖业造成的冲击。

四、预测动物生产情况

充分考虑氨基酸利用率的理想氨基酸模式，氨基酸利用效率达到最大，通过建立氨基酸投入与产出之间的关系，准确预测出动物生长及生产情况，有利于畜牧场管理。理想氨基酸模式还可以深化对氨基酸营养代谢机理、理想氨基酸模式与其他营养元素之间互作机理的认识。

五、提高氨基酸利用效率

利用理想蛋白质氨基酸模式，动物采食平衡氨基酸饲粮，可以提高氨基酸的有效利用率，减少排泄物中的氮含量，改善禽舍环境。Latshaw（2011）研究发现，当必需氨基酸相同时，蛋白质摄入量每增加1g，蛋鸡排出的粪氮就增加0.43%。而过多的氮以尿酸或尿素的形式排出，增加合成这些物质所需的ATP，所以平衡氨基酸对缓解笼养蛋鸡应激也有重要意义。

六、减少氮的排放量与节约蛋白质资源

理想蛋白质氨基酸模式是配制动物低蛋白饲粮的理论基础。目前，人们对畜禽养殖业造成的环境污染（尤其是氮、磷等的过量排放）的认识不断加深，而理想氨基酸模式可以为动物提供精准的氨基酸需要比例、平衡饲料氨基酸配比、较大程度地减少氮排放。因此，非常有必要考虑将理想氨基酸模式应用在动物的低蛋白饲料配方制作中。刘国华等（2006）试验表明，氨基酸平衡的低蛋白与高蛋白玉米-豆粕型日粮相比，显著降低鸡粪中水分、含氮量和挥发性盐基氮。Fuller等（1990）在生长猪上做了大量有关理想氨基酸模式的试验，运用理想氨基酸模式配合日粮可以明显降低粗蛋白质的含量。Applegate等（2008）试验结果表明，添加日粮氨基酸水平超出NRC推荐量并不能使生产性能达到更高水平，而且会使氮排放量增加，然而添加赖氨酸、蛋氨酸和苏氨酸的低蛋白

平衡日粮可明显降低氮摄入量和排出量。Yakout等（2010）研究表明，当饲粮粗蛋白水平降低2 ～ 3个百分点时，按照理想氨基酸模式添加晶体氨基酸、配制平衡日粮，能够维持产蛋鸡最佳生产性能且可以减少氮排放。因此，理想氨基酸模式在蛋鸡上的应用具有实用性和经济性，有利于减轻氮排放，提高对杂粕的利用效率，降低饲粮蛋白水平，为节约蛋白资源提供了一种有效的思路。应用理想氨基酸模式配置动物低蛋白饲粮，不仅能降低动物饲料成本，节约蛋白质资源，更重要的是降低养殖污染物的排放，改善养殖场周围环境，利于动物健康。过多的氮以尿酸和尿素的形式排放，消耗大量的ATP，增加动物的应激，不利于动物健康。

小结

理想氨基酸模式是设计日粮的基本准则，但日粮氨基酸经过PDV组织、肝脏的消化代谢，其数量与模式都发生了根本变化，与所设计的理想氨基酸模式相差甚远，无法与畜禽生长或生产所需的氨基酸相符。未来应对所谓的现有的理想氨基酸模式进行修正，使之真正成为理想氨基酸模式。

（万科，李铁军，孙志洪）

参考文献

[1] 陈澄. 日粮蛋白水平对仔猪肝脏氨基酸代谢转化的影响研究. 硕士学位论文，重庆：西南大学，2015.

[2] 陈正玲，王康宁. 家禽理想蛋白氨基酸模式[C]. 饲料营养研究进展——中国畜牧兽医学会动物营养学分会第四届全国饲料营养学术研讨会论文集，2002.

[3] 陈正玲. 不同方法确定肉鸭理想蛋白氨基酸模式的比较研究[D]. 博士学位论文，雅安：四川农业大学，2001.

[4] 刁其玉. 动物氨基酸营养与饲料[M]. 化学工业出版社，北京，2007.

[5] 董志岩，叶鼎承，李忠荣. 理想蛋白质氨基酸模式对生长猪生产性能、血清尿素氮及游离氨基酸的影响. 家畜生态学报，2010，31：34-38.

[6] 付国强，计成，马秋刚，等. 日粮蛋氨酸和赖氨酸水平对产蛋高峰期京红蛋种鸡生产和繁殖性能的影响. 中国畜牧杂志，2013，49：31-35.

[7] 郭荣富，陈克嶙，张曦. 反刍动物限制性氨基酸营养及其氨基酸模式. 中国饲料，2001（01）：19-20.

[8] 何逾. 饲粮的最佳氨基酸模式. 四川农业大学学报，1993，11：207-212.

[9] 计成，贺高峰，丁丽敏. 产蛋鸡理想蛋白模式的研究. 中国农业大学学报，1999，4：97-101.

[10] 焦万洪，李莉. 生长育肥猪理想蛋白氨基酸模式. 中国畜禽种业，2015（11）：76-76.

[11] 康萍. 3 ～ 6周龄北京鸭理想氨基酸模式的研究[D]. 硕士学位论文，西北农林科技大学，2005.

[12] 李德发，王康宁，谯仕彦. 猪饲养标准[C]. 山东畜牧兽医学会养猪专业委员会第一届学术研讨会论文集，2007.

[13] 李飞，呙于明，袁建敏，等. 产蛋鸡日粮氨基酸供给模式的比较研究. 中国畜牧杂志，2000，26：18-20.
[14] 李建文，陈代文，张克英. 免疫应激对仔猪理想氨基酸平衡模式影响的研究. 畜牧兽医学报，2006，37：34-37.
[15] 李强. 固始鸡氨基酸需要量的研究. 河南农业大学，硕士学位论文，2004.
[16] 李雪玲，柴建民，张乃锋. 断奶羔羊4种必需氨基酸限制性顺序和需要量模型探索. 动物营养学报，2017，29：106-117.
[17] 李雪玲，柴建民，陶大勇，等. 氨基酸模式在幼龄畜禽营养与日粮中的应用. 家畜生态学报，2016，37：7-11.
[18] 李媛，刁其玉，屠焰. 肉牛及奶牛生长阶段饲粮的氨基酸限制性顺序及理想氨基酸模式研究现状. 饲料工业，2018，39：63-67.
[19] 梁鸿雁，高宏伟. 单胃动物理想蛋白质与氨基酸模式的研究进展. 饲料博览，2001（05）：8-10.
[20] 刘宝山. 猪理想氨基酸平衡模式及其在生产中的应用. 今日畜牧兽医，2008，（07）：63-65.
[21] 刘庚，任冰，武书庚. 论理想AA模式在蛋鸡营养中的应用. 中国畜牧杂志，2012，48：76-80.
[22] 刘庚，武书庚，计峰. 30～38周龄产蛋鸡理想氨基酸模式的研究. 动物营养学报，2012，24：1447-1458.
[23] 刘雅正，王立新. NRC（2012）生长猪日粮氨基酸需要量. 国外畜牧学：猪与禽，2014（01）：47-48.
[24] 刘志友. 敖汉细毛羊小肠可吸收氨基酸理想模式的研究[D]. 硕士学位论文，呼和浩特：内蒙古农业大学，2009.
[25] 卢艳敏. 生长獭兔氨基酸需要量及理想蛋白模式的研究[D]. 硕士学位论文，石家庄，河北农业大学，2003.
[26] 任冰，武书庚，计峰. 理想氨基酸模式下低粗蛋白质饲粮对蛋鸡生产性能的影响. 动物营养学报，2012，24：1459-1468.
[27] 任冰. 理想氨基酸模式下低蛋白日粮对产蛋鸡生产性能及氨氮排放的影响[D]. 硕士学位论文，杨凌，西北农林科技大学，2012.
[28] 孙永刚. 低能量水平下产蛋鸡高峰期适宜蛋白、蛋氨酸需要量的确定及理想蛋白模式的研究[D]. 硕士学位论文，郑州：河南农业大学，2010.
[29] 孙志洪，谭之良，汤少勋. 蛋氨酸和赖氨酸源对生长山羊氮的消化、利用以及十二指肠氨基酸流量的影响[C]. 中国畜牧兽医学会动物营养学分会第十次学术研讨会论文集，2008.
[30] 田冬冬. 低能量水平下商品蛋鸡苏氨酸适宜需要量的研究[D]. 硕士学位论文，郑州：河南农业大学，2012.
[31] 王洪荣. 反刍动物氨基酸营养平衡理论及其应用. 动物营养学报，2013，25，669-676.
[32] 王欢莉，王洪荣，徐爱秋. 瘤胃微生物理想氨基酸模式的建立. 中国畜牧杂志，50：62-66.
[33] 王梦芝，曹恒春，李国祥. 反刍动物的理想氨基酸与小肠氨基酸供给模式的研究. 饲料工业，2007，28：42-46.
[34] 王旭. 骡鸭（四川番鸭♂×花边鸭子♀）赖氨酸需要量及理想氨基酸模式的研究[D]. 硕士学位论文，武汉：华中农业大学，2012.
[35] 王瑶，孙志洪，许庆庆. 氨基酸平衡低蛋白质日粮对育肥猪肠道黏膜抗菌肽与微生物区系的影响. 畜牧兽医学报，2017，48：2323-2336.
[36] 伍喜林，杨凤，周安国. 动物理想蛋白模式的研究方法及应用[C]. 第四届全国饲料营养学术研讨会论文集，2002.
[37] 伍喜林. 理想氨基酸模式在畜禽生产中的理论与实践. 粮食与饲料工业，1994（04）：25-29.
[38] 郗学鹏，王红芳，胥保华. 基于理想蛋白氨基酸模式评定蜜蜂蛋白质饲料. 中国蜂业，2017，68：24-28.
[39] 许庆庆. 低蛋白日粮平衡谷氨酸对育肥猪蛋白质利用及生长性能的影响研究[D]. 硕士学位论文，重庆：西南大学，2017.
[40] 印遇龙. 猪氨基酸营养与代谢[M]. 北京：科学出版社，2008.

[41] 云强，刁其玉，屠焰. 日粮中赖氨酸和蛋氨酸比对断奶犊牛生长性能和消化代谢的影响. 中国农业科学，2011，44：133-142.

[42] 张洁. 理想氨基酸模型周龄饲喂对肉仔鸡生产性能及几种代谢指标的影响[D]. 硕士学位论文，乌鲁木齐：新疆农业大学，2004.

[43] 张庆丽，谭支良，贺志雄，等. 营养限制对断奶羔羊血浆和胃肠道上皮组织抗氧化能力的影响. 动物营养学报，2010，22：1320-1327.

[44] 张维. 早期断奶仔猪蛋白质需要量的研究[D]. 硕士学位论文，杨凌：西北农林科技大学，2007.

[45] 赵胜军. 不同氨基酸模式对绒山羊皮肤氨基酸利用的影响及机理[D]. 硕士学位论文，呼和浩特：内蒙古农业大学，2004.

[46] 甄吉福，许庆庆，李貌. 低蛋白质饲粮添加谷氨酸对育肥猪蛋白质利用和生产性能的影响. 动物营养学报，2018，30，114-121.

[47] 甄吉福. 传统低蛋白日粮添加丙酮酸对生长育肥猪氮排放及氨基酸利用的影响研究[D]. 硕士学位论文，重庆：西南大学，2018.

[48] 甄玉国，卢德勋，王洪荣，等. 内蒙古白绒山羊小肠可吸收氨基酸目标模式和消化率的研究. 动物营养学报，2004，16：41-48.

[49] 郑春田，李德发. 猪鸡氨基酸需要量和理想氨基酸模式. 中国饲料，1999（22）：20-22.

[50] 郑秋锋，刘建新，吴跃明. 生长肥育猪理想氨基酸模式的探讨. 养猪，2002（04）：17-19.

[51] 王建红，刁其玉，许先査. 日粮Lys、Met和Thr添加模式对0-2月龄犊牛生长性能、消化代谢与血清学生化指标的影响. 中国农业科学，2011，48，152-161.

[52] Kim S W，Chaytor A，Shen Y B等. 对妊娠母猪应用的理想蛋白质模式及其对氨基酸的需要量. 养猪，2011（03）：29-30.

[53] Abe M，Iriki T，Koresawa Y，*et al.* Adverse effects of excess DL-methionine in calves with different body weights. Journal of Animal Science，1999，77：2837-2845.

[54] Barber R S，Braude R，Chamberlain A G. Protein quality of feeding-stuffs. 3. comparative assessment of the protein quality of three fish meals given to growing pigs. British Journal Of Nutrition，1964，18：545-554.

[55] Kerr B J，Urriola P E，Jha R，*et al.* Amino acid composition and digestible amino acid content in animal protein by-product meals fed to growing pigs. Journal of Animal Science，2019，97：4540-4547.

[56] Duodu C P，Adjei-Boateng D，Edziyie R E，*et al.* Processing techniques of selected oilseed by-products of potential use in animal feed：Effects on proximate nutrient composition. Animal Nutrition，2018，4：442-451

[57] Damgaard T，Lametsch R，Otte J. Antioxidant capacity of hydrolyzed animal by-products and relation to amino acid composition and peptide size distribution. Journal of Food Science and Technology，2015，52：6511-6519.

[58] Hill S R，Knowlton K F，Daniels K M. Effects of milk replacer composition on growth，body composition，and nutrient excretion in preweaned Holstein heifers. Journal of Dairy Science，2008，91：3145-3155.

[59] Hill T M，Ii H G B，Aldrich J M. Optimal concentrations of lysine，methionine，and threonine in milk replacers for calves less than five weeks of age. Journal of Dairy Science，2008，91：2433-2442.

[60] Hou Y，Yin Y，Wu G. Dietary essentiality of nutritionally non-essential amino acids for animals and humans. Experimental Biology and Medicine，2015，240：997-1007.

[61] Howard H W，Monson W J，Bauer C D. The nutritive value of bread flour proteins as affected by practical supplementation with lactalbumin，nonfat dry milk solids，soybean proteins，wheat gluten and lysine. The Journal of Nutrition，1958，64：151-165.

[62] Wang J P，Jung J H，Kim I H. Effects of dietary supplementation with delta-aminolevulinic acid on growth performance，hematological status，and immune responses of weanling pigs. Livestock Science，2011，140：131-135.

[63] D'Mello J P F，Lewis D. Amino acid interactions in chick nutrition. 4. Growth，food intake and plasma amino acid patterns. British Poultry Science，1971，12：345-358.

[64] Keshavarz K，Austic R E. The use of low-protein，low-phosphorus，amino acid- and phytase-supplemented diets on laying hen performance and nitrogen and phosphorus excretion. Poultry Science，2004，83：75-83.

[65] Latshaw J D，Zhao L. Dietary protein effects on hen performance and nitrogen excretion. Poultry Science，2011，90：99-106.

[66] Fuller M F，Mennie I，Crofts R M J. The amino acid supplementation of barley for the growing pig. British Journal of Nutrition，1979，41：333-340.

[67] Macrae J C，Walker A，Brown D. Accretion of total protein and individual amino acids by organs and tissues of growing lambs and the ability of nitrogen balance techniques to quantitate protein retention. Animal Production，1993，57：237-245.

[68] Mansano C F M，Macente B I，Nascimento T M T. Amino acid digestibility of animal protein ingredients for bullfrogs in different phases of post-metamorphic development. Aquaculture Research，2017，48，4822-4835.

[69] Mansilla W D，Silva K E，Cuilan Z，*et al.* Ammonia-nitrogen added to low-crude-protein diets deficient in dispensable amino acid-nitrogen increases the net release of alanine，citrulline，and glutamate post-splanchnic organ metabolism in growing pigs. The Journal of Nutrition，2018，148：1081-1087.

[70] Manríquez O M，Montano M F，Calderon J F，*et al.* Influence of wheat straw pelletizing and inclusion rate in dry rolled or steam-flaked corn-based finishing diets on characteristics of digestion for feedlot cattle. Asian-Australasian Journal of Animal Sciences，2016，29：823-829.

[71] Opapeju F O，Rademacher M，Blank G，*et al.* Effect of low-protein amino acid-supplemented diets on the growth performance，gut morphology，organ weights and digesta characteristics of weaned pigs. Animal，2008，2：1457-1464.

[72] Sohail M A，Cole D J，Lewis D. The variation in the concentration of plasma amino acids and blood urea in pregnant sows. Veterinary Record，1978，102：55-58.

[73] Papas A. Protein requirements of Chios sheep during maintenance. Journal of Animal Science，1977，44：665-671.

[74] Papas A M，Sniffen C J，Muscato T V. Effectiveness of rumen-protected methionine for delivering methionine postruminally in dairy cows. Journal of Dairy Science，1984，67：545-552.

[75] Penz A M，Jensen L S. Influence of protein concentration，amino acid supplementation，and daily time of access to high- or low-protein diets on egg weight and components in laying hens. Poultry Science，1991，70：2460-2466.

[76] Rafiq S，Huma N，Pasha I. Chemical composition，nitrogen fractions and amino acids profile of milk from different animal species. Asian-Australasian Journal of Animal Sciences，2015，29：1022-1028.

[77] Sohail M A，Cole D J，Lewis D. The variation in the concentration of plasma amino acids and blood urea in pregnant sows. Veterinary Record，1978，102：55-58.

[78] Wang T C，Fuller M F. The optimum dietary amino acid pattern for growing pigs. 1. Experiments by amino acid deletion. British Journal of Nutrition，1989，62：77-89.

[79] Tiwari U，Kerr B，Jha R. Nutrient and amino acids digestibility of animal protein byproduct in swine，determined using an in vitro model. Journal of Animal Science，2018，96：312-312.

[80] NRC. Nutrient Requirements of Swine. 11th ed. National Academy Press，Washington，DC，2012.

[81] Van Harn J，Dijkslag M A，Van Krimpen M M. Effect of low protein diets supplemented with free amino acids on growth performance，slaughter yield，litter quality，and footpad lesions of male broilers. Poultry Science，2019，98：4868-4877.

[82] Wang T C，Fuller M F. The effect of the plane of nutrition on the optimum dietary amino acid pattern for growing pigs. Animal Production，1990，50：155-164.

[83] Wu G，Bazer F W，Dai Z. Amino acid nutrition in animals：protein synthesis and beyond. Annual Review of Animal Biosciences，2014，2：387-417.
[84] Wu G. Endogenous synthesis of amino acids is insufficient for animal lactation，reproduction and growth. Journal of Animal Science，2018，96：386-387.
[85] Wu Z，Hou Y，Yin Y，*et al*. Dietary requirements of synthesizable amino acids by animals. Amino Acids，2015，47：1638-1639.

第六章

畜禽日粮氨基酸配方设计

饲料是畜牧生产的物质基础，畜牧业的发展与饲料工业的发展状况密切相关，饲料成本决定畜牧业的经济效益。在通常情况下，饲料成本占总养殖生产成本的70%左右，因而科学地配制饲料、降低饲料费用支出是发展畜牧业的重要手段。饲料配方技术是饲料生产的关键环节之一，饲料配方的水平决定饲料企业的产品质量和经济效益。随着动物营养学和计算科学的不断进步，饲料配方的技术水平也不断向前发展。现代饲料配方设计实际是一个多技术的复合体，是现代动物营养学、饲料学及生理、生化等相关学科研究成果的综合体现。

第一节　配方设计的原理与方法

根据动物的营养需要、生理特点、饲料的营养价值、饲料原料的供求状况及价格等，合理确定各种饲料配合比例，这种配合比就是饲料配方。确定饲料配方的过程就是饲料配方设计。配方设计是一项技术性和实践性很强的工作，饲料配方水平决定产品的质量，它不仅要求设计者具有一定的动物营养及饲料学、生理生化、统计学及计算机科学等综合知识，而且要求具有一定实践经验。配方设计是饲料生产、动物养殖和营养学研究中经常要进行的工作。

一、配方设计的内容

（一）饲料原料及饲料配比

饲料原料的配比与饲料原料组成是饲料配方的核心内容。饲料配合比例一般情况下用百分率表示。有时候为了生产方便，直接按照饲料加工企业设备情况转化成质量（例如kg），即按照混合机一批混合量表示。

饲料原料组成包括饲料原料的种类、价格、营养成分含量及其质量要求。选用饲料原料在营养成分含量上不一定必须符合国家或行业标准，是否采购和选用应根据市场供应情况、价格、营养成分含量和营养价值综合评价确定。

（二）饲料产品的主要质量指标

即采用合格的原料，以及与之相匹配的加工工艺。用该饲料配方生产出来的产品的营养成分指标，一般有粗蛋白和必需氨基酸、粗灰分、粗纤维、钙、磷、维生素、微量元素等，必要时还应包括与配方有关的其他指标。

（三）其他

为符合特殊加工要求和新产品开发，还应包括加工工艺要求、加工质量要求、饲料产品编号、饲料产品质量、饲料标签、饲料产品的使用方法及说明。

二、配方设计的理念

配方设计的原理是使各原料配合后的能量、蛋白质、必需氨基酸、微量元素等满足畜禽生产的需要。通过营养学家在营养方面的研究，确定了不同动物阶段的物质需要量，即营养标准。配方设计就是使饲料配合后营养素的含量不低于营养标准。

（一）营养平衡性

营养平衡是指饲料中提供的营养素种类与数量比例能满足动物不同生理阶段的需要，并可保证所有饲养动物的机体健康和生产性能的发挥正常。目前已知的动物营养物质有50多种，其中绝大部分需要由饲料供给，少部分可在动物体内合成，但合成这类物质的原料还需要由饲料供给。饲料配方中应含有动物所需的全部营养物质或其合成原料，即营养要全面。营养性是饲料配方设计的最根本原则，它是指所设计的配方不仅能保证动物对各单一养分的需要量，而且要通过平衡各营养物质之间的比例，调整各饲料间的配比关系，保证最终产品的营养是按动物的不同生长发育阶段的营养需要予以设计，能全面满足动物正常生长或生产所需的各种营养物质，包括能量、氨基酸、脂肪酸以及矿物质和维生素等。还要考虑各营养素的利用率及其相互间的比例关系，如蛋白质与能量、氨基酸与维生素、氨基酸之间、维生素之间、氨基酸利用率、维生素活性等。

传统的营养学重点关注营养素及其水平，饲料配方设计时强调营养水平之间的平衡。然而，生产实践发现，相同营养素和营养水平的不同配方，饲用效果差异很大，其核心问题就是营养源及营养源组合的差异。营养素的来源是多种多样的，如能量有糖类来源也有蛋白质来源的；蛋白质可是植物性蛋白也可是动物性蛋白；矿物质也可分为无机源和有机源。因此，饲料配方应以营养结构为基础进行设计，突破传统的营养平衡的内涵。营养结构是指饲料的营养素、营养源以及促营养素的构成关系。营养结构包括四级结构。营养的一级结构是指饲料营养素及其相互关系，如能量、蛋白质、氨基酸、维生素、水、矿物质等营养素及其相互关系。营养的二级结构是指提供营养素的营养源及其相互关系，如提供蛋白质的酪蛋白、大豆蛋白、玉米蛋白、鱼粉蛋白及其相互关系。营养的三级结构是指营养素与营养源的相互关系，如以脂肪作为能源时，有机源比无机源可能更好，但以糖类作为能源时，无机源与有机源差异可能更小。营养的四级结构是指营养素、营养源以及促营养素的相互关系，如作为能量源的小麦与酶制剂同时添加，小麦有效能值就可提高。科学的营养结构既是配制饲料的指南，又是检验饲料质量的标准。因此，饲料配方设计的平衡性应以营养结构的平衡为标准。

（二）生理适应性

由于生理特点不同，动物对饲料会有一些特殊的要求。幼龄动物消化机能差、采食量低、生长发育快，营养需要量相对大，要求营养更全面。因此，饲料/配合饲料产品应易消化、营养水平高、营养全面且平衡；动物生产性能越高，要求饲料可消化性越好，否则，不能满足实现生产性能的需要，影响生产性能的发挥；粗纤维含量影响营养配合饲料总有机物的可消化性，影响采食量。以鸡为例，由于鸡的消化道短，对粗纤维消化能力差，饲料中粗纤维含量一般不宜超过5%，否则会使养分利用率降低。

动物实际摄入养分量，不仅取决于配合饲料的养分浓度，而且还取决于采食量。其中饲料的适口性会影响动物的采食量，从而影响动物实际摄入的养分量，养分全面、充足、平衡的配合饲料，如果适口性差，动物的采食量会下降。在养分浓度不变的情况下，则实际摄入的养分量减少，以至于未能满足动物生长和生产的需要，造成营养不良。所以，适口性较差的饲料，如棉籽饼、菜籽饼、血粉等不宜多用，或者要加一些增味剂改善配合饲料的适口性。

在确定饲料原料的用量时，还应注意避免添加过量对动物产生毒害作用。不少饲料原料中含有一定量的抗营养因子。例如，菜籽饼中含有可以造成甲状腺肿大和其他代谢障碍的物质；棉籽饼中含有能引起代谢障碍的棉酚和使鸡蛋变质的环丙烯类似物；大豆饼中含有能引起仔猪腹泻的过敏原；鱼粉中含有使肉仔鸡肌胃糜烂的肌肉糜烂素；高粱中含有较多能影响养分消化的单宁等。这些抗营养因子在配合饲料中含量过多时就会造成不良后果，设计配方时必须注意。

（三）经济安全性

在畜禽的生产中，饲料费占了很大比例，一般要占养殖成本的70%以上。

饲料成本的高低对养殖业的效益影响很大。饲料厂能否生产出优质低价的饲料，是产品有无竞争力的主要因素。设计饲料配方时不单要考虑产品的质量，还要考虑经济效益。因此，在配合日粮时，一方面要尽量选择多种饲料原料，使营养更加平衡；另一方面要充分利用饲料的替代性，就地选材，选择营养丰富、价格低廉的饲料原料来配合日粮，以降低成本、提高经济效益。同时，配合饲料必须注意混合均匀，才能保证配合饲料的质量。

饲料安全关系畜禽健康，更关系到食品安全和人们的健康，所以配制的饲料要符合国家饲料卫生质量标准，饲料中含有的物质、品种和数量必须控制在允许范围内，有毒物质、药物添加剂、细菌总数、重金属等不能超标。

三、配方设计的方法

全价配合日粮首先要设计日粮配方，有了配方，然后“照方抓药”。如果配方设计不合理，即使精心制作，也生产不出合格的饲料。配方设计的方法很多，主要有交叉法、试差法、计算机法等。

（一）交叉法

例如将粗蛋白含量为20%和30%的玉米和豆粕配制成蛋白质含量为26%的混合饲料。则可以将两种原料含量标为叉状（如图6.1所示）。两条线分别相减（大值减小值），所得结果为相应的原料含量。

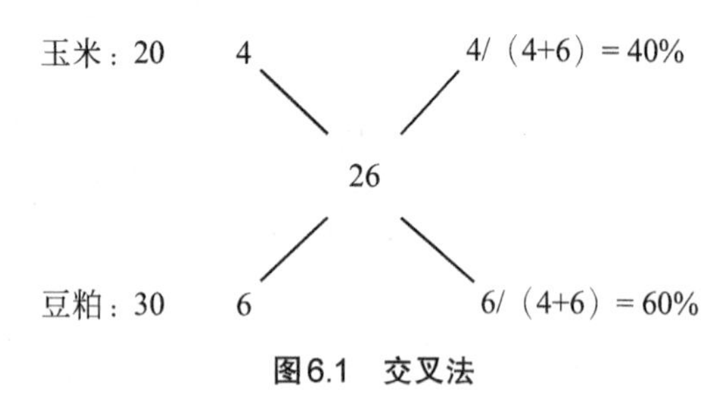

图6.1 交叉法

即玉米所占份数为4，豆粕为6，换成百分含量为40%和60%。多次交叉法运算也可以满足多种营养素的要求。

（二）试差法

此法又称凑数法。其方法是根据经验初步拟出各种饲料原料的大致比例，求出该配方每种养分的总量。并将所得结果与饲养标准进行对照，养分不足或超过部分通过重新调整直至营养指标基本满足为止。试差法是目前我国较为普遍采用的方法，简单易学，可进行各种饲料的配方计算。缺点是计算繁琐，有一定的盲目性，不易筛选出最佳配法。

（三）计算机法

运用计算机求解是通过饲料配方软件来实现的。它的基本原理是利用线性规划来优化饲料以满足畜禽的日粮营养需要。只要确定适合的目标函数，则能有效获得最低成本配方。将所需要设计的配方转化为数学模型后，建立线性规划的形式，可以用单纯形法来求解。单纯形法首先通过迭代找到基本可行解，然后再寻找最优解，最后得到满意配方。目标规划的解法与线性规划类似。单纯形法可以利用计算机进行编程计算，线性规划可以直接采用一些软件如Excel、SAS等求解。

第二节　饲料氨基酸组成及氨基酸营养

饲料原料干物质中粗蛋白质含量大于或等于20%、粗纤维含量小于18%的饲料称蛋白质饲料。蛋白质饲料可分为植物性蛋白质、动物性蛋白质、单细胞蛋白质、非蛋白氮饲料。这类饲料营养丰富，特别是蛋白质丰富、粗纤维含量低、可消化养分多、能值较高，是配合饲料的重要原料之一。

一、植物性蛋白质饲料

植物性蛋白质饲料包括豆类籽实、饼粕类和其他植物性蛋白质饲料。这类蛋白质饲料是动物生产中使用量最多、最常用的蛋白质饲料。

（一）豆类籽实

豆类籽实包括大豆、豌豆、蚕豆等。大豆蛋白质含量为32%～40%，生大豆中蛋白质多属水溶性蛋白质（约90%），加热后即溶于水。氨基酸组成良好，植物蛋白质普遍缺乏的赖氨酸含量较高，如黄豆和黑豆分别为2.30%和2.18%，但含硫氨酸较缺乏。大豆脂肪含量高，达17%～20%，其中不饱和脂肪酸较多，生大豆中存在多种抗营养因子，直接饲喂会造成动物腹泻和生长抑制，因此，生产中一般需加热破坏胰蛋白酶和其他抗营养因子后再使用（Ao等，2010）。豌豆风干物中粗蛋白质含量约24%，蛋白质中含有丰富的赖氨酸，而其他必需氨基酸含量都较低，特别是含硫氨基酸与色氨酸。

（二）饼粕类

饼粕类是豆科植物籽实或其它科植物籽实提取大部分后的副产品。由于原料不同和加工方法不同，营养及饲用价值有相当大的差异。饼粕类是配合饲料的主要蛋白质原料，这类饲料常用的有大豆饼粕、棉籽饼、菜籽饼、花生饼等。大豆饼粕粗蛋白含量高，一般在40% ～ 50%，必需氨基酸含量高，组成合理。赖氨酸含量在饼粕类中最高，为2.4% ～ 2.8%。赖氨酸与精氨酸比约100 ∶ 130，比例较为适当。若配合大量玉米和少量鱼粉，很适合家禽氨基酸营养需要（单芝单，2010）。异亮氨酸含量是饼粕类饲料中最高者，约18%，是和缬氨酸比例最好的一种。大豆饼粕色氨酸、苏氨酸含量也很高，与谷物类饲料配合可起到互补作用。蛋氨酸含量不足，在玉米+大豆饼粕为主的饲料中，一般需要添加额外的蛋氨酸才能满足畜禽营养需要。以豆粕为唯一氮源的蛋白质饲料中，添加蛋氨酸可提高猪的生产性能，若同时添加蛋氨酸、赖氨酸和苏氨酸，可进一步提高猪的生产性能。菜籽饼粕是一种良好的蛋白质饲料，其粗蛋白含量较高，为34% ～ 38%。氨基酸组成平衡，含硫氨酸较多，精氨酸含量较低，精氨酸和赖氨酸比例适宜，是一种平衡良好的饲料，但因含有毒物质，其应用受到限制。棉籽饼粕粗蛋白含量较高，达34%以上，氨基酸中赖氨酸较低、蛋氨酸低、精氨酸含量较高、赖氨酸与精氨酸之比在100 ∶ 270以上。品质好的菜籽饼粕是猪良好的蛋白质饲料原料，可代替猪饲料中50%的大豆饼粕，但需要补充赖氨酸、钙、磷等。

（三）其他植物性蛋白质饲料

玉米蛋白粉是玉米加工的主要副产物之一，其粗蛋白质含量在40% ～ 60%，氨基酸组成不佳，蛋氨酸、精氨酸含量高，赖氨酸和色氨酸严重不足，赖氨酸与精氨酸之比达100 ∶（200 ～ 250），与理想比值相差甚远。玉米蛋白粉用于鸡饲料可节约蛋氨酸，着色效果明显。玉米蛋白粉对猪适口性好，易消化吸收，与大豆饼粕配合使用可一定程度平衡氨基酸，用量在15%左右，大量使用应添加合成氨基酸。

二、动物性蛋白质饲料

动物性蛋白质饲料主要指水产动物、畜禽及乳制品等加工副产品，包括鱼粉、肉骨粉、血粉、羽毛粉等。

（一）鱼粉

鱼粉是用一种或多种鱼类为原料经过一定工艺加工后的高蛋白质饲料。鱼粉主要的营养特点是蛋白质含量高，一般来说脱脂全鱼粉的粗蛋白含量高达60%以上。氨基酸组成齐全、平衡，尤其是主要氨基酸与猪、鸡体组织组成基本一致。鱼粉不仅是一种优质蛋白质，而且是一种不易被其他蛋白质饲料完全取代的动物性蛋白质饲料。由于其不饱和脂肪酸含量较高并且具有鱼腥味，故在家禽饲料中使用量不可过多，否则导致畜产品异味。

（二）肉骨粉与肉粉

肉骨粉是以动物屠宰后不宜食用的下脚料及其加工剩余肉为原料，经过高温消毒、干燥粉碎制成的粉状饲料。肉粉是以纯肉或碎肉制成的饲料。因原料组成和肉、骨的比例不同，肉骨粉的质量差异较大，粗蛋白质为20%～50%，赖氨酸1%～3%，含硫氨酸3%～6%，色氨酸低于5%。肉骨粉和肉粉虽作为一类蛋白质饲料原料可与谷物类饲料搭配，补充谷类蛋白质的不足，但肉骨粉由于其原料组成物质可能含有毛、蹄、角、血等废弃物，所以品质变异很大，还可能由于其加工处理不当，或储存不善，总体饲喂效果较鱼粉差。

（三）血粉

血粉是以畜、禽血液为原料，经过脱水加工而成的粉状动物性蛋白质补充饲料。其干物质中粗蛋白质含量一般在80%以上，赖氨酸含量居天然饲料之首，达6%～9%，色氨酸、亮氨酸、缬氨酸含量也高于其他动物性蛋白质，但缺乏异亮氨酸、蛋氨酸，总的氨基酸组成非常不平衡。血粉适口性差，饲料血粉添加量不宜过高。

三、单细胞蛋白质饲料

单细胞蛋白质是单细胞或具有简单构造的多细胞生物的菌体蛋白质的统称，也称微生物蛋白质饲料。目前可供作饲料用的单细胞蛋白质微生物主要有酵母、真菌、藻类和非病原学细菌四大类。

单细胞蛋白质必需氨基酸组成和利用率与优质豆饼相似，其蛋白含量高达40%～80%。酵母是最早广泛用于单细胞蛋白生产的微生物。酵母中含蛋白质45%～50%，是一种接近鱼粉的优质蛋白。细菌蛋白的蛋白含量占干重的3/4以上，在补充硫氨酸以后，它的营养成分与大豆分离蛋白相近。含单细胞蛋白的饲料，其消化率比常规蛋白质低10%～15%，原因为单细胞蛋白中含有毒菌肽，能与饲料蛋白质结合，阻碍蛋白质的消化。同时，单细胞蛋白中还含有一些不能被消化的物质（如甘露聚糖），对饲料干物质的消化起负作用。饲喂单细胞蛋白也可带来氨基酸供应不衡的弊端。在单细胞蛋白的加工过程中可添加适量的精氨酸，使之与赖氨酸的比例合理，同时还应添适量蛋氨酸以弥补单细胞蛋白中蛋氨酸的不足（孔祥霞等，2016）。

畜禽的营养来源主要是饲料，因此了解饲料原料的成分及营养含量是设计饲料配方的根据。饲料原料营养成分（如粗蛋白、粗纤维等）由营养学家测定，可以使用户清楚地了解饲料原料，设计出合理的饲料配方。根据中国饲料数据库情报中心每年发布的《中国饲料成分及营养价值表》，可以了解到常规饲料的氨基酸含量（表6.1）。

表6.1 中国饲料成分及营养价值表（第28版）

单位：%

序号	饲料名称（Feed Name）	干物质（DM）	粗蛋白质（CP）	精氨酸（Arg）	组氨酸（His）	异亮氨酸（Ile）	亮氨酸（Leu）	赖氨酸（Lys）	蛋氨酸（Met）	胱氨酸（Cys）	苯丙氨酸（Phe）	酪氨酸（Tyr）	苏氨酸（Thr）	色氨酸（Trp）	缬氨酸（Val）
1	玉米	86.0	80	89	87	86	89	75	87	83	87	79	80	77	85
2	膨化玉米	90.0	87	88	81	78	71	84	93	77	75	82	61	69	73
3	高粱（单宁含量≤0.2%）	86.0	77	81	74	41	96	67	79	63	95	69	76	74	94
4	高粱(0.5%≤单宁含量≤1.0%)	87.9	69	70	66	45	96	62	79	62	99	70	76	74	96
5	小麦	87.0	88	91	88	89	89	82	88	89	90	88	84	88	88
6	大麦	87.0	79	85	81	79	81	75	82	82	81	78	76	82	80
7	黑麦	88.0	83	79	79	78	79	76	81	82	72	76	74	76	77
8	糙米	87.0	90	89	84	81	83	77	85	73	84	86	76	77	78
9	粟（谷子）	86.5	88	89	90	89	91	83	75	88	91	86	86	97	87
10	次粉	88.0	76	91	84	79	80	78	82	76	84	83	73	81	81
11	小麦麸	87.0	78	90	76	75	73	73	72	77	83	56	64	73	79
12	米糠	87.0	60	89	87	69	70	78	77	68	73	81	71	73	69
13	米糠粕	90.2	83	75	75	75	75	78	74	63	69	86	76	73	-
14	全脂大豆	88.0	79	87	81	78	78	81	80	76	79	81	76	82	77
15	大豆浓缩蛋白	92.0	89	95	91	91	91	91	92	79	90	93	86	88	90
16	大豆粕（浸提）	89.0	85	92	86	88	86	88	89	84	87	86	83	90	84
17	发酵大豆粕	90.5	85	93	90	89	90	90	91	87	90	90	85	86	89
18	棉籽粕	88.0	77	88	74	70	73	63	73	76	81	76	68	71	73

续表

序号	饲料名称（Feed Name）	干物质（DM）	粗蛋白质（CP）	精氨酸（Arg）	组氨酸（His）	异亮氨酸（Ile）	亮氨酸（Leu）	赖氨酸（Lys）	蛋氨酸（Met）	胱氨酸（Cys）	苯丙氨酸（Phe）	酪氨酸（Tyr）	苏氨酸（Thr）	色氨酸（Trp）	缬氨酸（Val）
19	菜籽饼（机榨）	88.0	75	83	78	78	78	71	83	76	80	74	70	73	73
20	菜籽粕（浸提）	88.0	74	85	78	76	78	74	85	74	77	77	70	71	74
21	花生仁粕（机榨）	88.0	87	93	81	81	81	76	83	81	88	92	74	76	78
22	花生仁粕（浸提）	88.0	87	93	81	81	81	76	83	81	88	92	74	76	78
23	向日葵仁粕（浸提）	88.0	83	93	83	82	82	80	90	80	86	88	80	84	79
24	芝麻粕（浸提）	92.0	91	96	84	87	92	85	92	92	93	91	90	85	89
25	玉米蛋白粉	90.1	75	91	87	93	96	81	93	88	94	94	87	77	91
26	玉米蛋白饲料	88.0	65	86	75	80	85	66	82	62	85	84	71	66	77
27	玉米胚芽粕（浸提）	90.0	71	83	78	75	78	62	80	63	81	79	70	66	73
28	玉米DDG	90.0	76	83	84	83	86	78	89	81	87	80	78	71	81
29	玉米DDGS	89.2	74	81	78	76	84	61	82	73	81	81	71	71	75
30	鱼粉（粗蛋白67%）	92.4	85	86	84	83	83	86	87	64	82	74	81	76	83
31	血粉	88.0	89	92	91	73	93	93	88	86	92	88	87	91	92
32	羽毛粉	88.0	68	81	56	76	77	56	73	73	79	79	71	63	75
33	肉骨粉	93.0	72	83	71	73	76	73	84	56	79	68	69	62	76
34	肉粉	94.0	76	84	75	78	77	78	82	62	79	78	74	76	76
35	苜蓿草粉（粗蛋白17%）	87.0	37	74	59	68	71	56	71	37	70	66	63	46	64
36	啤酒糟	88.0	85	93	83	87	86	80	87	76	90	93	80	81	36
37	乳清粉	94.0	100	98	96	96	98	97	98	93	98	97	90	97	37
38	酪蛋白	91.0	100	99	99	96	99	99	99	92	99	99	96	98	38

注：引自中国饲料数据库。

营养需要是指动物在最适宜的环境条件下，正常、健康或达到理想生产成绩时对各种营养物质种类和数量的最低要求。营养需要量是一个群体的平均值，不包括一切可能增加的需要量而设定的保险系数。营养标准是通过大量动物代谢和饲养试验，确定动物在正常饲喂条件下，所需的各种营养成分的水平（包括蛋白质、氨基酸、能量等）。在饲养标准下，动物的营养需要量的确定，还得考虑当地生产环境、生产水平及动物生理条件等因素，必须根据具体情况调整营养定额，认真考虑保险系数。

第三节　以可消化氨基酸为基础配制日粮

畜禽对蛋白质的需要实质就是对氨基酸的需要，特别是必需氨基酸。蛋白质通常占日粮的20%，却要占饲料成本的35%左右，因此氨基酸技术配方是配方设计中重要的一环。饲料中可消化氨基酸的含量更准确地反映了蛋白质原料的营养价值，更接近动物对蛋白质的实际利用情况，因而能更精确地指导配制氨基酸、蛋白质或氨基酸与能量之间的平衡日粮，从而提高动物生产性能，主要是提高生产速度、饲料转化率、胴体质量、胴体成分。在利用可消化氨基酸配制日粮时，由于降低了日粮中的粗蛋白含量，因此可以提高日粮的能量利用率、减少能量的浪费，从而达到降低饲粮粗蛋白质水平、提高经济效益、减少氮代谢引发的疾病、减少粪氮污染环境的目的。

一、理想氨基酸模式

只有饲粮蛋白质中各种氨基酸配比与所需氨基酸配比相近时，畜禽才表现出最佳生产性能，即理想蛋白质模式，又称氨基酸平衡模式。通常以赖氨酸作为100，其他氨基酸用相对比例表示。在动物生产中，饲料成本约占总成本的60%以上，是首要考虑的一个因素，要降低饲料成本、提高动物生产率，就必须采取各种营养途径，使动物最大限度地发挥其遗传性能。在设计配方时，必须使蛋白质和氨基酸的利用率达到最高，即使用最少的氨基酸获得最大的效益，采用理想蛋白质模式是实现这一目标的有效方法。

所谓理想蛋白质就是各种必需氨基酸以及供给合成氨基酸的氮源之间有最佳平衡的蛋白质。必需氨基酸与非必需氨基酸总量之间的比例约为1 ∶ 1，即日粮蛋白中氨基酸供应量与动物实际需要量相一致。猪的理想氨基酸模式见表6.2。

表6.2　猪三个生长阶段必需理想氨基酸模式

氨基酸	5 ～ 20kg体重	20 ～ 50kg体重	50 ～ 100kg体重
赖氨酸	100	100	100
精氨酸	42	36	30
组氨酸	32	32	32
色氨酸	18	19	20
异亮氨酸	60	60	60
亮氨酸	100	100	100
缬氨酸	68	68	68
苯丙+酪氨酸	95	95	95
蛋+胱氨酸	60	65	70
苏氨酸	65	67	70

但在设计配方时也不能只考虑蛋白质、氨基酸的绝对含量，而忽略了动物对饲料中各种氨基酸的消化率。在配制时日粮中各种氨基酸含量虽然达到了动物饲养标准，但由于消化率的存在，实际吸收利用的低于动物营养需要。只有考虑各种饲料中氨基酸在动物体内的可利用性，才能避免以上问题。可消化氨基酸是指食入的饲料蛋白质经消化后被吸收的氨基酸。可消化氨基酸可通过消化实验测得，对于猪由于大肠微生物的干扰，传统的肛门收粪法测得的氨基酸消化率比其真实消化率高5% ～ 10%。所以测定猪对饲料氨基酸的消化率，常采用回肠末端收取食糜的方法，扣除内源的回肠中可消化氨基酸更能准确地反映动物对饲料氨基酸的消化吸收程度。

二、可消化氨基酸研究现状

近年来，许多学者对我国猪常用饲料原料的氨基酸含量和消化率进行了大量研究。由于饲料原料的产地、质量、加工方法等不同，其研究结果存在差异。姜建阳等（2008）选用10头健康回肠末端安装简单T形瘘管的杂交（杜×长×大）阉公猪，体重为（27.8±0.7）kg，比较4种不同豆粕产品（去皮和带皮高蛋白豆粕、去皮与带皮常规豆粕）在生长猪的氨基酸回肠表观和真消化率。结果发现与常规豆粕相比，高蛋白豆粕中苯丙氨酸、色氨酸、丙氨酸的回肠表观消化率显著提高，这预示着高蛋白豆粕是生长猪的优良蛋白质和氨基酸来源，还发现大豆的去皮加工提高了部分必需氨基酸的消化率和大部分非必需氨基酸的消化率，这种提高作用与纤维物质降低有关。姜建阳等（2008）在12头生长猪回肠末端安装简单T形瘘管，采用玉米淀粉-豆粕半纯合型日粮配制酪蛋白日粮，用以测定内源氮和氨基酸的损失量，结果表明随着大豆热处理时间的延长（0 ～ 18min），粗蛋白质和氨基酸的回肠表观和真消化率均显著提高。张克英等（2001）研究了饲料蛋白质和可消化氨基酸水平对生长猪生产性能的影响，利用理想蛋白质模式研究了25 ～ 35kg猪的可消化赖氨酸、蛋氨酸、苏氨酸、色氨酸及蛋白质需要量，所确定的可消化赖氨酸、蛋白质需要量均与NRC（1998）用析因法按生长模型预测的需要量吻合度较好，结果得出25 ～ 35kg生长猪在消化能为13.7MJ/kg的饲粮中，可消化氨基酸、含硫氨基酸、苏氨酸、色氨酸及蛋白质需要量分别为0.90%、0.53%、0.56%、0.17%、17.9%。姜文联等（2019）研究了在日粮中添加木聚糖酶和植酸酶对肉鸡回肠氨基酸表观消化率的影响，结果发现，复合酶组显著提高了15种氨基酸回肠表观消化率；与低磷组相比，木聚糖酶组显著提高了表观消化能和可消化代谢能及回肠氮消化率，而植酸酶显著提高了氮沉积及回肠氮消化率，复合酶组显著提高了代谢能、可消化代谢能及氮沉积量。

可消化氨基酸研究对畜牧业可持续发展意义重大。通过添加合成氨基酸，以可消化氨基酸为基础配制饲粮，既能广辟饲料来源、有效缓解我国蛋白质饲料资源不足，又能降低饲养成本、提高经济效益、保护环境。近年来，我国这方面的研究取得了巨大进展，但也存在不足，有待于动物营养工作者继续努力。SID测定相对简单且具有可加性（Stein，2005），可避免AID缺乏可叠加性和TID测定的复杂性的不足。目前，国际上公认标准回肠氨基酸消化率最适宜用来表示畜禽饲料氨基酸的有效性（见表6.3）。

表6.3　猪常用饲料氨基酸标准回肠消化率　　单位：%

序号	饲料名称	Arg	His	Ile	Leu	Lys	Met	Cys	Phe	Tyr	Thr	Trp	Val
1	玉米	89	87	86	89	75	87	83	87	79	80	77	85
2	膨化玉米	88	81	78	71	84	93	77	75	82	61	69	73
3	高粱	81	74	41	96	67	79	63	95	69	76	74	94
4	小麦	91	88	89	89	82	88	89	90	88	84	88	88
5	大麦	85	81	79	81	75	82	82	81	78	76	82	80
6	黑麦	79	79	78	79	76	81	82	72	76	74	76	77
7	糙米	89	84	81	83	77	85	73	84	84	86	77	89
8	粟	89	90	89	91	83	75	88	91	86	86	97	87
9	次粉	91	84	79	80	78	82	76	84	83	73	81	81

续表

序号	饲料名称	Arg	His	Ile	Leu	Lys	Met	Cys	Phe	Tyr	Thr	Trp	Val
10	小麦麸	90	76	75	73	73	72	77	83	56	64	73	79
11	米糠	89	87	69	70	78	77	68	73	81	71	73	69
12	米糠粕	75	75	75	75	78	74	63	69	86	76	73	-
13	全脂大豆	87	81	78	78	81	80	76	79	81	76	82	77
14	大豆浓缩蛋白	95	91	91	91	91	92	79	90	93	86	88	90
15	大豆粕	92	86	88	86	88	89	84	87	86	83	90	84
16	发酵大豆粕	93	90	89	90	90	91	87	90	90	85	86	89
17	棉籽粕	88	74	70	73	63	73	76	81	76	68	71	73
18	菜籽饼	83	78	78	78	71	83	76	80	76	70	73	73
19	菜籽粕	85	78	76	78	74	85	74	77	77	70	71	74
20	花生仁粕	93	81	81	81	76	83	81	88	92	74	76	78
21	向日葵仁粕	93	83	82	82	80	90	80	86	88	80	84	79
22	芝麻粕	96	84	87	92	85	92	92	93	91	90	85	89
23	玉米蛋白粉	91	87	93	96	81	93	88	94	94	87	77	91
24	玉米蛋白饲料	86	75	80	85	66	82	62	85	84	71	66	77
25	玉米胚芽粕	83	78	75	78	62	80	63	81	79	70	66	73
26	玉米DDGS	83	84	83	86	78	89	81	87	80	78	71	81
27	玉米DDGS	81	78	76	84	61	82	73	81	81	71	71	75
28	鱼粉	86	84	83	83	86	87	64	82	74	81	76	83
29	血粉	92	91	73	93	93	88	86	92	88	87	91	92
30	玉米粉	81	56	76	77	56	73	73	79	79	71	63	75
31	肉骨粉	83	71	73	76	73	84	56	79	68	69	62	76
32	肉粉	84	75	78	77	78	82	62	79	78	74	76	76
33	苜蓿草粉	74	59	68	71	56	71	37	70	66	63	46	64
34	啤酒糟	93	83	87	86	80	87	76	90	93	80	81	36
35	乳清粉	98	96	96	98	97	98	93	98	97	90	97	37
36	酪蛋白	99	99	97	99	99	99	92	99	99	96	98	38

第四节 以有效氨基酸为基础配制日粮

Sibbald首次提出以“生物可利用”来表示养分的有效性，即描述被摄入养分用于正常代谢功能的部分。氨基酸有效性代表了真正用于动物体内蛋白质合成和其他必需生理功能的那部分氨基酸。有效氨基酸有时是对可消化、可利用氨基酸的总称，有时却特指用化学方法测定的有效赖氨酸，或者用生物法测定的饲料中的可利用氨基酸。因此，从实用的角度可把氨基酸的消化率和利用率等同看待，而可消化氨基酸与可利用氨基酸有很好的相关性（锡林等，1987；Wiliams，1995），因此，对可消化氨基酸、可利用氨基酸和有效氨基酸也无严格的区分。

一、饲料原料氨基酸有效性评价指标

人类和动物营养学研究中蛋白质或氨基酸有效性评价指标主要包括总氨基酸、氨基酸评分、化学有效赖氨酸、氨基酸消化率、氨基酸代谢有效性。这些评价指标基于体内法（生长试验、消化代谢试验和稳定同位素示踪等）和体外法（化学法、酶法或仿生消化法、微生物发酵法和NIRS等）建立（石敏，2008；Elango等，2012）。总氨基酸不能真实反映氨基酸在动物体内的利用情况，因而不能精确地指导生产，但饲料中氨基酸含量的准确测定是其他体系建立的基础。氨基酸评分主要应用于人类食品营养中蛋白质品质评定，由于缺乏理想蛋白质（常以鸡蛋和乳为参照）或氨基酸谱，该法在畜禽营养研究中应用较少（Elango等，2012）。氨基酸氧化示踪（IAAO）法测定结果更接近氨基酸有效性，但其测定复杂、价格昂贵、设备要求较高，且每次只能检测1种限制性氨基酸，暂在畜禽营养研究中普及程度不高。氨基酸消化率法是目前公认最适宜评定氨基酸有效性的方法。

二、饲料原料氨基酸有效评价方法

（一）基于生长试验测定氨基酸有效性

氨基酸有效性不可直接测定，传统动物营养学上采用生长法（或生长斜率法）来评定氨基酸在体内的利用情况。生长试验利用不同添加水平的待测饲料原料（或某一晶体氨基酸）配制饲粮，保证动物对某一待测氨基酸的梯度摄入量，采用斜率法、标准曲线法、三点法和平行法等统计方法，建立氨基酸摄入量与对生产和经济都很重要的生长指标间的回归方程，从而测定待测氨基酸的有效性（Stein，2007）。该法可反映饲粮氨基酸被消化、吸收、整合入体蛋白或机体其他代谢使用的情况，被认为是评定氨基酸生物利用的最终标准。然而，此法设计复杂、设备昂贵、缺乏准确性（标准差>10%），且只能得出一种氨基酸的生物利用率。

（二）基于体内和体外法测定氨基酸消化率

氨基酸消化率采用平衡分析法（离体和活体）进行测定。体内代谢试验以全收集（排泄物或食糜）或指示剂法检测氨基酸粪消化率和回肠消化率，通过校正内源氨基酸损失得到粪或回肠标准和真氨基酸消化率。内源氨基酸损失分为基础内源氨基酸损失和特殊内源氨基酸损失，检测方法主要包括无氮饲粮法、绝食法、差量法、酶解蛋白日粮法、回归法、高精氨酸法和同位素法等（李瑞等，2018）。粪法检测氨基酸消化率指标为表观全肠道消化率（ATTD）、标准全肠道消化率（STTD）和真全肠道消化率（TTTD），回肠食糜（瘘管、屠宰）获得氨基酸AID、SID和TID。考虑后肠微生物发酵对氨基酸消化率的影响，家禽饲料氨基酸消化率测定常采用屠宰取回肠食糜和利用去盲肠公鸡来收集排泄物的方式。因SID测定相对简单，且具有可加性，可避免AID缺乏可加性和TID测定的复杂性的不足，目前国际上公认标准回肠氨基酸消化率最适宜用来表征畜禽饲料氨基酸有效性（李瑞等，2018）。体外法测定畜禽饲料氨基酸消化率可借助仿生消化系统（于梦超等，2018；申攀，2010）和NIRS（廖瑞波，2012；李军涛，2014）进行。

（三）基于IAAO测定氨基酸代谢有效性

氨基酸在动物体内不能储存，只能用于合成蛋白质或生物氧化供能。蛋白质合成过程中，如某一必需氨基酸缺乏，其他相对过剩的氨基酸（包括同位素标记的示踪必需氨基酸）将会被氧化（Elango等，2012）。随着限制性氨基酸摄入量增加，示踪氨基酸氧化会随之减少，蛋白质合成将增加。一旦限制性氨基酸满足需要，示踪氨基酸氧化将停止并到达平台期（称为拐点或断点）。通过折线和曲线回归分析确定断点处的值即为测试的限制性氨基酸的平均值，由此确定限制性氨基酸的需要量，基于IAAO法可以测定该限制性氨基酸的代谢有效性（Brunton等，2007）。IAAO法主要应用于人类必需氨基酸需要量研究，而在畜禽营养研究中较少，目前也有报道该法评定了产蛋前肉鸡赖氨酸需要量（Coleman等，2003）、生长猪蛋氨酸需要量（Moehn等，2008）、母猪赖氨酸（Samuel等，2012）和苏氨酸（Levesque等，2011）需要量。

三、影响畜禽饲料有效能和氨基酸消化率的因素

李瑞（2018）等已综述了影响单胃动物内源氨基酸损失的因素，主要包括动物因素（种类、体重或日龄、采食量）、饲粮组成（饲粮蛋白质、纤维、抗营养因子）、饲养环境及测定方法等。众所周知，内源氨基酸损失是计算氨基酸消化率的关键指标，由此看来，上述因素必然会影响家禽氨基酸消化率的测定值，相关内容本文不再详述。畜禽饲料营养物质和能量评价体系实质上是同一过程的2种不同表现形式（李德发，2003），因此，可从上述归纳的因素来讨论其对家禽饲料有效能的影响。

传统方法以总氨基酸为标准设计配方要付出饲料成本上升和动物生产水平下降的影响。首先，用总氨基酸为营养指标的饲养标准多是以玉米豆粕型日粮做试验得出的，因此，在实际生产中，饲料厂为了避免因原料消化率不同而带来的质量问题，通常采用限制使用消化率较低的原料，这种限制往往导致失去有效地使用这些原料的机会，最终导致饲料成本的上升。其次，用总氨基酸为营养指标设计饲料配方时，忽略了不同原料间氨基酸消化率的差异，而研究表明饲料提供合成蛋白的氨基酸的能力差异很大（Zebrowska，1979；Ruldh，1980）。当使用不同的原料来配制饲料时，饲料中的总氨基酸含量能达到要求的水平，但有效氨基酸水平会随原料种类的改变而改变。用这种传统方法设计配方的饲料在实际饲养时，由于准确度不高，质量难以保证，往往造成氨基酸的严重过剩或不足，影响动物的生产水平（Rostagno等，1995）。

我们在建立了饲料有效养分数据库的基础上，通过设计不同梯度的有效氨基酸水平的日粮做动物饲养试验。我们研究制定了生长肥育猪各个阶段的有效氨基酸需要量标准，使按有效氨基酸需要量配制饲料的技术达到实用程度。在具体配方时，根据可选择的原料品种，向电脑输入原料价格参数，并调用有效养分数据库和生长阶段的有效氨基酸需要量饲养标准，通过线性规划求解出最低成本配方。在准确测定和评价饲料养分的生物有效性后，按有效氨基酸需要量配制猪饲料，可以提高配方的准确性，使饲料中的氨基酸正好符合猪的营养需要，氨基酸得到高效利用，从而降低了饲养成本。使用该新技术研制的猪饲料进行多点饲喂对比试验，结果表明：使用有效氨基酸技术的配合饲料与美国NRC推荐配方的饲料比较，不但降低20%的成本，且饲料效率高10%～15%，单位增重饲料成本降低15%～30%，每吨配合饲料增加经济效益200～400元，每吨浓缩饲料增加经济效益1200～1650元。该新技术可根据原料氨基酸的有效性，合理准确地调整其在配方中的用量，可更充分和有效地使用农副产品，包括以前难以使用的各种饲料原料。

按有效氨基酸需要量配制日粮可以更好地满足动物对氨基酸的需要，从而提高饲料生产的准确性。此外，配方师可选用更多种类的原料，尤其是农副产品，来降低饲料成本而不影响动物的生产性能。采用多种原料还可提高饲料生产的精确度，从而降低饲配方的安全系数。如果将来采用近红外技术或透析管技术测定实际批次原料的有效氨基酸含量，就可以进一步提高配方的精确度和降低饲料配方的安全系数和饲料成本。研究饲料的养分流转规律，根据动态营养模型设计最佳效益饲料配方是未来的发展趋势。

第五节 氨基酸配方在设计中应注意的问题

一、氨基酸平衡

当前，饲料企业和养殖场对于饲料粗蛋白质和氨基酸平衡方面的认识，仍然略显不足。不少企业，限于各种各样的制约，配方时没有全面考虑氨基酸之间的平衡，粗蛋白质水平的设定偏高，从而阻碍了饲料成本的进一步降低。很多养殖户由于受饲料企业的误导，片面夸大饲料蛋白质水平对饲料品质的影响，缺乏对氨基酸平衡的理解。

动物的蛋白质营养在很大程度上是氨基酸营养。为保证动物合理的蛋白质营养，一方面要提供充足数量的必需氨基酸和非必需氨基酸，另一方面还必须注意各种必需氨基酸之间以及必需氨基酸与非必需氨基酸之间的比例。所谓氨基酸平衡，意味着饲料中各种氨基酸数量和比例与动物维持、生长、繁殖、泌乳等的需要相符合。氨基酸平衡因此包括数量和比例两方面的含义。但通常说的氨基酸平衡主要是指氨基酸之间的比例关系。氨基酸平衡理论将蛋白质比喻为由20块木板组成的水桶，每一块板代表一种氨基酸。当每种氨基酸的数量（桶板高度）都恰好达到水桶的上沿时，这个桶就是一个完整的蛋白质，这种情况下各种氨基酸比例是最佳的，即氨基酸是平衡的。由于饲料氨基酸通常是不平衡的，必然有些桶板会超过桶的上沿，有的则达不到上沿，这时用这个桶装水，水的深度只能达到最低的那块桶板的高度。这就要求饲料配方应该平衡或补充动物生产所需氨基酸，从而保证饲料中各种氨基酸的数量和比例都满足动物的需要。目前，市场上已有数种必需氨基酸可以人工合成单体，并添加在饲料中以平衡氨基酸的营养需要。例如在饲料中添加赖氨酸、苏氨酸、蛋氨酸、色氨酸等平衡猪对氨基酸的营养需要。

当代动物科学已经证明，通过精确地平衡氨基酸的供给，饲料的粗蛋白质水平可以合理地降低，而动物的生产性能不但不会受到损害，反而会得到改善。

其次，还需要注意各氨基酸之间的拮抗和氨基酸毒性。常见的氨基酸拮抗主要有赖氨酸与精氨酸之间的拮抗，支链氨基酸之间的拮抗。苯丙氨酸与缬氨酸、苏氨酸与甘氨酸、苏氨酸与色氨酸之间也存在拮抗作用。存在拮抗作用的氨基酸之间，比例相差越大拮抗作用越明显。拮抗往往伴随着氨基酸的不平衡。此外，因某种氨基酸过量造成不良作用而不能被补充另一种氨基酸所消除，引起的氨基酸中毒现象也需要被注意。氨基酸中毒常常是由于添加氨基酸数量出错所引起的。对于猪，赖氨酸、蛋氨酸、色氨酸和苏氨酸是毒性相对较高的必需氨基酸。对于家禽，蛋氨酸毒性较大，酪氨酸、苯丙氨酸、组氨酸也有一定毒性。

二、氨基酸变异

在生产实践中，饲料营养含量变异是影响动物生产性能的重要因素之一，在饲料生产过程中，尽管饲料的填装、混合及制粒都会影响到饲料的变异程度，但最大的变异来源于饲料原料，约占67%。氨基酸是饲料原料中的主要养分之一，其含量会因产地、收获期、加工工艺等因素的影响而存在差异。氨基酸是构成动物机体蛋白质的基本单位，参与机体物质代谢调控、信息传递等过程，在动物的生长发育中起重要作用。所以，饲料中存在较大的氨基酸含量变异将会极大影响动物的生产性能。Duncan（1988）研究表明，与对照组相比，氨基酸含量变异系数（CV）10%组0 ～ 4周龄肉鸡的体重和饲料转化率分别下降了7.37%和5.25%，这一现象在20% CV组中表现更为显著，上述两项指标均显著低于10% CV组，且分别较对照组下降8.28%和6.43%。

控制饲料原料的氨基酸含量变异显得尤为重要。如果仅通过各种饲料营养成分表中推荐的平均值来获得原料的氨基酸含量，不能准确地反映出其变异程度。在此基础上设计饲料配方，目标值与实际含量间的差异较大，需提高安全系数，造成成本上升。因此，采用有效的手段检测饲料原料真实的氨基酸含量并应用于配方设计，是控制饲料营养指标变异的关键。然而，对每一种原料的氨基酸含量进行在线监测可行性不大。对此，推荐重点监测对日粮特定营养指标变异贡献率大的原料，从而提高配方设计的准确性。实施步骤如下：第一步，分析动物日粮的原料构成及其营养变异来源；第二步，确定并重点监测对日粮营养变异贡献大的原料；第三步，计算日粮营养元素的标准差，并设定日粮配方安全系数。实际测定饲料氨基酸含量并应用于配方设计，是控制饲料营养指标变异的关键。

小结

日粮配方设计是饲料生产、畜禽养殖的关键环节，而精准供给是今后饲料配方设计的重要目标。为实现精准供给，除深入研究氨基酸在体内主要消化代谢器官的代谢转化规律外，还需要考虑不同基因型、个体差异、养殖环境等因素对氨基酸需要的影响，做到精准计量、精准供给。

（梁开阳，唐志如）

参考文献

[1] 单芝丹，单安山. 影响豆粕饲用价值的因素. 饲料研究，2010（10），74-75，77.

[2] 姜建阳，黄德仕，李藏兰. 生长猪高蛋白豆粕氨基酸回肠可消化率的研究. 中国畜牧杂志，2008，44：25-28.

[3] 姜建阳，李清云，谯仕彦. 热处理对大豆制品在生长猪回肠表观和真消化率氨基酸消化率的影响. 中国畜牧杂志，2008，44：25-28.

[4] 姜文联，方心灵，李海华. 小麦型日粮添加木聚糖酶和植酸酶对肉鸡生长性能、回肠氨基酸表观消化率及常量元素沉积的影响. 中国饲料，2019（08）：53-57.

[5] 孔祥霞，高婷婷，刘相春. 单细胞蛋白的开发与利用. 山东畜牧兽医，2016，37：28-29.

[6] 李德发. 猪的营养[M]. 中国农业科学技术出版社，2003，2版：84-96.

[7] 李军涛. 近红外反射光谱快速评定玉米和小麦营养价值的研究[D]. 博士学位论文，北京：中国农业大学，2014.

[8] 李瑞，宋泽和，贺喜. 单胃动物内源氨基酸损失的测定方法及影响因素研究进展. 中国畜牧杂志，2018，54：3-7，14.

[9] 廖瑞波. 肉鸡的玉米标准回肠可消化氨基酸测定及近红外定标模型建立[D]. 硕士学位论文，北京：中国农业科学院，2012.

[10] 申攀. 建立0～3周龄黄羽肉鸡玉米净能近红外预测模型以及用常规化学成分建立净能的回归预测模型[D]. 硕士学位论文，雅安：四川农业大学，2010.

[11] 石敏. 家禽氨基酸消化率的测定方法. 饲料工业，2008，29：11-16.

[12] 田晓婷，王旭，董延. 中国市场饲料原料氨基酸含量变异程度及其解决方案. 中国饲料，2008（20）：39-41.

[13] 锡林，张晔，杨胜. 日粮蛋白质、氨基酸水平对长白×北京黑F1代商品瘦肉猪生长性能及胴体品质的影响. 北京农业大学学报，1987，13：367-397.

[14] 于梦超，常雅琦，赵华，等. 应用近红外光谱分析技术预测小麦肉鸭代谢能的研究. 动物营养学报，2018，30：2294-2302.

[15] 张克英，罗献梅，陈代文. 25～35kg生长猪可消化氨基酸的需要量. 中国畜牧杂志，2001，37：26-27.

[16] Adedokun SA，Adeola O，Parsons CM，*et al.* Factors affecting endogenous amino acid flow in chickens and the need for consistency in methodology. Poultry Science，2011，90：1737-1748.

[17] Ao T，Cantor A H，Pescatore A J，*et al.* Effects of citric of acid，alpha-galactosidase and protease inclusion on in vitro nutrient release from soybean meal and trypsin inhibitor content in raw whole soybeans. Animal Feed Science and Technology，2010，162：58-65.

[18] Brunton J A，Shoveller A K，Pencharz P B，*et al.* The indicator amino acid oxidation method identified limiting amino acids in two parenteral nutrition solutions in neonatal piglets. The Journal of Nutrition，2007，137：1253-1259.

[19] Coleman R A，Bertolo R F，Moehn S，*et al.* Lysine requirements of pre-lay broiler breeder pullets：determination by indicator amino acid oxidation. The Journal of Nutrition，2003，133：2826-2829.

[20] Duncan M S. Problem of dealing with raw ingredient variability. In：Recent advanced in animal nutrition. Haresign W，Cole D J A，eds. Butterworth-Heinemann Elsevier Ltd.，Oxford，United Kingdom，1988，pp. 1-11.

[21] Elango R，Ball R O，Pencharz P B. Indicator amino acid oxidation：concept and application. The Journal of Nutrition，2008，138：243-246.

[22] Elango R，Levesque C，Ball RO. Available versus digestible amino acids-new stable isotope methods. British Journal of Nutrition，2012，108：S306-S314.

[23] Levesque C L，Moehn S，Pencharz P B，*et al.* The metabolic availability of threonine in common feedstuffs fed to adult sows is higher than published ileal digestibility estimates. The Journal of Nutrition，2011，141：406-410.

[24] Moehn S，Shoveller A K，Rademacher M，*et al.* An estimate of the methionine requirement and its variability in growing pigs using the indicator amino acid oxidation technique. Journal of Animal Science，2008，86：364-369.

[25] Rutherfurd S M，Moughan P J. Available versus digestible dietary amino acids. British Journal of Nutrition，2012，108：S298-S305.

[26] Samuel R S，Moehn S，Pencharz P B，*et al.* Dietary lysine requirement of sows increases in late gestation. Journal of Animal Science，2012，90：4896-4904.

[27] Sibbald I R. Estimation of bioavailable amino acids in feeding stuffs for poultry and pigs：a review with emphasis on balance experiments. Canadian Journal of Animal Science，1987，67：221-300.

[28] Stein H H，Sève B，Fuller M F，*et al.* Invited review：Amino acid bioavailability and digestibility in pig feed ingredients：terminology and application. Journal of Animal Science，2007，85：172-180.

第七章

畜禽氮排放与蛋白质饲料资源

近年来，氮排放引发的环境污染随畜禽养殖规模、集约化程度的不断扩大而日趋严重。目前，我国畜禽氮排放量为500万～600万吨，其中单胃动物（主要是猪）的氮排放量约占总排放氮的60%。与此同时，我国蛋白质资源严重缺乏，2017年，中国国产大豆约为1100万吨，而进口大豆约为9553万吨，大豆进口依存度超过85%。

第一节　畜禽氮排放现状

随着我国人民生活水平的提高，居民对肉类的消费量大幅增加（付强等，2012；孙良媛等，2016；刘家斌等，2017）。自1991年以来，我国肉、禽、蛋总产量已连续多年保持世界第一（程鹏，2012），并在2016年达到13523万吨，其中肉、禽和蛋类总产量分别为8540万吨、1888万吨、3095万吨（国家统计局，2016）。与此同时，畜禽排泄物带来的环境污染问题也越来越严重（Anthony等，1991；中华人民共和国环境保护部，2002；高定等，2006；庄莉等，2015；Qi等，2017）。农业面源污染的主要污染源便是畜禽养殖，贡献率达到58.2%（杨志敏，2009）。2010年《全国首次污染普查公报》显示，从化学需氧量、总氮排放量、总磷排放量3项主要污染物指标来看，农业源污染物排放占全国排放总量的比重分别为43.7%、57.2%、67.4%，其中畜禽养殖业又分别占农业源的96.0%、38.0%、56%。畜禽粪便中含有大量的氮、磷等物质，处理方式不彻底会导致大量营养元素进入水体和土壤，造成水环境污染（Hou等，2017）。据陈瑶和王树进（2014）报道，2007年全国畜禽养殖业粪便和尿液产生量分别达到2.43亿吨和1.63亿吨，畜禽养殖产生的氮元素、磷元素化学需氧量和年排放量分别占全国污染物排放总量的22%、38%和42%。据测算，中国畜禽养殖业氮排放总量已达到500万～600万吨（Gu等，2017）。我国畜禽养殖业已给环境带来了巨大的压力。尽管我国在努力提高畜禽粪尿的处理水平，但与其他发达国家相比还存在巨大差距。研究表明，我国有80%的规模化养殖场因缺乏必要的处理设施使大量的养殖废弃物直接进入环境，从而引起严重的环境污染（苏秋红，2007）。

第二节　畜禽氮排放的危害

一、对环境的影响

从环境保护方面来看，畜牧行业是氨气排放的主要贡献者，因为动物的氮排泄受粗蛋白质摄入量和利用率的影响，进而影响着大气中氨气排放（Todd等，2013）。大气中的氨气可以以多种形式存在，包括气体（NH_3）、细微颗粒物[（NH_4）$_2SO_4$和NH_4NO_3]，或作为液体（云雾中的NH_4OH）（Protection，2004）。这些颗粒物质使空气污染更加严重，每年估计造成全球高达200万人过早死亡（Brunekreef和Holgate，2002）。而且二氧化硫、氮氧化物和氨气作为空气污染物会引起酸性降水的发生，并对生物多样性产生非常大的危害（Erisman等，2008；Steinfeld等，2006）。过量氨气排放到大气中会产生严重问题，因为氨气会在对营养素敏感的生态系统中沉积（Arogo等，2003）。畜禽排放出的氨气所造成的难闻气味也会严重影响农场附近居民的生活质量（Mcginn等，2003）。尽管尿素不是挥发性的，但其一旦遇到粪便，由于粪便中尿素酶活性很高，会使尿素迅速水解为氨气和CO_2，这样就可以确定尿氮是牛粪以氨气形式挥发出氮的主要来源（Bussink和Oenema，1998）。动物以氨气、氮气、一氧化二氮、一氧化氮、硝酸盐等多种形式排放到环境中的氮，对空气、土壤、水质和人体健康都具有潜在的负面影响。自然界水体中过量的氮大都来自于动物养殖场（Bouwman等，2013）。另外，水体中氮含量过高还会增加破坏水生生态系统平衡的风险，例如微生物耗氧将其它含氮化合物转化为亚硝酸盐、硝酸盐，地下水也会受到污染。高浓度硝酸盐最终进入饮用水，会导致大量的人类健康问题，如高铁血红蛋白血症、蓝婴综合征等病症（Nosengo，2003；Majumdar和Gupta，2000）。因此，降低日粮粗蛋白质的百分比已被证明是一种有效减少氮损失、尿中尿素排泄和粪便中氨排放的策略（Agle等，2010；Lee等，2012；Colmenero和Broderick，2006）。

规模化养殖业不仅向外界环境排放大量的粪尿污染物和有害气体，同时也会对畜禽健康、生长与生产造成危害。氨气是畜禽养殖业产生的主要有害气体之一，畜禽舍内氨气的产生途径主要如下：一是畜禽摄入蛋白质后代谢分解产生氨气；二是畜禽尿氮分解产生氨气。畜舍氨气大部分来源于排泄物中的尿素，家禽肝脏没有精氨酸酶和氨甲酰磷酸合成酶，因此家禽不能通过肝脏尿素循环把体内代谢产生的氨合成尿素，只能在肝脏和肾脏中合成嘌呤，在黄嘌呤氧化酶的作用下生成尿酸。嘌呤代谢通常在肝脏中进行，嘌呤氧化后变为尿酸（David等，2015）。由于家禽消化道较短，食糜在其中停留的时间不长，有很多营养物质不能被充分利用而以粪便的形式排出体外。据调查，家禽舍氨气浓度和排放量通常高于畜舍（Hayes等，2006）。氨气不仅对环境造成巨大污染，同时也严重影响畜禽的健康，诱发各种疾病，导致生产性能下降。

二、对动物的危害

氨气对畜禽健康有重要影响，而且是多方面的。研究发现，随着氨气浓度的升高，肉鸡出现跗关节及脚垫感染、跛行、行走不稳等状况的程度加大（孟丽辉等，2016）。氨气引起肉鸡的眼部异常，肉鸡置于高浓度氨气环境中会出现用翅膀揉眼睛的行为（Miles等，2006）。处于50mg/kg氨气环境下保育猪血液中巨噬细胞、淋巴细胞数量及皮质酮含量显著增加，这是呼吸应激的一种免疫应答（Evon等，2007）。在70mg/kg氨气环境下肉鸡血清球蛋白含量和溶菌酶活性显著降低，后者主要由巨噬细胞分泌，这是动物机体的一种非特异性免疫（Wei等，2015）。因此，氨气会导致畜禽的免疫功能下降，各种病原微生物随之入侵机体，诱发各种呼吸道疾病，从而降低动物生产性能。

（一）消化系统疾病

氨气作为一种应激源会造成肠道黏膜损伤，同时通过影响肠道消化酶活性及黏膜上皮养分转运载体降低畜禽的营养物质的消化率。注射乙酰胺（血氨浓度高）抑制大鼠肠道短链脂肪酸氧化（Cremin等，2003）。Zhang等（2015）报道，处于75mg/kg氨气环境中，肉鸡小肠细胞骨架蛋白表达下调，肠道绒毛的长度变短或缺失、隐窝加深，生长性能下降。高浓度氨气导致肠道黏膜中与氧化磷酸化和细胞凋亡有关的蛋白上调，触发氧化应激，并干扰肉鸡的免疫功能和小肠黏膜对营养物质的吸收。处于70mg/kg氨气环境中，肉仔鸡十二指肠、空肠、盲肠内容物pH极显著增加，随着时间延长氨气对肠道发育的影响加重。pH是肠道健康的重要指标之一，酸性条件有利于乳酸菌和双歧杆菌等有益菌的繁殖生长，对大肠杆菌、沙门氏菌等有害微生物有抑制作用。肠道内主要致病菌有大肠杆菌、链球菌、葡萄球菌等，肠道pH在6.5～8.0，而有益菌适宜生存pH环境偏酸性，因此高浓度氨不利于肠道微生物区系平衡，反而有利于肠道腐败菌的滋生（包正喜等，2017）。

（二）呼吸道疾病

氨气浓度过高会对畜禽气管、眼黏膜以及肺组织造成严重影响。氨气对呼吸系统的损坏程度与浓度高低和暴露时间长短有关。长期处于20mg/m^{3}氨气环境中（6周）引起肉鸡肺水肿，采食量减少，生长性能降低，并增加各种疾病易感性；氨气浓度达到70mg/kg时，肉仔鸡气管和肺部黏膜纤毛脱落、肺部炎性细胞显著增加（魏风仙，2012）。75mg/kg的高氨环境导致肉鸡气管纤毛变短或缺失，呼吸道黏蛋白的表达量上调，而过度分泌黏蛋白会导致气管阻塞，这一结果解释了为什么舍内高浓度氨气环境下的畜禽会出现咳嗽、喘气等症状。此外，处于高浓度氨气环境中，肉鸡气管中肌球蛋白、肌钙蛋白表达量上调，这些蛋白质在肌肉收缩中发挥重要作用，通过促进细丝滑动和增强肌肉收缩功能来收缩气管，从而减少氨气吸入（Yan等，2016）。

氨气不仅直接危害呼吸道，还会导致畜禽舍内空气中微生物气溶胶浓度升高、各种病原体数量增多。Hamilton等（1996）研究氨气对哺乳仔猪呼吸道发病率的影响，设置5、10、15、25、35、50mg/kg的氨气浓度，结果发现10mg/kg氨气浓度引起猪萎缩性鼻炎的发病率最高。当猪舍氨气浓度为15mg/kg时，易导致猪感染呼吸道疾病；达到35mg/kg时，开始出现萎缩性鼻炎（曹进和张峥，2003）。Michiels等（2015）研究氨气浓度对生长猪舍内空气中PM 2.5含量和生长猪肺组织病变的影响，结果表明随着氨气浓度增加，生长猪死亡率和支原体肺炎的患病率都有显著增加。

（三）神经系统疾病

氨气浓度过高会导致一部分氨气进入血液后无法全部转化为NH_4^+，过量的氨以氨气形式进入脑组织。氨气在脑组织的主要代谢途径是形成谷氨酸和谷氨酰胺，而大脑将氨气转化为谷氨酰胺的能力有限，导致大脑氨气和谷氨酰胺升高，大脑功能异常，包括脑积水增多、离子运输和神经递质功能异常（Butterworth，2014）。氨气会抑制三羧酸循环中α-酮戊二酸脱氢酶和丙酮酸脱氢酶的活性，导致星形胶质细胞线粒体中烟酰胺腺嘌呤二核苷酸和ATP生成减少（Nakhoul等，2010）。氨气导致线粒体通透性转换孔开放程度加大，使其通透性增加、线粒体基质肿胀、氧化磷酸化不完全及ATP合成阻断（Malik等，2010；

Alvarez等，2011）。高血氨引起的大脑缺氧或细胞有氧呼吸抑制会导致脑组织乳酸含量增加（Rose等，2007）。氨的毒性对脑组织中神经元、小胶质细胞和星形胶质细胞都具有很强的破坏作用，氨气易导致星形胶质细胞的肿胀（Vijay等，2016）。氨气处理培养星形胶质细胞产生活性氮氧化物，导致氧化/亚硝化应激（ONS），氨气诱导的ONS与星形胶质细胞体积的增加相关。这种反应的相关机制包括一氧化氮合成增加、部分偶联到*N*-甲基-D-天冬氨酸受体的活化、通过NADPH氧化酶增加活性氧的产生。ONS增加和星形细胞肿胀导致谷氨酰胺合成增多，其在线粒体中积累和降解后损害线粒体功能（Skowrońska和Albrecht，2013）。肉牛饲喂过量尿素会出现肌肉震颤、瘤胃停滞、心率加快、轻度或严重脱水和抽搐等病理反应（Antonelli等，2004）。5mmol/L氯化铵（NH_4Cl）处理大鼠星形胶质细胞，细胞能量代谢和磷酸化功能严重受损，ATP生成量骤降（Albrecht等，2010）。

（四）肝脏组织疾病

进入肝脏中的血氨大部分用于合成尿素，也有一部分用于合成非必需氨基酸和其他含氮化合物。氨气和CO_2、水结合生成尿素这个过程消耗的能量约占肝脏消耗总能的45%（Lobley等，1995），畜禽吸入的氨气过多，会影响整个机体的能量代谢。高血氨导致肝脏负荷加重，容易造成肝脏疲劳及衰竭、增生肥大（Lin等，2006）。氨气同样会减弱肝细胞的抗氧化性能，导致活性氧浓度升高（邢焕等，2015）。高浓度氨气环境下的肉仔鸡肝脏代谢紊乱、抗氧化性能降低、肝细胞再生能力减弱，甚至可能出现肝硬化（Zhang等，2015）。高血氨甚至会造成肝昏迷、血氨的来源增多或去路减少，引起血氨升高，高浓度的血氨通过干扰脑组织的能量代谢，对神经细胞膜的抑制作用，以及对神经递质的影响从而出现脑功能障碍而导致昏迷。

第三节 减少畜禽氮排放的营养措施

一、科学确定氨基酸的需要量

因饲料种类较多，而且品质不一，因此为了更好地设计饲料配方，必须科学估测饲料中氨基酸的含量、畜禽对氨基酸的需要量以及对氨基酸的利用率。因此，不仅要测定饲料原料中各种氨基酸含量，还必须测定各种动物对氨基酸的消化率，从而设计更好的饲料配方。还应考虑影响畜禽氨基酸需要量的因素，如品种、日龄、生产水平、管理方式、畜禽健康状况等，还要选择有代表性的动物，应用一些先进的技术，形成切实可行的标准计算模式，从而减少饲料的浪费和更多氮的排出。

二、选择优质饲料原料

在配制日粮过程中，选择饲料原料不仅要考虑氨基酸含量，更要注意氨基酸的利用率。各种氨基酸的真消化率直接影响氮排出量。而影响饲料原料中各种氨基酸真消化率的因素有饲料原料种类和动物个体本身。因此在生产实践中，一定要选择氨基酸含量多的饲料原料，并选用消化率好的动物，从而减少过量氨基酸的降解排出，减少环境污染。

三、科学配制加工日粮

减少氮排出量的方法有很多，其中最有效的就是降低日粮中粗蛋白质含量。例如当猪日粮中的粗蛋白质含量降低1%，氮排出量可减少约8.4%；而对于鸡来说，粗蛋白质含量每降低2%，氮的排出量可减少20%，但是并不能无限制地降低粗蛋白质含量，还必须考虑满足畜禽营养需要，而且动物本身并不需要蛋白质，只需要组成蛋白质的氨基酸即可。因此日粮中氨基酸组成和氨基酸的有效含量越接近于畜禽维持和生产需要，畜禽利用日粮氨基酸的转化能力就越强，需要的有效蛋白质就越少，而且此时粪尿中氮的排泄量也会减少，这样既能保证畜禽正常的生产，还可降低饲料蛋白质含量，减少氮的排放。而且饲料颗粒大小直接影响着饲料利用效率，因此饲料经膨化和颗粒加工后，可提高饲料转化率以及氮的利用率。

四、合理的饲喂方法

不同饲喂方法，蛋鸡对饲料营养物质的利用率也不相同。因此可以采用合适饲喂方法，从而达到提高饲料营养物质利用率、减少氮排出量的目的。

（一）分段饲养

畜禽的生产目的、生长阶段和生产水平不同，对营养物质的要求也不同，因此应对家禽采用分段饲养的方法，即在满足家禽营养需要的前提下，给予不同营养水平的日粮，从而使营养物质消耗减少的一种饲养方法。这种饲喂方法不仅可减少日粮的浪费，又能减少氮的排出量和对环境的污染。有研究表明，将罗曼蛋鸡产蛋期分成20～45周、46～78周两阶段饲养进行时，粗蛋白质含量降低1%～2%，氮的排出量减少25%～30%。

（二）限制饲养

限制饲养即限饲，是为了使蛋鸡性腺发育略受抑制，使其体成熟与性成熟同步，达到高产、稳产的目的，人为限制蛋鸡采食量。采食量的减少使饲料效率提高，氮排出量也相应减少，目前在蛋鸡生产中应用较为普遍。

五、添加饲料添加剂

（一）酶制剂

在饲料中添加酶制剂，既可以改变内源性酶的活性以及补充其含量，又可降解非淀粉多糖，改善消化机能，提高饲料的利用率，从而减少粪中氮的排出量。王玲在玉米-豆粕型日粮中添加主要成分是木聚糖酶、一葡聚糖酶和纤维素酶的复合酶饲喂肉雏鸡，结果大幅提高了肉雏鸡对饲料中能量和蛋白质的利用率，干物质和粗蛋白质消化率分别提高11.0%和11.6%（王玲，2001）。

（二）微生态制剂

张晓梅等（1999）用不同类型的微生态制剂饲喂雏鸡，结果表明，雏鸡血清和肠道蛋白酶、脂肪酶、淀粉酶活性都有不同程度的升高，并且营养物质的消化吸收能力也相应地增强。这可能是因为微生态制剂可改善家禽体内微生态环境，提高各种微生物在体内的代谢，从而提高机体免疫力和抗病力，增强营养物质的消化吸收，促进畜禽的生长，减少环境的污染。有益微生物不但与畜禽肠内微生物联合使消化道菌群达到平衡，增强肠道活动能力，提高饲料利用率，还可阻止有害菌的进入，降低蛋白质向氨及胺转化率，从而减少氮排出量。

第四节　蛋白质饲料资源现状及高效利用技术

近几十年以来，我国畜禽饲料配方参照西方国家，以“玉米-豆粕”型日粮为主，包括饲料行业在内，2017年我国大豆总需求量达到11079万吨，但是国内大豆产量每年不超过1500万吨（图7.1；尹杰等，2019）。由于国内蛋白源饲料严重缺乏，导致我国饲料行业过度依赖于大豆进口，这严重影响了饲料的安全供给，增加了饲料业和畜禽养殖业发展的不确定性。因此，研究蛋白质饲料高效利用技术对缓解我国蛋白饲料资源缺乏具有重要意义。

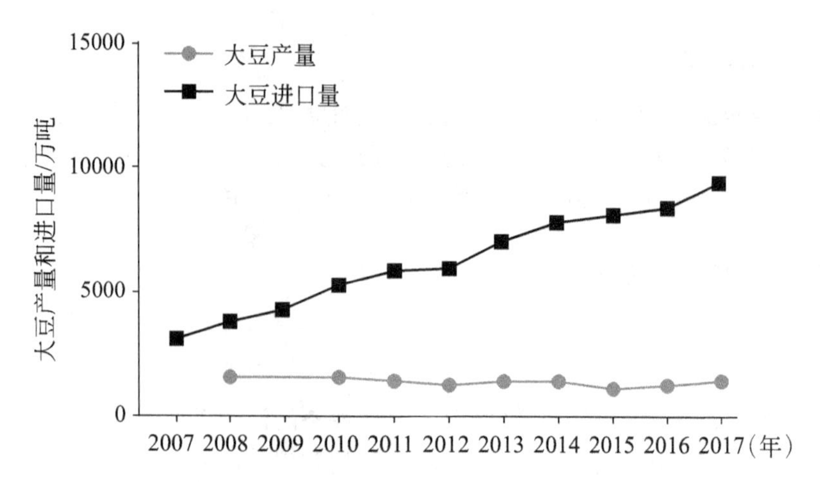

图7.1　我国大豆近年来的生产和进口情况（引自尹杰等，2019）

一、开发非常规饲料资源

（一）利用现状

我国非常规蛋白资源非常丰富，其中包括农产品加工副产物（如菜籽粕、棉籽粕和花生粕等杂粕，玉米、小麦、大米等谷物加工副产物）、植物及其副产物（如牧草、野草、桑叶、构树叶以及人用蔬菜茎、叶与藤等）、糟粕类（如酒糟、醋糟、酱渣和果渣等）、餐饮残渣剩余物、动物源加工副产物等。初步统计，我国农产品加工副产物每年超过5亿吨，但是综合利用率极低，因此我国目前资源浪费现状亟待改善（阮征等，2015）。目前，我国非常规蛋白资源开发利用受到多种因素影响和阻碍。① 多种蛋白资源受到季节和地理文化因素影响，限制了广泛运用。② 国内缺乏不同蛋白资源收割和加工规范标准，影响到其饲料配制。例如，蛋白桑具有较高蛋白含量，是一种理想的饲料蛋白资源，但是不同采摘时间点对其蛋白含量影响较大，同时也缺乏较为统一的加工利用标准，这极大地限制了蛋白桑在饲料企业的运用。③ 多种蛋白资源含有毒素或抗营养因子，降低了饲料营养价值，影响动物的生长和健康。例如，杂粕普遍含有硫代葡萄糖苷、游离棉酚、植酸、单宁、芥子碱、皂素等抗营养因子。然而，目前我国饲料中有毒有害物质和抗营养因子等的去除方法有限，因此需要大力研究非粮蛋白资源中有害物质和抗营养因子含量快速检测以及有效去除方法，为替代豆粕饲料提供保障。④ 当前饲料营养价值评定标准的缺乏，以及蛋白效价与氨基酸平衡不能很好满足动物生长需要，也造成了大量蛋白质资源的浪费。

（二）微生物发酵植物蛋白饲料

微生物发酵蛋白饲料的方法包括固态发酵、液态发酵、吸附在固体表面的膜状培养以及其他形式的固定化细胞培养等，目前多以固态发酵为主。固态发酵是指微生物在没有或几乎没有自由水的固体营养基质上生长的过程，且有厌氧和好氧之分。固态发酵历史悠久，并具有培养基简单且来源广泛、投资少、能耗低、技术较简单、产物的产率较高、环境污染较少、后处理加工方便等优点，所以应用较多。

1.发酵棉粕

油脂饼粕中的部分内源毒素及抗营养因子在不同制油工艺中，尤其在传统高温、高压压榨浸提工艺中难以去除，通过微生物发酵是有效解决这一难题的主要措施。人们在20世纪50年代时发现，成年反刍动物具有避免游离棉酚中毒的生理现象，1960年Roberts等根据这一生理现象利用牛、羊的瘤胃微生物对棉籽饼粕进行发酵脱毒，取得成功并申请了美国专利。Baugher等（1969）利用1株Diplodia真菌对游离棉酚成功进行“生料”发酵脱毒，脱毒率大于90%，残留游离棉酚比未脱毒棉粕中游离棉酚对动物的毒性少，此方法在仔猪、鸡日粮中取得成功应用。而微生物固态发酵法在我国是20世纪80年代后期逐渐发展起来的一种新的棉籽饼粕脱毒方法。钟英长等（1989）采用添加棉酚的培养基进行脱毒微生物的自然筛选和诱变育种，获得5株对棉酚有高脱毒率而不产黄曲霉毒素的霉菌，对未经榨油的棉籽仁粉的脱毒率可达60%～74%。张庆华等（2007）采用热带假丝酵母、拟内胞霉和植物乳杆菌协同固态发酵，对棉粕脱毒率达85.3%。传统发酵法一般采用高温、高压灭菌，这一做法对降低游离棉酚非常有利，脱毒率可以达到95%以上（贾晓锋等，2009），但也影响到氨基酸的消化利用；另外，不同微生物对游离棉酚脱除影响很大，部分菌种还使游离棉酚显著增高。我国学者在利用微生物固态发酵生产脱毒棉籽饼粕的研究方面做了大量的工作，主要表现在3方面：① 脱毒菌种的筛选；② 发酵底物组成及发酵参数优化；③ 发酵前后棉籽饼粕营养成分及养分利用率比较研究。

2.发酵菜粕

国内外关于菜籽粕发酵的研究已有诸多报道。Rozan等（1996）使用少孢根霉发酵菜籽粕40h后，总硫苷降解率为47%。蒋玉琴等（1999）利用乳酸菌、酵母菌、少孢根霉菌复合菌系发酵菜籽粕32h，硫苷降解率达71.6%。Chiou等（2000）研究表明，米曲霉菌能大幅度地改善菜籽粕中纤维素的消化率。陆豫等（2007）使用白地霉和米曲霉脱毒菜籽粕，硫苷去除率达到97%，取得了较好的效果。但是，国内外的大部分菜籽粕微生物发酸菌种并不是我国农业部（2006）

允许在饲料中使用的品种，而且近年来对菜籽粕发酵多数以硫苷脱毒和提高蛋白含量等方面为主要研究目标，发酵工艺主要采用100℃以上高温灭菌，虽也能去除抗营养因子，但能源消耗大，蛋白质品质也难以保证。另外，对微生物法降解菜籽粕中的植酸、单宁等抗营养因子的研究报道也较少。

二、品种改良

目前，我国猪种主要依赖进口国外优质猪种，其不仅成本高，同时对“杜×长×大”为主的商品猪对营养消化吸收率的研究已经达到瓶颈。此外，地方猪种长期受到忽视，缺乏对优良地方品种的保护和开发利用。我国现有118个地方猪种，被收录于联合国粮食及农业组织家养动物多样性信息系统，占全球猪种资源的1/3（丁玫，2018）。这些猪种普遍具有繁殖力高、耐粗饲、抗逆性强、肉质好、对周围环境高度适应等优良的种质特性（丁玫，2018）。因此，利用国内优质的地方种猪资源，结合国外优质猪种，开发新品种种猪，以求对营养消化吸收能力进行突破，是我国养猪业乃至整个养殖业可持续发展的基础。我国饲料蛋白资源的严重匮乏和生猪养殖过程中氮排放对环境的危害，已经成了制约我国饲料和养殖业的两大瓶颈问题。目前，我国进入农业供给侧结构性改革攻坚时期，根据国情优化饲料配方，合理设计低蛋白日粮，并大力发展非常规蛋白饲料替代饲料中豆粕用量，才能确保我国饲料和养殖业可持续发展。

三、低蛋白质日粮

低蛋白质日粮是指将日粮蛋白质水平降低1～3个百分点，然后通过适当添加合成氨基酸，降低蛋白原料用量来满足动物对氨基酸需求（即保持氨基酸的平衡）的日粮。在饲料行业，有必要鼓励和推广相关科研机构和企业进行低蛋白日粮研发。同时，积极引导畜牧企业对饲料蛋白含量的认知。许多中小养殖场过度看重饲料蛋白含量，认为蛋白含量低即为劣质饲料，因此对中小型养殖场主有必要进行培训和引导。除了节约蛋白资源外，低蛋白日粮还能够保护环境并降低生产成本。猪生产过程中排泄物（粪和尿）中含有大量的氮，对猪舍环境卫生具有严重的负面影响。同时，氮的排放也会对土壤、大气以及水源等人类生存环境造成严重危害。《全国第一次污染源普查公报》显示，我国畜禽养殖业排放的化学需氧量达到1268万吨，占农业源排放总量的96%；总氮排放量占农业源氮排放总量的38%。这些氮污染物主要来自于饲料中未被利用的蛋白质，我国养猪生产中饲料蛋白利用率远远低于其他国家。而采用低蛋白日粮同时能够显著提高猪对饲料蛋白的利用效率，从而降低氮排放，缓解养殖过程对环境的危害。研究发现，与用普通饲料喂养猪相比，采用低蛋白日粮喂养，饲料利用效率提高7.51%，猪粪便中氮含量减少27.9%，同时还能减少温室气体排放（李凤娜等，2018）。绿水青山就是金山银山，环境安全成了全民共识。因此，发展低蛋白饲料是实现“环境友好”型饲料工业的有效途径。有关低蛋白质日粮的详细内容将在后续章节中进行讨论。

小结

中国畜禽养殖氮排放十分严重，已造成严重的生态问题和社会问题。畜禽对氨基酸利用率偏低是造成这一现状的关键原因，因此，未来应考虑如何进一步提高氨基酸利用效率，研制出在集约化生产体系下能被广泛应用的氮减排技术。

（黄飞若，尹杰，孙志洪）

参考文献

[1] 包正喜，李鲁鲁，王同心，等. 门静脉血氨对猪肝尿素循环和糖异生的影响. 畜牧兽医学报，2017，48：91-98.

[2] 曹进，张峥. 封闭猪场内氨气对猪群生产性能的影响及控制试验. 养猪，2003（4）：42-44.

[3] 陈瑶，王树进. 我国畜禽集约化养殖环境压力及国外环境治理的启示. 长江流域资源与环境，2014，23：862-868.

[4] 程鹏. 北京地区典型奶牛场污染物排泄系数的测算[D]. 硕士学位论文，北京：中国农业科学院，2012.

[5] 付强，诸云强，孙九林等. 中国畜禽养殖的空间格局与重心曲线特征分析. 地理学报，2012，67：1383-1398.

[6] 高定，陈同斌，刘斌，等. 我国畜禽养殖业粪便污染风险与控制策略. 地理研究，2006，25：311-319.

[7] 国家统计局. 国民经济和社会发展统计公报. 北京：国家统计局，2016：5-20.

[8] 贾晓锋. 固态发酵对棉籽粕棉酚脱毒及蛋白质降解的影响[D]. 硕士学位论文，杨凌：西北农林科技大学，2009.

[9] 蒋玉琴，李荣林. 复合菌脱毒菜籽饼粕及其应用I不同处理条件下复合茵体系发酵对菜籽饼粕硫甙的降解. 江苏农业学报，1999，5：104-106.

[10] 李凤娜，尹杰，段叶辉等. 猪低蛋白日粮的作用效应与技术实践进展. 农业现代化研究，2018，39：961-969.

[11] 刘家斌，孙召福，管坤. 畜禽养殖污染成因分析及治理对策. 农村经济，2017，11：25-26.

[12] 陆豫，余勃. 发酵菜籽粕脱毒工艺优化研究. 食品科学，2007，28：267-271.

[13] 孟丽辉，李聪，卢庆萍，等. 不同氨气浓度对肉鸡福利的影响. 畜牧兽医学报，2016，47：1574-1580.

[14] 苏秋红. 规模化养猪场饲料和粪便中铜含量分析及高铜猪粪对土壤的影响[D]. 硕士学位论文，泰安：山东农业大学，2007.

[15] 孙良媛，刘涛，张乐. 中国规模化畜禽养殖的现状及其对生态环境的影响. 华南农业大学学报，2016，15：23-30.

[16] 王玲. 酶制剂在肉雏鸡饲料中的应用研究. 饲料研究，2001，13：31-32.

[17] 魏凤仙. 湿度和氨暴露诱导的慢性应激对肉仔鸡生长性能、肉品质、生理机能的影响及其调控机制[D]. 博士学位论文. 杨凌：西北农林科技大学，2012.
[18] 邢焕，栾素军，孙永波等. 舍内不同氨气浓度对肉鸡抗氧化性能及肉品质的影响. 中国农业科学，2015，48：4347-4357.
[19] 杨志敏. 基于压力-状态-响应模型的三峡库区重庆段农业面源污染研究[D]. 博士学位论文，重庆：西南大学，2009.
[20] 张庆华，赵新海，钟丽娟，等. 三菌株协同固态发酵对棉籽粕脱毒效果及其生物活性的影响. 饲料工业，2007，28：37-38.
[21] 张晓梅，蔡荣，陈可毅. 饲喂不同类型微生态制剂对雏鸡消化酶活性的影响. 饲料研究，1999，7：4-6.
[22] 中华人民共和国环境保护部. 全国规模化畜禽养殖业污染情况调查技术报告. 北京：中华人民共和国环境保护部，2002：1-10.
[23] 钟英长，吴玲娟. 利用微生物将棉籽中游离棉酚脱毒的研究. 中山大学学报（自然科学版），1989，28：67-72.
[24] 庄犁，周慧平，张龙江. 我国畜禽养殖业产排污系数研究进展. 生态与农村环境学报，2015，31：633-639.
[25] Agle M，Hristov A N，Zaman S，*et al.* The effects of ruminally degraded protein on rumen fermentation and ammonia losses from manure in dairy cows. Journal of Dairy Science，2010，93：1625-1637.
[26] Albrecht J，Zielińska M，Norenberg M D. Glutamine as a mediator of ammonia neurotoxicity：A critical appraisal. Biochemical Pharmacology，2010，80：1303-1308.
[27] Anthony S，Donigian J R，Wayne C H. Modeling of non-point source water quality in urban and non-urban area. Environmental Research Laboratory Office of Research and Development，US Environmental Protection Agency，1991：34-39.
[28] Antonelli A C，Mori C S，Soares P C，*et al.* Experimental ammonia poisoning in cattle fed extruded or prilled urea：clinical findings. Brazilian Journal of Veterinary Research and Animal Science，2004，41：67-74.
[29] Arogo J，Westerman P W，Heber A J. A review of ammonia emissions from confined swine feeding operations. Transactions of the Asae，2003，46：805-817.
[30] Baugher W L，Campbell T C. Gossypol detoxication by fungi. Science，1969，164：1526-1527.
[31] Brunekreef B，Holgate S T. Air pollution and health. Lancet，2002，360：1233-1242.
[32] Bussink D W，Oenema O. Ammonia volatilization from dairy farming systems in temperate areas：a review. Nutrient Cycling in Agroecosystems，1998，51：19-33.
[33] Butterworth R F. Pathophysiology of brain dysfunction in hyperammonemic syndromes：The many faces of glutamine. Molecular Genetics and Metabolism，2014，113：113-117.
[34] Chiou P W S，Chen C，Yu B. Effects of Aspergillus oryzae fermentation extract oil in situ degradation of feedstuffs. Asian-Australasian Journal of Animal Sciences，2000，13：1076-1083.
[35] Colmenero J J O，Broderick G A. Effect of dietary crude protein concentration on milk production and nitrogen utilization in lactating dairy cows. Journal of Dairy Science，2006，89：1704-1712.
[36] Cremin J D，Fitch M D，Fleming S E. Glucose alleviates ammonia-induced inhibition of short-chain fatty acid metabolism in rat colonic epithelial cells. American Journal of Physiology-Gastrointestinal and Liver Physiology，2003，285：G105-G114.
[37] David B，Mejdell C，Michel V，*et al.* Air quality in alternative housing systems may have an impact on laying hen welfare. Part II-Ammonia. Animals，2015，5：886-896.
[38] Erisman J W，Hensen B A，Vermeulen A. Agricultural air quality in Europe and the future perspectives. Atmospheric Environment，2008，42：3209-3217.
[39] Gu B，Ju X，Chang S X，*et al.* Nitrogen use efficiencies in Chinese agricultural systems and implications for food security and environmental protection. Regional Environmental Change，2017，17：1-11.

[40] Hamilton T D，Roe J M，Webster A J. Synergistic role of gaseous ammonia in etiology of Pasteurella multocida-induced atrophic rhinitis in swine. Journal of Clinical Microbiology，1996，34：2185-2190.

[41] Hayes E T ，Curran T P ，Dodd V A . Odour and ammonia emissions from intensive pig units in Ireland. Bioresource Technology，2006，97：940-948.

[42] Hou Y，Chen W P，Liao Y H，*et al.* Scenario analysis of the impacts of socioeconomic development on phosphorous export and loading from the Dongting Lake watershed，China. Environment Science Pollution Research，2017，24：26706-26723.

[43] Jize Z，Cong L，Xiangfang T，*et al.* High concentrations of atmospheric ammonia induce alterations in the hepatic proteome of broilers（Gallus gallus）：an iTRAQ-based quantitative proteomic analysis. PLoS One，2015，10：e0123596.

[44] Lee C，Hristov A N，Dell C J，*et al.* Effect of dietary protein concentration on ammonia and greenhouse gas emitting potential of dairy manure. Journal of Dairy Science，2012，95：1930-1941.

[45] Lin H，Sui S J，Jiao H C，*et al.* Impaired development of broiler chickens by stress mimicked by corticosterone exposure. Comparative Biochemistry & Physiology Part A Molecular & Integrative Physiology，2006，143：400-405.

[46] Lobley G E，Connell A，Lomax M A，*et al.* Hepatic detoxification of ammonia in the ovine liver：possible consequences for amino acid catabolism. British Journal of Nutrition，1995，73：667-685.

[47] Majumdar D，Gupta N. Nitrate pollution of groundwater and associated human health disorders. Indian Journal of Environmental Health，2000，42：28-39.

[48] Malik S G，Irwanto K A，Ostrow J D，*et al.* Effect of bilirubin on cytochrome c oxidase activity of mitochondria from mouse brain and liver. BMC Research Notes，2010，3：162.

[49] Mcginn S M，Janzen H H，Coates T. Atmospheric ammonia，volatile fatty acids，and other odorants near beef feedlots. Journal of Environmental Quality，2003，32：1173-1182.

[50] Michiels A，Piepers S，Ulens T，*et al.* Impact of particulate matter and ammonia on average daily weight gain，mortality and lung lesions in pigs. Preventive Veterinary Medicine，2015，121：99-107.

[51] Miles D M，Miller W W，Branton S L，*et al.* Ocular responses to ammonia in broiler chickens. Avian Diseases，2006，50：45-49.

[52] Nakhoul N L，Abdulnour-Nakhoul S M，Boulpaep E L，*et al.* Substrate specificity of Rhbg：ammonium and methyl ammonium transport. AJP：Cell Physiology，2010，299：C695-C705.

[53] Norenberg M D. Oxidative and nitrosative stress in ammonia neurotoxicity. Neurochemistry International，2003，37：245-248.

[54] Nosengo N. Fertilized to death. Nature，2003，425：894-895.

[55] Protection E. Air quality criteria for particulate matter[M]. 2004.

[56] Qi J，Zheng B，Li M Y，*et al.* A high-resolution air pollutants emission inventory in 2013 for the Beijing-Tianjin-Hebei region，China. Atmospheric Environment，2017，170：156-168.

[57] Rose C，Ytrebø LM，Davies NA，*et al.* Association of reduced extracellular brain ammonia，lactate，and intracranial pressure in pigs with acute liver failure. Hepatology，2007，46：1883-1892.

[58] Rozan F，Villaume C，Bau H M. Detoxication of rapeseed meal by Rhizopus oligosorus SP-T3：A first step towards rapeseed protein concentrate. International Journal of food science & Technology，1996，31：85-90.

[59] Scheele G A. 1994. Extracellular and intracellular messengers in diet-induced regulation of pancreatic gene expression. In：Johnson L. R（ed）. Physiology of the gastrointestinal tract. Raven Press，New York，NY.

[60] Steinfeld H，Gerber P，Wassenaar T，et al. Livestock's long shadow：environmental issues and options. Livestocks Long Shadow Environmental Issues & Options，2006，16：1-7.

[61] Todd R W，Cole N A，Waldrip H M，*et al.* Arrhenius equation for modeling feedyard ammonia emissions using temperature and diet crude protein. Journal of Environmental Quality，2013，42：666-671.

[62] Vijay G M，Hu C，Peng J，*et al.* Ammonia-induced brain oedema and immune dysfunction is mediated by toll-like receptor 9（TLR9）. Journal of Hepatology，2016，64，S314.

[63] Wathes C M，Jones J B，Kristensen H H，*et al.* Aversion of pigs and domestic fowl to atmospheric ammonia. Transactions of the ASAE，2002，45，1605-1610.

[64] Xiong Y，Tang X，Meng Q，*et al.* Differential expression analysis of the broiler tracheal proteins responsible for the immune response and muscle contraction induced by high concentration of ammonia using iTRAQ-coupled 2D LC-MS/MS. Science China Life Sciences，2016，59：1166-1176.

[65] Zhang J，Li C，Tang X，*et al.* Proteome changes in the small intestinal mucosa of broilers（Gallus gallus）induced by high concentrations of atmospheric ammonia. Proteome Science，2015，13：9.

第八章

低蛋白质日粮技术

据统计，畜禽日粮中超过一半的氮以粪尿的形式排出体外，造成资源浪费和严重的环境污染（Petersen，2010；熊毅俊等，2016；Wang等，2016）。此外，氮排放也引起养殖环境恶化，影响动物健康，例如，粪便中释放的氨气等气体具有强刺激性，极易溶解在动物的眼结膜和呼吸道黏膜上，引起结膜炎、支气管炎等症状（陈俊李，2016；李季等，2017），严重时会降低动物的采食量和日增重，甚至死亡（曹进和张峥，2003；孟丽辉等，2016）。可见提高蛋白质利用率、减少氮排放对节约蛋白质饲料资源、增进动物健康具有重要意义（Dalgaard等，2014）。全球畜禽氮减排研究已有100来年的历史，目前主要形成以下氮减排技术：以理想氨基酸模式为基础配制饲粮（Boisen等，2000）；降低饲粮蛋白质含量并补充限制性氨基酸（Shriver等，2003；Yin等，2010；Gallo等，2014；Gloaguen等，2014）；增加饲粮中可发酵性碳水化合物的比例（Shriver等，2003；Galassi等，2010；Patrás等，2012）；添加酶制剂、益生素和有机酸等添加剂（Rotz，2004；Puiman等，2013）。其中，低蛋白质日粮的氮减排效果最为明显。

第一节　低蛋白质日粮的意义

一、低蛋白质日粮概念与种类

日粮中的蛋白质是供给动物生长发育或生产所必需的，从营养学的角度来讲，动物对蛋白质的需求本质上是对氨基酸的利用。日粮中氨基酸的含量并非越多越好，过多氨基酸只能通过脱氨基作用作为能源被利用，增加机体能耗和排泄量；而日粮中蛋白质过低则不能满足猪的维持需要，机体就会出现氮的负平衡，不仅降低能量的利用，还会影响生产性能和繁殖性能等。我国是一个蛋白饲料资源严重匮乏的国家，虽然一些植物性日粮蛋白饲料资源丰富，但由于抗营养因子的存在以及营养成分评估的缺乏，限制了其在畜禽日粮配制中的广泛应用。目前，我国蛋白饲料主要依赖于进口。根据海关总署公布的数据，2017年我国大豆进口量高达9553万吨，国产大豆只有1100万吨。因此，在不影响动物生长性能的前提下提高氨基酸利用效率、减少蛋白饲料资源浪费对于畜牧业的持续、稳定发展具有重要意义。

近年来，畜禽低蛋白日粮越来越受到重视。所谓低蛋白日粮是指将饲料中粗蛋白质水平按NRC或我国的营养标准推荐量降低1～4个百分点，并补充重要氨基酸配制而成的饲料。按照添加氨基酸种类的不同，低蛋白饲料大致可以分为3种：① 平衡所有必需氨基酸的低蛋白日粮；② 平衡部分必需氨基酸的低蛋白日粮，其中以平衡赖氨酸、蛋氨酸、苏氨酸和色氨酸为主；③ 平衡所有必需氨基酸和非必需氨基酸的低蛋白日粮。根据氨基酸平衡理论，低蛋白质日粮中氨基酸的比例和含量应与动物机体一致或者接近，此时氨基酸利用率最高。以猪为例，根据NRC（1998）的猪营养需要标准，仔猪、生长猪和育肥猪饲料粗蛋白需要量分别是20%、18%和16%，低蛋白日粮则是指将日粮蛋白质水平按NRC推荐标准降低2～4个百分点，即仔猪、生长猪和育肥猪饲料中粗蛋白质水平分别控制在16%～18%、14%～16%和12%～14%，然后通过添加合成氨基酸、降低蛋白饲料原料用量来满足动物对氨基酸需求（即保持氨基酸平衡）的日粮。在2012年第11次修订的NRC标准中，进一步强调了猪饲料配制中氨基酸的需要量（其中包括许多非必需氨基酸），而不再是蛋白质水平。NRC的改版突出了饲料中氨基酸的重要性，更有利于猪低蛋白日粮的研发以及配制技术的进一步发展与完善。研究证实，只要进行科学配比设计，低蛋白日粮不仅不会降低畜禽的生产性能，而且对于减少氮排放、降低饲料成本、节约蛋白饲料资源都大有益处。目前，配制低蛋白氨基酸平衡日粮在养猪业中的研究已相对成熟，在生产中也得到了应用。

二、低蛋白质日粮的意义

低蛋白质日粮除降低氮排放外，还具备以下实践意义：

（一）改善幼龄动物肠道健康

幼龄畜禽生长迅速、生理急剧变化，营养需要高，但其消化系统发育不完善，同时还要面临环境应激（离开母畜、转群、转圈）、日粮转换应激（由母乳转向固体饲料）。豆粕为主的大豆蛋白，价格低廉、蛋白质含量丰富、氨基酸组成适宜，是畜禽饲料中主要的蛋白质饲料资源，但是豆粕含有大量的抗营养因子，如胰蛋白酶抑制因子、凝集素、大豆抗原等，会引起幼龄动物肠道过敏。日粮中蛋白质过高会导致幼龄动物腹泻和生长抑制。生猪养殖中，仔猪断奶腹泻一直是困扰行业的问题，尤其是抗生素和氧化锌添加日趋限制的情况下，该问题亟待解决。过去的研究表明，降低4～6个百分点的粗蛋白质含量，对于仔猪的生长性能是没有影响的，同时改善仔猪肠道健康、减少腹泻、提高仔猪健康状态（Heo等，2008）。丹麦养猪研究中心（2014）建议在高腹泻风险阶段（6～15kg），日粮钙和蛋白质水平含量不能超过0.76%和17.7%。当断奶仔猪发生腹泻时，猪场会调整营养配方，丹麦专门制定了仔猪腹泻时的营养标准。以9～20kg猪为例，日粮SID蛋白质水平由17.7%降低至16.8%，SID赖氨酸水平由1.13%降低至1.07%，钙水平由0.76%降低至0.7%。同时也会采取一些管理措施，如增加饲喂次数及限制饲喂量。

（二）影响能量代谢

大多数试验显示，降低2～3个百分点的日粮粗蛋白质含量不会影响生长与育肥猪的生长性能（Gallo等，2014；Hinson等，2009；Hong等，2016）。但也有试验指出，饲喂低蛋白质日粮会增加猪的背膘厚、降低瘦肉率。在很多研究中，当设计日粮的时候仅仅通过增加玉米比例来降低日粮蛋白质比例，尽管玉米和豆粕的代谢能值相近（玉米为3.65Mcal/kg，豆粕为3.66Mcal/kg），但玉米的净能（2.97Mcal/kg）大大高于豆粕的净能（1.93Mcal/kg），这样会导致日粮配方代谢能差异不明显的情况下日粮的净能水平却差异显著，低蛋白质日粮的净能含量会大大增加，从而导致胴体过肥。因此，在配制低蛋白质日粮时需要应用SID氨基酸和净能值。此外，脂肪、淀粉产生的热增耗同蛋白质和日粮纤维相比要低很多（Noblet，1994），因此，减少日粮中的粗蛋白质和纤维水平会降低热量产生，进而导致环境高热气候条件下的应激反应。

（三）缓解蛋白质饲料资源缺乏

随着畜禽养殖业的不断发展，我国对饲料原料特别是蛋白质原料的进口量逐年增加，其中大豆的对外依存度达到85%以上，鱼粉的进口依存度也达到70%以上。因此，使用低蛋白质日粮可降低日粮中蛋白质的含量，减少饲料成本，缓解蛋白质资源缺乏的形势。以生猪养殖为例，猪生产的全程料肉比大约在2.6∶1，每头猪出栏体重按照125kg计算，出栏一头猪需要消耗饲料325kg。假设日粮中的粗蛋白质含量降低2.5个百分点，那么出栏1头猪可以节约蛋白质

8.13kg，相当于节约豆粕18.9kg。按我国每年出栏肉猪7亿头计算，每年则可节约1323万吨豆粕或1653万吨大豆。

（四）降低成本

在畜禽养殖成本中，饲料成本占60% ～ 70%，如何降低饲料成本是市场关注焦点。减少豆粕等价格高的饲料原料是降低成本的重要途径。研究表明，25kg生长猪日粮蛋白质水平降低2个百分点，饲料成本可下降0.3元/kg；日粮蛋白质水平下降3个百分点，饲料成本可下降0.5元/kg（梁利军和张伟峰，2013）。和玉丹和邹君彪（2012）研究指出，50kg中猪饲料蛋白质水平下降3个百分点，饲料成本可减少0.17元/kg。此外，随着环保压力的增大，粪污处理成本在规模养殖成本中的比例逐渐增大，低蛋白日粮由于减少了氮排放，也将显著减少环保处理成本。

第二节 低蛋白质日粮的理论与技术基础

一、理想氨基酸模式

我国畜禽日粮以玉米-豆粕型为主，而玉米-豆粕型日粮存在赖氨酸缺乏以及氨基酸配比不合理的缺点，因此，尽管日粮中粗蛋白质水平满足营养标准，但实际上能够被利用的氨基酸数量和种类满足不了动物的需要。在实际生产中往往通过增加日粮粗蛋白质水平来克服这一问题，但会造成饲料资源的浪费和环境污染。此外，随着日粮蛋白质水平的增加，大量未消化吸收的氮进入大肠并在此进行有害发酵，为避免由此带来的仔猪腹泻往往需要在日粮中添加大量的抗生素。理想氨基酸模式的提出为解决这些不利影响带来了希望。理想氨基酸模式最早来源于Mitchell等（1946）有关蛋鸡氨基酸需要量的论述，即蛋鸡产蛋的氨基酸需要量与一个“全蛋”所含的氨基酸相等。20世纪80年代早期，英国农业研究委员会（ARC，1981）重新定义了理想氨基酸模式的概念，即日粮蛋白质中的各种氨基酸含量需要与动物用于生长或生产所需的氨基酸一致。理想氨基酸模式实质上是指日粮中氨基酸的比例需要达到最佳，在理想氨基酸模式模型中所有氨基酸都被看作是必需和同等重要的，它们都可能成为第一限制性氨基酸，添加或减少任何一种氨基酸都会影响氨基酸之间的平衡。理想氨基酸模式模型中最重要的是必需氨基酸之间的比例，为便于推广和应用，通常把赖氨酸作为基准氨基酸，将其需要量定为100，其他必需氨基酸的需要量表示成与赖氨酸的百分比，这就是所谓的必需氨基酸模式。赖氨酸作为基准氨基酸的原因是理想氨基酸模式模型的研究始于猪，而赖氨酸通常是猪的第一限制性氨基酸，而且赖氨酸主要用于蛋白沉积，其需要量受维持需要的影响比较小，赖氨酸与其他必需氨基酸之间不存在相互转化的代谢关系。

二、可消化氨基酸

过去很长一段时间人们在考虑和配制畜禽日粮中的氨基酸数量与比例时，基本上仍以所含各种氨基酸总量为基础。从理论上讲这种做法不尽合理，因为饲料中的氨基酸进入动物体要经过消化、吸收、利用一系列过程，在体内也存在生物学利用效率的问题。因此从实际角度出发，提出采用可消化氨基酸评定饲料蛋白质的营养价值及配制畜禽的日粮。氨基酸回肠消化率（氨基酸回肠末端消化率）是指饲料氨基酸已被吸收，从肠道消失的部分。它采用回肠末端瘘管技术收集食糜，根据饲料和食糜中不消化标记物（通常是三氧化二铬）的浓度计算得到的氨基酸回肠消化率，即氨基酸回肠表观消化率。计算公式如下：氨基酸回肠表观消化率＝食入氨基酸量–食糜氨基酸量/食入氨基酸量×100%。1988年荷兰已将可消化赖氨酸、可消化蛋氨酸、可消化胱氨酸列入猪、鸡饲养标准与饲料成分表。然而“表观回肠消化率”未考虑到内源氨基酸的损失，导致低蛋白质含量饲料比高蛋白蛋含量饲料的氨基酸表观消化率低，这是因为前者内源氨基酸损失相对较多。“真消化率”对内源氨基酸损失进行了校正。此外，考虑到理想蛋白质模式的确定方式，它实际上反映的是真回肠消化率，而不是表观回肠消化率。所以NRC（1998）中将不同饲料原料的氨基酸表观消化率和真消化率一起发表。Stein等（2007）建议以SID AA来表述猪对氨基酸的需要量更合理。目前，权威机构发布的营养标准中，以SID AA为基础的理想氨基酸模式主要有4个：英国猪营养需要（BSAS，2003）、美国科学研究委员会的猪营养标准（NRC，2012）、赢创德固赛公司发布的氨基酸推荐需要量（Rademacher等，2009）以及美国猪营养指南（NSNG，2010）。

三、净能体系

目前，配制猪饲料普遍采用消化能和代谢能体系，但随着研究深入，人们发现消化能和代谢能体系已不能完全满足动物营养的需求，越来越多的学者推荐使用净能来配制日粮。动物有机体在采食时常有身体增热现象产生，代谢能减去体增热（热增耗）能即为净能。净能又可以分为维持净能和生产净能。动物体维持生命所必需的能量称为维持净能。用于动物产品和劳役的能量称为生产净能。由于蛋白质、纤维素等饲料原料在消化过程中代谢时间长，导致热增耗增加，从而降低了饲料的净能。因此，饲料代谢能并不能完全反映饲料能值，而净能相对更为准确。降低日粮蛋白质水平减少了机体在物质消化代谢过程中的能耗，因而有利于能量的利用与沉积（朱立鑫和谯仕彦，2009）。配制低蛋白日粮时若不采用净能体系，很容易导致生长育肥猪胴体变肥（Fuller等，2010；梁郁均和叶荣荣，1990；唐燕军等，2009），而采用净能体系能够解决低蛋白日粮致胴体变肥的问题（唐燕军等，2009），这一点得到了尹慧红等（2008）的研究证实。但净能值测定的过程比较繁琐，这是制约其应用的一大因素。在实际中，通常将氨基酸的总能值乘以0.75转化为净能值使用（Noblet等，1994）。此外，不少研究表明，赖氨酸在机体生长发育中具有重要作用，是第一限制性氨基酸，日粮中赖氨酸和能量的绝对数量和比例对机体蛋白质和脂肪的沉积有显著影响，采用赖氨酸/净能比配制低蛋白饲料，能更好地平衡营养，提高胴体性能（徐海军等，2007）。

四、功能性氨基酸

随着氨基酸研究的深入，一些氨基酸功能逐渐被揭示出来，特别是一些支链氨基酸的功能，在不同生长阶段的猪中加入不同种类的支链氨基酸有利于机体机能和生产性能的提升，如在母猪低蛋白日粮中添加缬氨酸和异亮氨酸等支链氨基酸可以有效提高母猪泌乳和生产性能（黄红英等，2008）；在仔猪低蛋白日粮中添加亮氨酸、缬氨酸和异亮氨酸等支链氨基酸能刺激蛋白合成和提高免疫力（Zhang等，2013；Ren等，2015；Norgaard等，2009；Che等，2017），促进仔猪健康生长，减少抗生素使用；在生长肥育猪低蛋白日粮中添加精氨酸，可提高瘦肉率、降低脂肪率、改善猪肉质性状（周招洪等，2013）。因此，在低蛋白日粮配制过程中应充分考虑功能性氨基酸的使用。

五、氨基酸的合成工艺

低蛋白质日粮尽管经济和环保效益显著，但是需要添加大量的合成氨基酸，尤其是必需氨基酸和一些关键非必需氨基酸，否则动物的生长或生产会受到明显影响。受氨基酸生产工艺的影响，氨基酸之间的价格差异极大。饲料和养殖企业主要添加一些成本较低的限制性必需氨基酸来配制低蛋白日粮，因赖氨酸、蛋氨酸、苏氨酸和色氨酸工艺相对成熟，价格较低，因此，在低蛋白质日粮中应用得较为普遍。一些重要的氨基酸（如亮氨酸、异亮氨酸和缬氨酸等）虽然对猪的生长性能有显著影响（Zhang等，2013；Ren等，2015；Norgaard等，2009；Che等，2017；Mavromichalis等，1998），但因价格高昂，很少在生产中添加，仅仅停留在研究层面。因此，未来应加强此类氨基酸生产工艺的研发，以降低功能性氨基酸的使用成本。

第三节　低蛋白质日粮的应用现状

一、国内外低蛋白质日粮的研究与应用现状

最近几年，我国在低蛋白质日粮的研究与应用上做了不少尝试和努力。2013—2017年，南京农业大学朱伟云教授主持了国家973项目“猪利用氮营养素的机制及营养调控”。该项目围绕3个科学问题：① 胃肠道消化代谢如何改变氮营养素供给模式？② 肝脏和肌肉组织高效利用氮营养素的机制是什么？③ 氮营养素消化代谢网络的关键靶点是什么，如何实现营养调控？围绕这3个科学问题，设置了6个研究内容：① 胃肠道化学感应与氮营养素的消化；② 小肠黏膜结构、功能与氮营养素吸收利用；③ 肠道微生物与氮营养素的消化代谢；④ 肝脏中氮营养素的代谢通路及其调节；⑤ 氮营养素的感应与肌肉蛋白质沉积；⑥ 氮营养素消化代谢网络关键靶点解析与营养调控。通过南京农业大学、中国科学院亚热带农业生态研究所、中国农业大学、华中农业大学、西南大学、华南农业大学、吉林农业大学、广东省农业科学院等单位的学术骨干的不懈努力，在以下方面取得突破性成果：① 系统阐述了日粮氨基酸在消化道-肝脏-肝外组织间的代谢转化规律；② 发现肠道微生物与肠黏膜在氨基酸代谢过程中的分工协作机制，阐明了肠道微生物影响猪氮利用的机制；③ 揭示了支链氨基酸（BCAA）调节猪氮营养素利用的机制；④ 明确了在不影响生长性能、总氮排放降低的前提下，确定日粮蛋白可下降的最低临界点及平衡氨基酸的种类；⑤ 建立了多种猪营养研究关键技术平台，例如，猪肠道原位结节灌流评价氨基酸净吸收量技术、猪小肠隐窝干细胞的分离培养技术、猪的多重血管插管（门静脉-肝静脉-肠系膜静脉-颈动脉血管插管）技术等。该项目的实施推动了我国氨基酸代谢与低蛋白质日粮技术的研究水平，而且某些方面处于世界领先水平；此外还为动物营养与饲料科学学科培养了一大批中青年学术骨干。

低蛋白质日粮氮减排效果非常显著，日粮蛋白质每降低1个百分点，日粮中豆粕用量降低2.82个百分点（Spring等，2018）、氮排放降低10%（Galassi等，2010）、圈舍氨气浓度降低10%以上（Nguyen等，2018）。做到限制性氨基酸的平衡是低蛋白质日粮技术的关键，目前主要补充的是L-赖氨酸、DL-蛋氨酸、L-苏氨酸和L-色氨酸。过去的研究表明，降低猪日粮粗蛋白质含量的同时平衡重要必需氨基酸，可以在不影响猪生长性能的情况下减少动物对摄入的多余氨基酸脱氨基代谢的能量消耗、降低氮的排出量（Gallo等，2014；Hinson等，

2009；Galassi等，2010；Hong等，2016）。除平衡赖氨酸、蛋氨酸、色氨酸、苏氨酸四种氨基酸外，近年来的科研工作者也尝试添加其他氨基酸如BCAA来提高低蛋白质日粮的减氮与促生长效果（Zhang等，2013；Li等，2017）。总体来看，在补充重要氨基酸的情况下，日粮粗蛋白质水平降低2～3个百分点不会影响动物的生长性能（Gallo等，2014；Hinson等，2009；Hong等，2016）。低蛋白质日粮氮减排效果极佳，与发展资源节约型、环境友好型畜牧业相符。但是，低蛋白质日粮在降低粗蛋白质含量的同时需要补充重要氨基酸，因为氨基酸价格远高于普通蛋白质饲料原料，造成低蛋白质日粮没有明显的价格优势，因此，在低蛋白质日粮生产中尤其是集约化生产中很难得到广泛应用。

二、制约低蛋白质日粮广泛应用的因素

低蛋白质日粮研究与应用已有100多年的历史，但推广面仍然不大，主要限制性因素在于：① 我国多年形成的以饲料蛋白质含量判定饲料质量的思维习惯短时间内难以纠正，养殖场（户），特别是小的养猪场（户）以饲料中豆粕含量和粗蛋白质水平来判定饲料的质量优劣；② 高蛋白质日粮有促进动物生长的作用，在部分饲料企业利益的驱使下，相当数量的养殖场（户）将蛋白质含量高的小猪料一直饲喂到育肥，造成大量蛋白质浪费；③ 蛋白质含量高的日粮配方容易配制，不用过多考虑能氮和氨基酸平衡等较为复杂的技术问题；④ 我国预混料产量很大，各饲料企业的推荐配方中豆粕用量很大；⑤ 我国2008年发布的推荐性国家标准《仔猪、生长肥育猪配合饲料》（GB/T 5915—2008）、《产蛋后备鸡、产蛋鸡、肉仔鸡配合饲料》（GB/T 5916—2008）均规定了饲料蛋白质的最低要求，一些饲料执法机构将这2个标准中的蛋白质含量作为饲料质量合格的执法依据；⑥ 降低日粮蛋白质水平需要补充重要氨基酸，降低得越多补充得越多，否则会影响动物生长，尽管氮减排效果显著，但经济效益不明显，这一重大技术缺陷导致日粮蛋白质水平仅能降低2～3个百分点，当日粮蛋白质水平降低幅度超过这一范围时，动物的生长性能往往会受到抑制（Figueroa等2003；He等，2016）。

三、低蛋白质日粮推广契机

由于以上限制因素，我国低蛋白质日粮配制技术的推广进程一直比较缓慢，仅限于一些大型饲料和养殖企业的小规模试用，中小型饲料企业以及散户等由于技术和日粮配制理念缺失，还一直处于观望态势。2018年对于低蛋白质日粮配制技术的推广应用是一个契机，因为豆粕价格在2018年10月中旬已突破3900元/吨，创近年来新高，采用低蛋白质日粮配制技术平均可降低2～3个百

分点的日粮蛋白质水平，每吨饲料可减少50kg左右的豆粕用量。我国每年生产的配合饲料大约为2.1亿吨，因此可减少1050万吨左右的豆粕使用量，折合大豆1313万吨（每吨大豆可产出0.8吨豆粕）。此外，“饲料原料来源多元化”是低蛋白质日粮配制技术的另一大优势，如菜籽粕中含有较多的含硫氨基酸，尤其是蛋氨酸，而棉籽粕中精氨酸含量较高，采用这2种原料代替部分豆粕可以减少饲料中相应氨基酸的添加量。因此，低蛋白质日粮中通过添加适量棉粕、菜粕、花生粕、玉米胚芽粕等非常规蛋白原料，可进一步减少豆粕使用量，从而缓解豆粕价格上涨对我国畜禽养殖生产的负面效应。

第四节　未来低蛋白质日粮的发展

基于目前低蛋白质日粮应用存在的问题，今后的研究还需注意以下几个要点：

（1）低蛋白质日粮在猪体内的能量代谢可能与正常蛋白水平日粮有所差异，这也是造成低蛋白质日粮在实际生产中应用不稳定的重要影响因素；此外，由于某些氨基酸（如谷氨酸）可用于肠道供能，低蛋白质条件下此类氨基酸不足也会影响到动物胃肠道的正常功能。因此，探究日粮不同蛋白水平下适宜的能氮比对于动物的生长性能极为重要。

（2）低蛋白质日粮中麦麸和米糠粕等副产物较多，纤维含量较高。日粮中适量的纤维可促进肠道的发育并维持正常的胃肠道功能，但另一方面也会阻碍营养物质的消化和吸收，造成饲料转化效率降低。因此，如何平衡日粮蛋白质和纤维之间的互作也是低蛋白质日粮研究需要继续探索的命题。

（3）猪食入的饲料蛋白质在肠道内消化酶作用下被降解为游离氨基酸或肽段，其中，氨基酸残基小于10的称为寡肽，含2～3个氨基酸残基的为小肽。已有研究表明，当日粮蛋白质水平极低时，无论如何补充CAA，猪的生长性能均达不到理想状态（Gloaguen等，2014）。有学者指出，哺乳动物对小肽有某种特殊的需求，完整的蛋白质是日粮中不可缺少的组成部分；但也有研究表明，日粮中小肽的添加并不会影响动物本身的氨基酸平衡和蛋白质沉积。因此，该结论尚需进一步验证。

（4）由于理想氨基酸模型是低蛋白质日粮的研究基础，低蛋白质日粮是理想氨基酸模型的初步实践，因此，如何在现有基础上进一步优化低蛋白质日粮的氨基酸结构，提高低蛋白质日粮的使用效率，最终实现向理想氨基酸模型的最高阶“全氨基酸纯合日粮”的发展成为低蛋白质日粮研究的最终目标。

（曾祥芳，尹杰）

参考文献

[1] Norgaard J V，杨林，刘小龙. 在5～8周龄仔猪日粮中添加异亮氨酸和缬氨酸减少粗蛋白使用的研究. 广东饲料，2009，18：36-39.

[2] 曹进，张峥. 封闭猪场内氨气对猪群生产性能的影响及控制试验. 养猪，2003（04）：42-44.

[3] 陈俊李. 14例急性氨气中毒气道损伤患者的整体护理. 当代护士（下旬刊），2016（04）：82-83.

[4] 段叶辉. 低蛋白日粮平衡BCAAs比例调控10～30kg猪肌肉组织蛋白质与脂质代谢的机制研究[D]. 博士学位论文，北京：中国科学院大学，2018.

[5] 和玉丹，邹君彪. 低蛋白氨基酸平衡日粮在生长肥育猪阶段的应用效果报告. 国外畜牧学-猪与禽，2012，32：43-45.

[6] 黄红英，贺建华，范志勇，等. 添加缬氨酸和异亮氨酸对哺乳母猪及其仔猪生产性能的影响. 动物营养学报，2008，20：281-287.

[7] 李季，王同心，姚卫磊，等. 畜禽舍氨气排放规律及对畜禽健康的危害. 动物营养学报，2017，29：3472-3481.

[8] 李颖慧. 猪肌肉组织对低蛋白日粮的响应及其机制研究[D]. 博士学位论文，北京：中国科学院大学，2017.

[9] 梁利军，张伟峰. 应用低蛋白日粮饲喂育成猪效益分析. 今日养猪业，2013（01）：39-41.

[10] 梁郁均，叶荣荣. 用赖氨酸加蛋氨酸代替鱼粉结合木薯代替部分玉米养猪试验. 广东农业科学，1990（05）：41-43.

[11] 孟丽辉，李聪，卢庆萍，等. 不同氨气浓度对肉鸡福利的影响. 畜牧兽医学报，2016，47：1574-1580.

[12] 唐燕军，张石蕊，贺喜，等. 低蛋白质日粮中净能水平和赖氨酸净能比对育肥猪生长性能和胴体品质的影响. 动物营养学报，2009，21：822-828.

[13] 熊毅俊，林群，孙明华，等. 2016年上半年广东生猪产业发展形势与对策建议. 广东农业科学，2016，43：15-20.

[14] 徐海军，印遇龙，黄瑞林，等. 蛋白质和脂肪在肥育猪体内的分配沉积规律研究进展. 广东农业科学，2007（10）：72-76.

[15] 尹慧红，张石蕊，孙建广，等. 不同净能水平的低蛋白日粮对猪生长性能和养分消化率的影响. 中国畜牧杂志，2008，44：25-28.

[16] 周招洪，陈代文，郑萍，等. 饲粮能量和精氨酸水平对育肥猪生长性能、胴体性状和肉品质的影响. 中国畜牧杂志，2013，49：40-45.

[17] 朱立鑫，谯仕彦. 猪净能体系及其研究进展. 中国畜牧杂志，2009，45：61-64.

[18] ARC. The Nutrient Requirements of Pigs. Commonwealth Agricultural Bureau，Farnham Royal，UK，1981.

[19] Boisen S，Hvelplund T，Weisbjerg M R. Ideal amino acid profiles as a basis for feed protein evaluation. Livestock Production Science，2000，64：239-251.

[20] BSAS. Nutrient Requirement Standards for Pigs. British Society of Animal Science，Penicuik Midlothian UK，2003.

[21] Che L Q，Peng X，Hu L，*et al.* The addition of protein-bound amino acids in low-protein diets improves the metabolic and immunological characteristics in fifteen- to thirty-five-kg pigs. Journal of Animal Science，2017，95：1277-1287.

[22] Dalgaard T，Hansen B，Hasler B，*et al.* Policies for agricultural nitrogen management-trends，challenges and prospects for improved efficiency in Denmark. Biocontrol Science and Technology，2014，9：115002.

[23] Figueroa J L，Lewis A J，Miller P S，*et al.* Growth，carcass traits，and plasma amino acid concentrations of gilts fed low-protein diets supplemented with amino acids including histidine，isoleucine，and valine. Journal of Animal Science，2003，81：1529-1537.

[24] Fuller M F，Cadenhead A，Pennie K. Effects of omitting lysine from diets conforming to Agricultural Research Council（1981）standards for pig. Animal Science，2010，39：449-453.

[25] Galassi G，Colombini S，Malagutti L，*et al.* Effects of high fibre and low protein diets on performance，digestibility，nitrogen excretion and ammonia emission in the heavy pig. Animal Feed Science and Technology，2010，161：140-148.

[26] Gallo L，Dalla Montà G，Carraro L，*et al.* Growth performance of heavy pigs fed restrictively diets with decreasing crude protein and indispensable amino acids content. Livestock Science，2014，161：130-138.

[27] Gloaguen M，Le Floc'h N，Corrent E，*et al.* The use of free amino acids allows formulating very low crude protein diets for piglets. Journal of Animal Science，2014，92：637-644.

[28] He L，Wu L，Xu Z，*et al.* Low-protein diets affect ileal amino acid digestibility and gene expression of digestive enzymes in growing and finishing pigs. Amino Acids，2016，48：21-30.

[29] Mavromichalis I，Webel D M，Emmert J L，*et al.* Limiting order of amino acids in a low-protein corn soybean meal-whey-based diet for nursery pigs. Journal of Animal Science，1998，76：2833-2837.

[30] Mitchell H H，Block R J. Some relationships between the amino acid contents of proteins and their nutritive values for the rat. Journal of Biological Chemistry，1946，163：599-620.

[31] National Research Council. Nutrient Requirements of Swine. National Academy Press，Washington，DC，1998.

[32] Noblet J，Fortune H，Shi X S，*et al.* Prediction of net energy value of feeds for growing pigs. Journal of Animal Science，1994，72：344-354.

[33] NSNG. National swine nutrition guide. Tables on Nutrient Recommendations，Ingredient Composition，and Use Rates. Pork Center of Excellence，Ames IA，2010.

[34] Patrás P，Nitrayová S，Bresteneský M，*et al.* Effect of dietary fiber and crude protein content in feed on nitrogen retention in pigs. Journal of Animal Science，2012，90：158-160.

[35] Petersen S T. The potential ability of swine nutrition to influence environmental factors positively. Journal of Animal Science，2010，88：E95-E101.

[36] Puiman P，Stoll B，Molbak L，*et al.* Modulation of the gut microbiota with antibiotic treatment suppresses whole body urea production in neonatal pigs. American Journal of Physiology-Gastrointestinal and Liver Physiology，2013，304：G300-G310.

[37] Rademacher M，Sauer W C，Jansman A J M. Standardized Ileal Digestibility of Amino Acids in Pigs. Evonik Degussa GmbH，Hanau-Wolfgang，Germany，2009.

[38] Ren N M，Zhang S H，Zeng X F，*et al.* Branched chain amino acids are beneficial to maintain growth performance and intestinal immune-related function in weaned piglets fed protein restricted die. Asian-Australasian Journal of Animal Sciences，2015，28：1742-1750.

[39] Rotz C A. Management to reduce nitrogen losses in animal production. Journal of Animal Science，2004，82：E119-E137.

[40] Shriver J A，Carter S D，Sutton A L，*et al.* Effects of adding fiber sources to reduced-crude protein，amino acid supplemented diets on nitrogen excretion，growth performance，and carcass traits of finishing pigs. Journal of Animal Science，2003，81：492-502.

[41] Stein H H，Seve B，Fuller M F，*et al.* Invited review：amino acid bioavailability and digestibility in pig feed ingredients：terminology and application. Journal of Animal Science，2007，85：172-180.

[42] Wang T C，Fuller M F. The optimum dietary amino acid pattern for growing pigs：1. Experiments by amino acid deletion. British Journal of Nutrition，1989，62：77-89.

[43] Wang Y M，Zhou J Y，Wang G，*et al.* Advances in low-protein diets for swine. Journal of Animal Science and Biotechnology，2018，9：60.

[44] Wang Y，Dong H M，Zhu Z P，*et al.* CH_4，NH_3，N_2O and NO emissions from stored biogas digester effluent of pig manure at different temperatures. Agriculture Ecosystems and Environment，2016，217：1-12

[45] Yin Y，Huang R L，Li T，*et al.* Amino acid metabolism in the portal-drained viscera of young pigs：effects of dietary supplementation with chitosan and pea hull. Amino Acids，2010，39：1581-1587.

[46] Zhang S H，Qiao S Y，Ren M，*et al.* Supplementation with branched-chain amino acids to a low protein diet regulates intestinal expression of amino acid and peptide transporters in weanling pigs. Amino Acids，2013，45：1191-1205.

[47] Hinson R B，Schinckel A P，Radcliffe J S，*et al.* Effect of feeding reduced crude protein and phosphorus diets on weaning-finishing pig growth performance，carcass characteristics，and bone characteristics. Journal of Animal Science 2009，87：1502-1517.

[48] Hong J S，Lee G I，Jin X H，*et al.* Effect of dietary energy levels and phase feeding by protein levels on growth performance，blood profiles and carcass characteristics in growing-finishing pigs. Journal of Animal Science and Technology，2016，58：37.

[49] Heo J M，Kim J C，Hansen C F，*et al.* Effects of feeding low protein diets to piglets on plasma urea nitrogen，faecal ammonia nitrogen，the incidence of diarrhea and performance after weaning. Archives of Animal Nutrition，2008，62：343-358.

[50] Li Y，Wei H，Li F，*et al.* Effects of low-protein diets supplemented with branched-chain amino acid on lipid metabolism in white adipose tissue of piglets. Journal of Agricultural and Food Chemistry，2017，65：2839-2848.

第九章 低蛋白质日粮在单胃动物上的应用

猪饲料中大部分的氮不能被消化吸收，随粪尿排出体外污染环境，配制低蛋白质日粮可在不影响或提高动物生产性能的情况下，提高饲料利用率，降低粪便中氮等的排放，减少对环境的污染。

第一节 低蛋白质日粮对单胃动物生长性能的影响

一、低蛋白质日粮在仔猪上的应用

仔猪断奶前后这一段时间是关键时间，影响动物的生长与健康。过去的研究表明（表9.1），适当降低日粮粗蛋白质水平并补充重要氨基酸，不会对仔猪的生产性能产生负面影响，并且可有效降低仔猪的氮排放。罗增海等（2010）将日粮粗蛋白质含量从18%降低至15%，发现仔猪血清中尿素氮浓度减少了35.2%，日增重增加了0.71%，料肉比增加了3.76%。曹开梅等（2013）将18%粗蛋白质的仔猪日粮降低至17%、15%、14%，结果表明日粮粗蛋白质降低1～3个百分点对仔猪生长性能没有影响；但是粗蛋白水平降低至14%时则会影响动物的生长性能。低蛋白日粮抑制了仔猪肝脏IGF-I表达和分泌，从而限制了仔猪的生长；血清中缬氨酸和α-酮异戊酸也随日粮粗蛋白质水平的降低而降低，提示其可能在仔猪生长过程中发挥重要作用。

表9.1 低蛋白质日粮对仔猪生长性能的影响

粗蛋白质水平	体重/kg	平衡氨基酸种类	采食量/(kg/d)	增重/(kg/d)	饲料转化率/%	文献来源
18（对照）	15		0.78	0.42	1.86	罗增海等，2010
17（低蛋白质）	15	Lys、Met、Thr、Trp	0.78	0.46	1.70	
15（低蛋白质）	15	Lys、Met、Thr、Trp	0.79	0.41	1.93	
18（对照）	25		1.75	0.79	2.22	曹开梅，2013
17（低蛋白质）	25	Lys、Met、Trp	1.73	0.76	2.28	
15（低蛋白质）	25	Lys、Met、Trp	1.68	0.74	2.26	
14（低蛋白质）	25	Lys、Met、Thr、Trp、Ile、Leu、Val、Phe、His	1.08	0.58	1.86	

豆粕含有较高的粗蛋白，但资源缺乏，主要靠进口，而我国棉籽饼粕、菜籽饼粕等常规蛋白质饲料资源却很丰富，因此可采用棉籽粕等代替豆粕配制低蛋白日粮。但棉籽饼粕、菜籽饼粕中氨基酸不平衡，同时含有较多的抗营养因子，可能会抑制仔猪生长，补充合成氨基酸不仅能平衡日粮氨基酸组成，还可缓解抑制因子的抑制作用。宋阳等（2016）用棉籽粕替代50%的豆粕，然后补充9种氨基酸，结果发现，仔猪的采食量、日增重以及料肉比与对照组接近。低蛋白日粮技术同其他技术结合，其氮减排效果更为明显。如采用微粉碎技术能进一步提高饲料利用率，减少氮排放。李伟跃等（2017）降低1个百分点的粗蛋白质水平，然后采用普通粉碎和超粉碎两种方式加工原料，研究结果显示，仔猪氮排放分别减少26.8%、32.9%。在低蛋白日粮中添加酶制剂（如蛋白酶、木聚糖酶等）也是提高营养消化利用率的常用方式。窦勇等（2014）研究发现，低蛋白质日粮中添加0.2%复合酶制剂，粗蛋白质表观消化率提高了19.8%，粪和尿中氮排放量降低42.3%。

除了对仔猪生长性能的影响，低蛋白质日粮还能改善仔猪肠道的健康，尤其是断奶仔猪。Eggum等（1985）报道，日粮粗蛋白质水平从25.4%降低至22.5%或19.2%，仔猪腹泻率从17%降低至16%或11.0%。Bolduan等（1993）报道，日粮粗蛋白质水平从20.2%降低至18.4%或16.3%，仔猪腹泻率从3.20%降低至2.40%或0.80%。Noblet等（2002）报道，日粮粗蛋白质水平从22.4%降低至20.4%或18.4%，仔猪腹泻率从18.1%降低至18.0%或4.6%。随着微生物高通量测序技术的发展，近年来的研究揭示了低蛋白质日粮降低仔猪腹泻率的微生物调节机理。Wan（2019）报道，同对照组相比，低蛋白质日粮增加了仔猪结肠内容物微生物的Chao1和ACE指数，这两个指数的增加意味着微生物多样性的增加；低蛋白质日粮降低了仔猪结肠厚壁菌门（Firmicutes）微生物丰度，这一结果表明低蛋白质日粮减少了进入结肠中碳水化合物的量。

二、低蛋白质日粮在生长育肥猪上的应用

生长育肥阶段是整个生猪饲养过程中饲料消耗最大的阶段，占总耗料的2/3，如何降低这一部分能耗对于提高养殖效益、减少排放具有重要意义。研究表明，降低生长肥育猪日粮中的粗蛋白质水平可显著减少氮排放（表9.2）。日粮中粗蛋白质水平每降低1个百分点，总氮排放量降低8.0%，氨气排放量降低10%左右（Canh等，1998）。Nguyen等（2018）报道，低蛋白质日粮中添加酶制剂显著提高生长育肥猪的生长性能、营养物质消化率，同时减少氨气和硫化氢气体浓度。吴东等（2010）在生长育肥阶段使用14%和15%粗蛋白的低蛋白日粮，发现血清中的氮水平分别比17%粗蛋白日粮降低了16.1%和11.6%，粪便中氨气分别减少了17%和14.6%；而饲喂13%和14%粗蛋白的低蛋白日粮较15%粗蛋白的高蛋白日粮，生猪血清中的氮水平分别降低了10.1%和17.3%，粪便中氨气最高降低了15%。多数研究表明日粮降低1%～4%粗蛋白，对生长猪和肥育猪的生长性能、胴体性质、肉品质均无显著影响（李宁等，2018）。

表9.2　低蛋白质日粮对生长育肥猪生长性能的影响

粗蛋白质水平/%	体重/kg	平衡氨基酸种类	采食量/（kg/d）	增重/（kg/d）	饲料转化率/%	文献来源
14（对照）	70		2.29	0.77	2.94	李宁等，2018
10（低蛋白质）	70	Lys、Thr、Trp	2.52	0.83	3.03	
14.5（对照）	55		2.34	0.82	2.85	Canh等，1998
12.5（低蛋白质）	55	Lys、Met、Thr、Trp	2.33	0.80	2.93	
14.0（对照）	55		2.36	0.95	2.48	甄吉福等，2018
12.5（低蛋白质）	55	Lys、Met、Trp、Cys、Glu	2.44	0.96	2.54	
11（低蛋白质）	55	Lys、Met、Trp、Cys、Glu	2.59	0.95	2.72	

一些关键的氨基酸对生长育肥猪的生长性能有明显影响（魏立民等，2014）。目前，平衡低氮日粮一般添加了一些限制性的必需氨基酸，通常使用赖氨酸、蛋氨酸、苏氨酸和色氨酸等（Li等，2018）。李宁等（2018）认为降低色氨酸水平会显著降低育肥猪平均日增重和采食量，而降低同样水平的苏氨酸则

无显著影响；通过分析血清中游离氨基酸含量发现，一些必需氨基酸（如异亮氨酸和缬氨酸）含量明显升高，说明缺乏色氨酸影响到其他氨基酸的利用，进而干扰猪的其他生理代谢。该结论与Nathalie等（2012）的研究结果基本一致，他们发现低蛋白饲料中色氨酸和缬氨酸的短缺将显著影响猪的平均日增重。必需氨基酸中的一些支链氨基酸有利于肥育猪生长性能和健康状况的提升。Jiao等（2016）认为补充色氨酸、异亮氨酸和缬氨酸比补充赖氨酸、苏氨酸和蛋氨酸更有利于肥育猪平均日增重的提高，同时IgG和IgA等免疫因子表达水平上升，有利于机体免疫力的提高。

另外，除了补充必需氨基酸外，一些非必需氨基酸也可调控生长肥育猪对低蛋白日粮利用状况。甄吉福等（2018）在12.5%和11%的低蛋白日粮中补充Glu和其他一些必需氨基酸，发现添加Glu可降低育肥猪的尿氮和总氮排放量，提高蛋白质利用效率，但对育肥猪的生产性能则无显著影响。除了考虑在低蛋白质日粮中添加不同种类的氨基酸外，目前科研工作者还在尝试在生长育肥猪低蛋白质日粮中添加不同形式的氨基酸。Prandini等（2013）报道，同低蛋白质日粮添加普通赖氨酸相比，添加微胶囊化的赖氨酸在减少生长育肥猪氮排放、提高生长性能、改善肉品质方面的效果更为明显。

三、低蛋白质日粮在母猪上的应用

使用低蛋白日粮不仅可减少氮排放，同时可明显改善圈舍环境，从而有利于母猪健康状况和采食量的提高。母猪采食补充了主要必需氨基酸的低蛋白质日粮后，除奶中IgG浓度稍微低于对照组外，其他指标同对照组一致（Hsu等，2001）。Jia等（2016）报道，肌肉生长抑制素通过表观调控介导了母源低蛋白质日粮诱导的仔猪生长受阻。国内学者也对母猪低蛋白质日粮开展了广泛研究。张光磊等（2018）研究报道，饲喂低蛋白质日粮能够提高哺乳母猪2%的采食量、10%的仔猪窝重、8.5%泌乳量，同时显著降低圈舍氨气浓度。陈军等（2017）报道，试验组妊娠期母猪饲喂粗蛋白质水平为9.5%的低蛋白日粮，对照组饲喂粗蛋白质水平为13.5%的日粮，结果显示，试验组母猪的平均总产仔数、平均产活仔数、平均初生窝重均和对照组差异不显著，但是氮的排放量和粪含氮量均显著降低。研究表明，低蛋白日粮同样适用于梅山母猪（陈军等，2017）、长大二元杂交母猪（董志岩等，2012）、金华初产母猪（赵青和钟土木，2009）等多个品种，在一定范围内降低日粮粗蛋白质水平不会影响这些母猪的生长和生产性能。Lys是玉米-豆粕型日粮的第一限制性氨基酸，对于母猪泌乳性能至关重要，降低母猪日粮粗蛋白质含量时需要补充赖氨酸。泌乳母猪日粮中绝大多数Lys用于泌乳，在低蛋白日粮中添加适当的Lys有利于提高母猪的泌乳性能

（NRC，2012）。方桂友等（2018）报道，低蛋白质日粮中添加0.83% Lys能显著提高哺乳仔猪的平均日增重、减少母猪泌乳期失重以及降低粪氮排泄量。但Lys添加量并非越高越好，董志岩等（2013）在母猪低蛋白日粮中添加不同水平的赖氨酸（0.9%～1.05%），结果显示，0.90%赖氨酸添加组比1.00%和1.05%赖氨酸添加组的仔猪窝均增重提高了7.98%和9.81%，粪氮排放减少了15%左右。

四、低蛋白质日粮在肉鸡上的应用

近年来低蛋白质日粮在家禽上也得到了广泛应用。研究证明，通过补充合成氨基酸降低日粮粗蛋白质水平能够降低畜禽排泄物中氮的含量，从而提高蛋白质利用效率（路复员和王恬，2002）。Aletor等（2000）将21～42日龄肉鸡的日粮粗蛋白质水平从22.5%降低至15.3%，低蛋白质组肉鸡日增重与对照组无显著差异。Dean（2006）报道，在不影响生长性能的情况下，可通过补充氨基酸可以将1～17日龄肉鸡日粮粗蛋白质水平从22.2%降低至19.2%时，但是，当粗蛋白质水平进一步降低至16.2%时，即使满足必需氨基酸的需要也会影响肉鸡的生长性能。表9.3列出了近年来关于肉鸡低蛋白质日粮的研究结果。van Harn等（2019）报道，日粮在平衡赖氨酸、蛋氨酸、苏氨酸、色氨酸、异亮氨酸、缬氨酸和精氨酸情况下，降低1、2、3个百分点的日粮粗蛋白质水平不影响肉鸡体增重、采食量和死亡率；降低2或3个百分点日粮粗蛋白质水平改善了饲料转换率；日粮粗蛋白质水平降低3个百分点降低肉鸡胸肉产量；总的来看，在不影响生长性能情况下，生长与肥育阶段肉鸡日粮粗蛋白质可降低2.2～2.3%，降低日粮粗蛋白质水平可减少氮排放、改善动物福利以及减少蛋白质饲料资源的消耗。Ndazigaruye等（2019）报道，外源蛋白酶加到低蛋白质日粮中可以提高肉鸡生长性能。肉鸡生长期饲喂添加蛋氨酸的低蛋白质日粮，之后饲喂对照日粮，这一饲喂方式改善肉鸡的饲料与蛋白质利用率，降低生产成本（Jariyahatthakij等，2018）。有关低蛋白质日粮对肉鸡生长性能的影响过去也有不一致的报道。尽管满足限制性氨基酸的需要，降低开食料和育肥料中粗蛋白质水平降低肉鸡的生长性能；低蛋白质日粮好像有助于提高肉鸡存活率，但是并不影响热应激下肉鸡的生长性能；无论在热应激还是非热应激环境下，低蛋白质日粮有削弱α_1-酸性糖蛋白和卵转铁蛋白反应的趋势；因为急性期蛋白有助于非特异性免疫反应和恢复稳态；低蛋白质日粮对脑中热休克蛋白浓度的影响微乎其微（Zulkifli等，2018）。同猪上的试验结果一致，当日粮粗蛋白质水平超过3个百分点时，即使平衡所有的必需氨基酸仍然会降低肉鸡的生长性能（Jiang等，2005；Dean等，2006；Namroud等，2008；Nukreaw等，2001）。

表9.3 低蛋白质日粮对肉鸡生长性能的影响

粗蛋白质水平/%	体重/kg	平衡氨基酸种类	采食量/（kg/d）	增重/（kg/d）	饲料转化率/%	文献来源
14（对照）	70		2.29	0.77	2.94	李宁等，2018
10（低蛋白质）	70	Lys、Thr、Trp	2.52	0.83	3.03	
14.5（对照）	55		2.34	0.82	2.85	Canh等，1998
12.5（低蛋白质）	55	Lys、Met、Thr、Trp	2.33	0.80	2.93	
14.0（对照）	55		2.36	0.95	2.48	甄吉福等，2018
12.5（低蛋白质）	55	Lys、Met、Trp、Cys、Glu	2.44	0.96	2.54	
11（低蛋白质）	55	Lys、Met、Trp、Cys、Glu	2.59	0.95	2.72	

第二节 低蛋白质日粮对肉品质的影响

一、探讨低蛋白质日粮对肉品质影响的意义

我国是世界上最大的肉类生产国和消费国，其中猪肉总产量占我国肉类总产量的65%左右。随着生活水平的提高，人们对畜产品的质量要求也越来越高。但长期以来对“快速”和“高产”的盲目追求导致猪肉品质显著下降。肉是以动物自身生物学特性和遗传为基础，以机体的正常营养代谢为平台，通过摄入养分，在生长发育过程中协调营养物质向肌肉组织的沉积而形成的。肉的食用和加工品质、性状主要取决于肌肉生长过程中的两个相互联系的生物学过程，即肌纤维的发育和肌内脂肪的生成。在畜禽的生长过程中，氮源可通过影响机体糖、脂肪和蛋白质代谢等，影响肌纤维的生长和类型的组成以及肌内脂肪的生成，最终影响肉品质。肌肉组织是动物机体的重要组成部分，也是氮营养素沉积的主要靶组织。肌肉组织的生长依赖蛋白质的沉积，其本质是蛋白质合成和蛋白质降解动态平衡的结果，氨基酸的感应与转运也参与调节，共同构成动物体内蛋白质代谢的动态平衡。因此，揭示肌肉生长发育调控的分子机制是改善猪肉品质的基础，也是深化对生命现象本质认识的主要内容，这对现代畜禽养殖和精准饲养有着重要启示。探讨低蛋白氨基酸平衡日粮的饲喂效果，并阐明肌肉组织中含氮物的周转与利用，重点从蛋白质代谢、能量代谢和脂质代谢等多方面探讨肌肉组织对低蛋白日粮的响应，这有助于优化肌肉组织中蛋白质

高效沉积的日粮氨基酸模式，为提高肌肉组织氮营养素沉积效率和促进肌肉生长提供理论依据，也为畜禽肉品质调控技术的研发奠定重要的科学基础，为在畜禽养殖中科学应用低蛋白日粮提供借鉴。

二、低蛋白质日粮对肉品质的调节机理

过去的研究表明，降低日粮粗蛋白质水平对畜禽肉品质有重要影响。降低日粮蛋白质水平补充必需氨基酸增加猪的背膘厚，降低眼肌面积，减轻内脏器官重量，增加能量利用率；降低日粮蛋白质水平减少生长猪肝脏分泌类胰岛素生长因子-Ⅰ（Insulin-like growth factor-Ⅰ，IGF-Ⅰ），降低肌肉和肝脏IGF-Ⅰ基因表达，增加血浆中瘦素浓度，且其浓度与背膘厚呈正相关（$r=0.76$，$P<0.05$），IGF-Ⅰ浓度与平均日增重呈正相关（$r=0.91$，$P<0.05$）；日粮蛋白质水平对胰腺、肺、肝脏、肾、胃和背最长肌蛋白质合成有明显影响（Deng等，2009）。Li等（2018）报道，日粮粗蛋白质含量降低3个百分点对改善生长与育肥猪肉品质有积极作用，这一作用可能通过调节肌间脂肪含量、脂肪酸沉积、肌纤维特征和游离氨基酸模式而实现。饲喂低蛋白质日粮增加猪肌肉中大理石花纹（Kerr等，1995；Wood等，2004；Teye等，2006；Tous等，2014）。肌肉中大理石花纹的增加可能是低蛋白质日粮粗蛋白质水平带来的必然结果，因为蛋白质供应量降低导致蛋白合成和肌肉生长受到抑制，引起多余的脂肪沉积到肌肉中（Wood等，2004）。肉的嫩度是肉品质的一个关键指标，消费者通常偏好嫩度佳的牛肉（Miller等，2001；Platter等，2005）。低蛋白质日粮是增加肉嫩度的有效途径（Kobayashi等，2013）。

过去的研究基本证实，日粮粗蛋白质水平降低量低于3个百分点并补充赖氨酸、蛋氨酸、苏氨酸和色氨酸四种限制性氨基酸，通常不影响动物的生长性能，同时还能改善畜禽肉品质（Li等，2016；Li等，2017；Li等，2018）。而当日粮粗蛋白质水平降低量超过3个百分点时，机体则通过调节肌肉组织中的游离氨基酸库，下调mTORC1蛋白质合成通路并上调泛素-蛋白酶体系统蛋白质降解通路，显著抑制动物的生产性能以及肌肉生长；伴随肌肉组织蛋白质代谢的变化，肌细胞能量状态也随之改变，并且通过调控机体AMPKα/SIRT1/PGC-1α信号通路，影响线粒体生物合成的功能。如前面所述，降低日粮粗蛋白质水平可通过调节肌间脂肪沉积改善肉品质，但是日粮粗蛋白质水平不是降低得越多越好，因为降低过多不仅会影响动物的生长性能，同时会降低肉品质。因为在玉米-豆粕型日粮中，随着蛋白饲料原料在日粮中比重的减少，玉米添加比例必然会上升，玉米代谢能虽与豆粕接近，但是净能却高于豆粕，导致脂肪过度沉积，影响到肉的品质。

第三节 低蛋白质日粮对消化、吸收和代谢的影响

一、低蛋白质日粮对肠道氨基酸消化率的影响

低蛋白日粮模型下，猪对氨基酸的消化和利用对猪的健康生长具有重要意义。低蛋白显著增加了育肥猪回肠末端大多数氨基酸的消化率，其中包括赖氨酸、蛋氨酸、半胱氨酸、苏氨酸、色氨酸、缬氨酸、苯丙氨酸、丙氨酸和甘氨酸（He等，2016；Yin等，2018）。肠道营养物质的消化吸收主要与不同营养物质的消化酶活性和肠道营养物质吸收转运相关。低蛋白质日粮可代偿性地提高胃蛋白酶原、胰蛋白酶原、胰糜蛋白酶、空肠羧基肽酶A和α-淀粉酶的表达，从而增加日粮养分（主要是蛋白质）的消化能力。

二、低蛋白质日粮对氨基酸吸收转运的影响

大量的研究证实，低蛋白日粮显著降低了猪对BCAAs的摄取，但是不同阶段以及不同日粮配方对猪循环系统氨基酸影响存在差异（李颖慧，2017）。长期低蛋白日粮饲养显著降低了育肥猪血液和肌肉组织中精氨酸、缬氨酸、组氨酸、异亮氨酸和色氨酸等氨基酸的含量（Li等，2017），而在仔猪阶段，血液和肌肉组织中丙氨酸和甘氨酸含量显著降低（Deng等，2009）。氨基酸的吸收和转运与肠道氨基酸转运载体的功能密不可分，仔猪阶段肠道氨基酸转运载体较生长猪和育肥猪阶段更容易受到低蛋白质日粮的影响，并且低蛋白日粮普遍上调酸性氨基酸转运载体的表达，而对碱性氨基酸转运载体的表达则具有一定的抑制作用。此外，低蛋白日粮平衡BCAAs后可显著改善肠道形态，促进肠细胞的增殖，提高肠道氨基酸转运载体的表达水平，最终促进肠道氨基酸的吸收与利用，从而改善蛋白质代谢（He等，2016）。

三、低蛋白质日粮对氨基酸代谢的影响

低蛋白质对氨基酸代谢有着明显的影响。Wu等（2018）报道，降低3个百分点的日粮粗蛋白质水平对猪（40kg）门静脉和动脉中氨基酸浓度没有影响，而显著降低肝静脉中亮氨酸、脯氨酸、天冬氨酸浓度；降低4.5个百分点的日粮粗蛋白质水平显著降低猪门静脉中天冬氨酸和丝氨酸浓度、肝静脉中异亮氨酸、亮氨酸、苯丙氨酸、组氨酸、脯氨酸、天冬氨酸、丝氨酸、胱氨酸、酪氨酸浓

度。降低3个百分点的日粮蛋白质水平。15%粗蛋白组门静脉血浆中天冬氨酸、丝氨酸、胱氨酸、酪氨酸和NH_3流通量以及13.5%粗蛋白组门静脉血浆中异亮氨酸、亮氨酸、苯丙氨酸、组氨酸、精氨酸、脯氨酸、天冬氨酸、丝氨酸、谷氨酸、甘氨酸、丙氨酸、胱氨酸、酪氨酸、必需氨基酸、非必需氨基酸、总氨基酸、NH_3和尿素的流通量明显低于对照组（18%粗蛋白）；日粮粗蛋白质水平从18%降低至15%或13.5%，肝动脉血浆中所测氨基酸和氨气的流通量都显著降低；15%粗蛋白组肝静脉血浆中异亮氨酸、亮氨酸、脯氨酸、天冬氨酸和酪氨酸流通量以及13.5%粗蛋白组门静脉血浆中异亮氨酸、亮氨酸、苯丙氨酸、组氨酸、精氨酸、脯氨酸、天冬氨酸、丝氨酸、谷氨酸、甘氨酸、丙氨酸、胱氨酸、酪氨酸、必需氨基酸、非必需氨基酸、总氨基酸和尿素的流通量明显低于对照组（18%粗蛋白）（Wu等，2018）。Wu等（2018）进一步分析了门静脉氨基酸净吸收和肝脏氨基酸的代谢情况，研究发现，降低日粮粗蛋白质水平如果仅平衡重要必需氨基酸将导致门静脉非必需氨基酸的净吸收量显著下降，从而造成肝脏动用大量的必需氨基酸以补偿性合成非必需氨基酸，这既体现了肝脏氨基酸代谢中枢的作用，又揭示了低蛋白质生长限制机理。

第四节 低蛋白质日粮对单胃动物氮平衡的影响

低蛋白质日粮减少氮排放的效果明显，过去的研究表明，日粮蛋白质每降低1个百分点，动物氮排放降低10%（Galassi等，2010）。Wu等（2018）报道（如表9.4所示），日粮粗蛋白质水平从18%分别下降到15%、13.5%，日粮蛋白质含量分别降低16.7%和25%；猪的粪氮排放量从8.91g/d分别降低到7.16g/d、6.30g/d，猪的粪氮分别降低19.6%、29.3%；猪的尿氮排放量从13.0g/d分别降低到11.2g/d、10.2g/d，猪的粪氮分别降低13.8%、21.5%；猪的总氮排放量从22.0g/d分别降低到18.3g/d、16.5g/d，猪的尿氮排放量分别降低16.8%、25%。Wu等（2018）研究同时显示，日粮粗蛋白质水平从18%分别下降到15%、13.5%，粪氮排泄量占采食氮的比例从19.7%下降到18.0%、17.3%；总氮排放量占氮采食量的比例从48.5%下降到45.9%、45.3%；降低日粮蛋白质水平对尿氮排泄量占采食氮的比例没有影响。Wu等（2018）研究结果表明，粪氮排放量的降低程度大于日粮蛋白质的降低水平，而尿氮排放量的降低程度低于日粮蛋白质的降低水平，也就是说随着日粮蛋白质水平的降低，尿氮排放量的降低程度明显低于粪氮。众所周知，猪尿氮排放量占总排放氮的比例为60% ～ 70%（Patrás等，2012；Shirali等，2012；Jørgensen等，2013），其排放很大程度上决定着总氮的排放量。Wu

等（2018）的结果说明低蛋白质日粮所降低的尿氮排放量没有达到预期，因此，需要对目前的低蛋白质日粮进行深入研究，以进一步降低尿氮排放量。

表9.4 降低日粮蛋白质水平对40kg生长猪氮排放的影响

项目	日粮		
	18%粗蛋白	15%粗蛋白	13.5%粗蛋白
氮采食量/（g/d）	45.2	39.9	36.3
粪氮排放量/（g/d）	8.91	7.16	6.30
尿氮排放量/（g/d）	13.0	11.2	10.2
总氮排放量/（g/d）	22.0	18.3	16.5
氮沉积/（g/d）	23.0	21.6	19.9
粪氮/采食氮/%	19.7	18.0	17.3
尿氮/采食氮/%	28.8	28.0	28.0
总氮排放量/氮采食量/%	48.5	45.9	45.3
粪氮排放量/总氮排放量/%	40.6	39.1	38.3
尿氮排放量/总氮排放量/%	59.4	60.9	61.7
氮沉积/氮采食量/%	51.5	54.0	54.7

注：引自Wu等，2018。

小结

低蛋白质日粮能够提高不同生长阶段猪的氨基酸利用效率、减少氮排放，鉴于尿氮排放量占总氮排放量的60%～70%，而目前的低蛋白质日粮对尿氮减排效果不如粪氮，因此，今后还需重点研究猪尿氮产生机理，进一步提高低蛋白质日粮的氮减排效果。此外，还需要研究低蛋白质日粮对猪肉品质的影响机理，使低蛋白质日粮成为减少氮排放、改善肉品质的重要日粮调控技术。

（李凤娜，马现勇）

参考文献

[1] 曹开梅. 不同粗蛋白日粮添加氨基酸和植酸酶对仔猪生长性能的影响. 中国畜牧兽医文摘，2013，29：170-171.

[2] 陈军，宋春雷，庄晓峰，等. 低蛋白添加氨基酸日粮饲喂妊娠母猪试验. 黑龙江畜牧兽医，2017，12：60-62.
[3] 崔志杰，王利剑，吴飞，等. 饲粮粗蛋白质水平对断奶仔猪胃肠分泌及血清激素水平的影响. 动物营养学报，2015，27：3689-3698.
[4] 董志岩，林维雄，刘景，等. 不同蛋白质水平的氨基酸平衡日粮对泌乳母猪生产性能、氮排泄量的影响. 福建农业学报，2012，27：957-960.
[5] 董志岩，林长光，刘亚轩，等. 不同赖氨酸水平的低蛋白质日粮对泌乳母猪生产性能和氮排泄量的影响. 家畜生态学报，2013，34：32-37.
[6] 窦勇，彭聚华，胡佩红，等. 低蛋白日粮中添加复合酶制剂对仔猪生产性能、表观消化率及氮排放量的影响. 河南农业科学，2014，43：146-150.
[7] 方桂友，周万胜，邱华玲，等. 夏季高温时蛋白质和赖氨酸水平对泌乳母猪生产性能及粪氮排泄量的影响. 福建畜牧兽医，2018，48：3-7.
[8] 荆园园，邢孔萍，蔡兴才，等. 氨基酸平衡低蛋白日粮对仔猪血清生理生化指标及肝脏关键代谢标志物的影响. 中国畜牧杂志，2016，52：39-44.
[9] 李宁，谢春元，曾祥芳，等. 饲粮粗蛋白质水平和氨基酸平衡性对肥育猪生长性能、胴体性状和肉品质的影响. 动物营养学报，2018，2：498-506.
[10] 李伟跃，石英，左兆云，等. 微粉碎和低蛋白质日粮添加氨基酸对仔猪粪尿氮磷排泄的影响. 中国饲料，2017，8：29-32.
[11] 李颖慧. 猪肌肉组织对低蛋白日粮的响应及其机制研究[D]. 北京：中国科学院大学，2017.
[12] 罗增海，朱海梅，吴君，等. 小麦-杂粕型低蛋白氨基酸平衡日粮对仔猪生长性能及血清尿素氮的影响研究. 饲料工业，2010，31：12-14.
[13] 宋阳，孙会，韩慧慧，等. 极低蛋白日粮不同蛋白源对仔猪生长性能和氮代谢的影响. 中国畜牧杂志，2016，52：26-30.
[14] 魏立民，孙瑞萍，郑心力，等. 日粮赖氨酸水平对海南黑猪生产性能和血清生化指标的影响. 广东农业科学，2014，41：115-117.
[15] 吴东，赵辉玲，陈胜. 低蛋白日粮添加氨基酸对生长肥育猪生长性能和氮排泄的影响. 畜牧与饲料科学，2010，31：39-41.
[16] 张光磊，蒋载阳，廖奇，等. 低蛋白日粮对哺乳母猪生产性能和猪舍氨气浓度的影响. 饲料博览，2018，1：10-12.
[17] 赵青，钟土木. 不同营养水平对金华猪繁殖性能的影响. 中国畜牧杂志，2009，45：56-57.
[18] 甄吉福，许庆庆，李貌等. 低蛋白质饲粮添加谷氨酸对育肥猪蛋白质利用和生产性能的影响. 动物营养学报，2018，30：507-514.
[19] Canh T T，Aarnink A J A，Schutte J B. Dietary protein affects nitrogen excretion and ammonia emission from slurry of growing-finishing pig. Livestock Production Science，1998，56：181-191.
[20] Chen J S，Wu F，Yang H S，*et al.* Growth performance，nitrogen balance，and metabolism of calcium and phosphorus in growing pigs fed diets supplemented with alpha-ketoglutarate. Animal Feed Science and Technology，2017，226：21-28.
[21] Chen J，Kang B，Jiang Q，*et al.* Alpha-ketoglutarate in low-protein diets for growing pigs：effects on cecal microbial communities and parameters of microbial metabolism. Frontiers in Microbiology，2018，9：1057.
[22] Dean D W，Bidner T D，Southern L L. Glycine supplementation to low protein，amino acid-supplemented diets supports optimal performance of broiler chicks. Poultry Science，2006，85：288-296.
[23] Deng D，Yao K，Chu W，*et al.* Impaired translation initiation activation and reduced protein synthesis in weaned piglets fed a low-protein diet. Journal of Nutritional Biochemistry，2009，20：544-552.
[24] Duan Y，Tan B，Li J，*et al.* Optimal branched-chain amino acid ratio improves cell proliferation and protein metabolism of porcin enterocytesin in vivo and in vitro. Nutrition，2018，54：173-181.

[25] Galassi G，Colombini S，Malagutti L，*et al.* Effects of high fibre and low protein diets on performance，digestibility，nitrogen excretion and ammonia emission in the heavy pig. Animal Feed Science and Technology，2010，16：1140-1148.

[26] He L，Wu L，Xu Z，*et al.* Low-protein diets affect ileal amino acid digestibility and gene expression of digestive enzymes in growing and finishing pigs. Amino Acids，2016，48：21-30.

[27] Hsu C B，Cheng S P，Hsu J C，*et al.* Effect of threonine addition to a low protein diet on IgG levels in body fluid of first-litter sows and their piglets. Asian Australasian Journal of Animal Sciences，2001，14：1157-1163.

[28] Jariyahatthakij P，Chomtee B，Poeikhampha T，*et al.* Effects of adding methionine in low-protein diet and subsequently fed low-energy diet on productive performance，blood chemical profile，and lipid metabolism-related gene expression of broiler chickens. Poultry Science，2018，97：2021-2033.

[29] Jia Y，Gao G，Song H，*et al.* Low-protein diet fed to crossbred sows during pregnancy and lactation enhances myostatin gene expression through epigenetic regulation in skeletal muscle of weaning piglets. European Journal of Nutrition，2016，55：1307-1314.

[30] Jiang Q，Waldroup P W，Fritts C A. Improving the utilization of diets low in crude protein for broiler chicken. 1. Evaluation of special amino acid supplementation to diets low in crude protein. International Journal of Poultry Science，2005，4：115-122.

[31] Jiao X，Ma W，Chen Y，*et al.* Effect s of amino acids supplementation in low crude protein diets on growth performance，carcass traits and serum parameters in finishing gilts. Animal Science Journal，2016，87：1252-1257.

[32] Kerr，B. J. Nutritional strategies for waste reduction management：nitrogen. In：Longenecker，J. B. and J. W. Speers，editors. News horizons in animal nutrition and health. University of North Carolina，Chapel Hill，NC，1995.

[33] Kobayashi H，Nakashima K，Ishida A，*et al.* Effects of low protein diet and low protein diet supplemented with synthetic essential amino acids on meat quality of broiler chickens. Animal Science Journal，2013，84：489-495.

[34] Li Y，Li F，Chen S，*et al.* Protein-restricted diets modulates lipid and energy metabolism in skeletal muscle of growing pigs. Journal of Agricultural and Food Chemistry，2016，64：9412-9420.

[35] Li Y，Li F，Duan Y，*et al.* Low-protein diet improves meat quality of growing and finishing pigs through changing lipid metabolism，fiber characteristics，and free amino acid profile of the muscle. Journal of Animal Science，2018，96：3221-3232.

[36] Li Y，Li F，Duan Y，*et al.* The protein and energy metabolic response of skeletal muscle to the low-protein diets in growing pigs. Journal of Agricultural and Food Chemistry，2017，65：8544-8551.

[37] Miller M F，Carr M A，Ramsey C B，*et al.* 2001. Consumer thresholds for establishing the value of beef tenderness. Journal of Animal Science，79，3062-3068.

[38] Namroud N F，Shivazad M，Zaghari M. Effects of fortifying low crude protein diet with crystalline amino acids on performance，blood ammonia level，and excreta characteristics of broiler chicks. Poultry Science，2008，87：2250-2258.

[39] Ndazigaruye G，Kim，D H，Kang，C W，*et al.* Effects of Low-Protein Diets and Exogenous Protease on Growth Performance，Carcass Traits，Intestinal Morphology，Cecal Volatile Fatty Acids and Serum Parameters in Broilers. ANIMALS，2019，9：266.

[40] Nguyen D H，Lee S I，Cheong J Y，*et al.* Influence of low-protein diets and protease and bromelain supplementation on growth performance，nutrient digestibility，blood urine nitrogen，creatinine，and faecal noxious gas in growing-finishing pigs. Canadian Journal of Animal Science，2018，98：488-497.

[41] NRC. Nutrient requirements of swine. 11th. ed. National Academy Press，Washington DC，2012.

[42] Nukreaw R，Bunchasak C，Markvichitr K，*et al.* Effects of methionine supplementation in low-protein diets and subsequent re-feeding in growth performance，liver and serum lipid profile，body composition

and carcass quality of broiler chickens at 42 days of age. Poultry Science，2001，48：229-238.

[43] Platter W J，Tatum J D，Belk K E，*et al.* Effects of marbling and shear force on consumers' willingness to pay for beef strip loin steaks. Journal of Animal Science，2005，83：890-899.

[44] Prandini A，Sigolo S，Morlacchini M，*et al.* Microencapsulated lysine and low-protein diets：Effects on performance，carcass characteristics and nitrogen excretion in heavy growing-finishing pigs. 2013，91：4226-4234.

[45] Teye G A，Sheard P R，Whittington F M，*et al.* 2006. Influence of dietary oils and protein level on pork quality. 1. Effects on muscle fatty acid composition，carcass，meat and eating quality. Meat Science，2006，73：157-165.

[46] Tous N，Lizardo R，Vilà B，*et al.* 2014. Effect of reducing dietary protein and lysine on growth performance，carcass characteristics，intramuscular fat，and fatty acid profile of finishing barrows. Journal of Animal Science，2014，92：129-140.

[47] van Harn J，Dijkslag M A，van Krimpen M M，*et al.* 2019. Effect of low protein diets supplemented with free amino acids on growth performance，slaughter yield，litter quality，and footpad lesions of male broilers. Poultry Science，98：4868-4877.

[48] Wood J D，Nute G R，Richardson R I，*et al.* Effects of breed，diet and muscle on fat deposition and eating quality in pigs. Meat Science，2004，67：651-667.

[49] Wu L T，Zhang X X，Tang Z R，*et al.* Low-protein diets decrease porcine nitrogen excretion but with restrictive effects on amino acid utilization. Journal of Agricultural and Food Chemistry，2018，66：8262-8271.

[50] Yin J，Ren W，Huang X，*et al.* Protein restriction and cancer. Biochimica et Biophysica Acta（BBA）-Reviews on Cancer. 2018，1869：256-262.

[51] Zulkifli I，Akmal A F，Soleimani A F. Effects of low-protein diets on acute phase proteins and heat shock protein 70 responses，and growth performance in broiler chickens under heat stress condition. Poultry Science，2018，1306-1314.

第十章

低蛋白质日粮在反刍家畜上的应用

鉴于反刍家畜在我国畜牧业结构中的重要地位，如何在不影响动物生产性能的情况下降低反刍动物日粮粗蛋白质水平，对缓解我国蛋白质饲料资源短缺和自然生态环境保护压力具有战略性意义。然而，盲目地降低日粮粗蛋白质水平会引起反刍动物生产性能的下降，需要利用日粮调控技术来促进蛋白质高效利用，以此达到上述目的。因此，在不影响反刍动物生产性能的条件下，采用何种日粮调控方式来促进反刍动物高效利用蛋白质饲料资源，提高蛋白质在机体内的产品沉积效率以及减少氮污染排放量已成为我国反刍动物养殖业亟待解决的问题。

第一节　低蛋白质日粮对反刍动物氮平衡的影响

一、低蛋白质日粮是减少反刍动物氮排放的重要途径

提高日粮中氮的利用效率可提高动物经济效益，减少畜禽养殖生产对自然生态环境的恶劣影响。鉴于氮污染排放问题已经成为关系到我国畜牧业能否实现可持续发展的一个重要制约因素，因此我国出台了一系列的政策法规，养殖业将逐渐向规模化养殖场方向整合，逐步淘汰无法达到环境保护标准的小型养殖场。在行业整合发展进程中，环境净化技术也在不断发展，但氮排放问题依然得不到有效地解决。国家相关科技部门也正在针对这一情况加大相关领域的科学研究经费投入。

就肉牛育肥期的精饲料而言，摄入氮转化为畜产品的氮只有30%左右，仍有约70%的氮排出体外（粪便占30%，尿液占40%）（Vandehaar和St-pierre，2006）。粪肥中氮含量与饲料蛋白质摄入量有很强的正相关关系（Yang等，2010）。饲喂高蛋白质水平日粮，会增加动物的氮排泄，降低动物氮营养素利用效率（Kalscheur等，2006）。研究发现，肉牛日粮蛋白质浓度从11.5%增加到13%时，肉牛生长性能没有显著变化，但每日排放到体外的氨排放量增加了60%～200%（Cole等，2005），其中主要是由于尿氮排泄量增加（岳喜新等，2011）。而在保证反刍动物生长性能稳定的前提下，适当减少日粮蛋白质水平，再通过日粮调控来提高蛋白质利用效率，降低反刍动物粪尿中的氮含量，达到减少氮排放的目的。日粮粗蛋白质含量降低3～4个百分点，同时增补第一限制性氨基酸Met和第二限制性氨基酸Lys，可减少约20%～30%的氮排放（Cole和Todd，2005）。低蛋白质日粮是反刍动物减少氮排放的一个重要途径。

二、低蛋白质日粮对反刍动物氮排放的影响

近几十年来，学者们对反刍动物日粮调控策略的研究，特别是在低蛋白质日粮方面的探索研究不断深入，就如何提高蛋白质利用效率，降低饲料成本，减少氮排泄，减少氨气污染，减少温室气体排放，减少土壤和水污染，提高畜禽生产性能做了大量工作（Abbasi等，2017；Agle等，2010）。降低日粮粗蛋白质水平可提高氮营养素利用率，减少奶牛氮排放量，而对牛奶产量没有影响（Castillo等，2001；Armentano等，2003；Monteils等，2002）。降低日粮粗蛋白质水平不但能解决堆肥和粪肥改良土壤中氨氮和氧化亚氮的损失问题，也可以减少肠道甲烷的排放（Dijkstra等，2011）。饲料中氮的百分比每减少一个百分点，奶牛对氮的利用率就会提高1.5%～2.0%（Gustafsson和Palmquist，1993）。研究发现，在分阶段饲养与厩肥管理期间，12%的粗蛋白质水平可使氮损失降低21%，可使厩肥降低15%～33%氮挥发损失，对总的氮损失也有显著降低影响（Erickson和Klopfenstein，2010）。樊艳华等（2015）在研究不同日粮氮水平对山羊氮代谢时发现，在维持动物微生物蛋白质需求量基本稳定的前提下，适当降低日粮氮水平，可以减少粪尿氮的排放，提高绒山羊尿素氮循环和氮利用率，从而减少了对环境的污染和蛋白质饲料资源的浪费。所以，在不影响反刍动物正常生长性能的前提条件下，适当地降低日粮蛋白水平并调控日粮使日粮高效利用被证明是减少氮排放的可选方法（Lee等，2015）。

氮沉积指的是食入氮减去总排出氮的差值，是反映动物生长与生产的一个重要指标。Pathak和Sharma（1991）研究发现，适当降低山羊的日粮蛋白水平，其氮沉积量差异不显著；Bas等（1993）在奶山羊上的研究结果也证明了这一

点。也有研究证明反刍动物微生物蛋白质产量与日粮蛋白质水平也密切相关，日粮蛋白质水平的降低会导致微生物蛋白质的产量下降（王文娟等，2007），这也会间接地造成反刍动物氮沉积量的减少；另外日粮蛋白质水平过低会引起总氮摄入不足，造成动物氮沉积的降低。

第二节 低蛋白质日粮对反刍动物抗氧化能力的影响

一、血浆抗氧化能力

组织器官在生化反应过程中持续产生自由基（Mates等，1999）。自由基发挥诸多重要生理功能，如细胞分化、细胞凋亡、胞内信号转导以及抵御细菌微生物侵袭等（Lee等，1998；Lambeth，2004）。在营养缺乏或其它非生理状态下，机体内自由基产生量增多、抗氧化酶生物合成下降、内源性抗氧化剂水平减少、外源性抗氧化剂供给量不足，使自由基的产生与清除失衡，出现明显的内源性氧化应激，导致重要生物大分子损伤，机体对损伤的修复能力也会随之降低（方允中等，2003）。机体具有平衡氧化还原态势的能力，正常生理状态下组织细胞可自我保护免受氧化损伤，而处于非正常生理状态下组织细胞免受氧化损伤的自我保护能力将下降。在抗氧化防御体系中，各种抗氧化酶起着不同的作用，超氧化物歧化酶是超氧阴离子自由基的天然清除剂，可加速超氧自由基发生歧化作用、清除O^{2-}，防止O^{2-}对机体产生损伤作用；谷胱甘肽过氧化物酶利用谷胱甘肽作为底物，与超氧化物歧化酶和过氧化氢酶一起作用，共同清除机体的活性氧，减少和阻止对机体的氧化损伤（蔡晓波和陆伦根，2009）；过氧化氢酶是个四聚氧化还原酶，能够分解H_2O_2；丙二醛是脂质过氧化产物的降解物，测定丙二醛的浓度可以反映机体内自由基的积累程度，血浆丙二醛的高低间接反映机体细胞受自由基侵害的严重程度。Sun等（2012）研究报道，对28日龄羔羊进行为期6周的40%的能量限饲、40%的蛋白限饲或同时进行40%的能量和蛋白同时限饲会引起总抗氧化能力下降、机体氧自由基的累积。机体氧自由基的累积会引起机体细胞膜损伤，细胞氧化磷酸化障碍，损害细胞内DNA、蛋白质分子，引发脂质过氧化作用。在其它模型动物上进行的营养限制试验也证实会降低血浆抗氧化能力（Ziegler等，1995；Bai和Jones，1996）。

二、胃肠上皮抗氧化能力

Sun等（2012）研究报道，对28日龄羔羊进行40%的能量限饲、40%的蛋白限饲或同时进行40%的能量和蛋白限饲显著降低空肠黏膜和瘤胃上皮组织抗氧化能力；同时需要指出的是空肠黏膜组织抗氧化能力降低程度明显高于瘤胃上皮组织，其原因可能是瘤胃上皮和空肠黏膜组织调控氧化还原平衡的能力不同，关于这一推断有待于进一步深入研究。目前，断奶期哺乳动物进行营养限制对氧化-还原平衡体系的影响多集中在血液、肌肉、脾脏和肝脏等胃肠道外组织器官或系统上，对胃肠道上皮氧化-还原平衡体系的影响的研究报道甚少。日粮中蛋白质缺乏不仅影响抗氧化酶的合成，同时减少组织中抗氧化物的浓度，导致氧化还原态势降低（Fang等，2002）。营养缺乏降低大鼠肠黏膜组织中谷胱甘肽含量（Jonas等，1999）。于晓明等（2007）研究报道，当能量供给不足时，大鼠肠黏膜的抗氧化能力明显降低，而补充蛋白质后，在一定程度上能提高机体的抗氧化能力，减轻脂质过氧化物丙二醛的生成。

消化道是养分消化、吸收和代谢的重要器官，过量自由基极易引发消化道功能障碍，使胃肠道黏膜损伤及黏膜通透性升高（陈群等，2006）。活性氧自由基是一种胃黏膜独立损伤因子，可直接攻击胃黏膜细胞，也可间接损伤黏膜，减弱黏膜对其他攻击因子的抵抗力。体外试验研究发现小肠上皮细胞轻度的氧化应激可显著抑制肠细胞的增殖能力（陈群等，2006）。胃肠道是合成谷胱甘肽的主要场所，谷胱甘肽能清除氧自由基，促进胃肠细胞增殖，谷胱甘肽浓度下降会造成空肠黏膜结构和功能出现严重退化（白爱平，2006）。本研究结果显示28日龄断奶羔羊进行为期6周的能量、蛋白或能量与蛋白限制饲养破坏羔羊胃肠上皮氧化还原态势的平衡，使代谢产生的多余氧自由基得不到及时清除。氧自由基的累积会损伤胃肠黏膜组织，使肠黏液层变薄、隐窝变浅、绒毛表面积减少、绒毛变短，以及胃肠黏膜上皮通透性增高，肠黏膜损伤致使大量吸收细胞受到破坏，严重影响胃肠吸收功能（黎君友等，2000）。此外，胃肠道氧化应激将影响腺体分泌，谷胱甘肽过氧化物酶降低导致胰腺功能损伤，引起胰腺萎缩进而发生病变（陈群等，2006）。

第三节　低蛋白质日粮对反刍动物胃肠道发育的影响

一、低蛋白质日粮对反刍动物胃肠道发育的影响

胃肠组织占机体重量的5%～7%，却需消耗个体所需营养物质的15%～20%（Eldelstone和Holzman，1981）。这一时期营养物质缺乏将影响胃肠道组织的发育。Sun等（2013）报道，28日龄羔羊进行为期6周的40%的能量限

饲、40%的蛋白限饲或同时进行40%的能量和蛋白限饲会对胃肠道形态发育造成负面影响。其他人的研究也证实生命早期关键营养素的缺乏将抑制胃肠道的发育。妊娠母鼠蛋白质缺乏显著降低其后代成年后的小肠长度、体长和体重（Plagemann等，2000）。孕期母体蛋白质和能量缺乏显著降低新生大鼠肠道DNA含量和重量（Hatch等，1979）。Schuler等（2008）报道妊娠期母鼠蛋白和能量缺乏，出生时以及哺乳期以后其后代的体重、体长显著降低，小肠长度明显变短。妊娠母猪营养不足或营养分配不合理易导致胎儿发生宫内生长受限，宫内生长受限仔猪肠道的长度与重量明显下降（Xu等，1994），空肠绒毛数量及空肠重量与长度的比值显著低于正常仔猪（Wang等，2005）。Wang等（2008）研究发现宫内生长受限仔猪肠道指数（肠道重与仔猪出生体重的比值）下降，肠道中细胞骨架蛋白β-actin所占比例增加，负责细胞与细胞外基质连接以及信号交流的主要黏附受体整合素家族中的β_1亚基表达下调。

胃肠道细胞增殖、组织分化、酶的分泌以及其它重要功能的形成受多种营养素、激素和生长因子等的共同调节。营养素中蛋白质（氨基酸）显得尤为重要，某些氨基酸还作为信号分子参与调控mRNA的翻译。亮氨酸具有提高真核细胞启动子转录效率的功能，在蛋白质合成过程中发挥信号分子的作用（Anthony等，2000）。谷氨酰胺在维持胃肠上皮结构完整性方面起十分重要的作用（Ferrier等，2006）。葡萄糖、谷氨酰胺和酮体是胃肠道所需的主要能源物质，胃肠道对能量的需要量约占机体总需要量的20%，远高于胃肠道重量占机体总重量的比值，而胃肠上皮是胃肠道能量消耗的主体。激素（如肾上腺皮质激素、甲状腺素、生长激素等）和生长因子（如IGF-I、表皮生长因子和血管内皮生长因子）同胃肠道的发育密切相关，它们通过直接作用或者与营养素协同发挥对胃肠道发育的调控功能（Burrin和Stoll，2002）。

二、低蛋白质日粮对瘤胃参数的影响

pH值是反映瘤胃发酵水平的一项重要指标，可以综合反映瘤胃微生物、代谢产物有机酸的产生、吸收、排除及中和状况（刘敏雄，1991）。一般情况下瘤胃液的pH在5.5～7.0范围内，过酸或过碱都不利于瘤胃的发酵（赵旭昌等，1997）。瘤胃液的pH是能综合反映反刍动物瘤胃发酵水平和瘤胃内环境状况的重要指标，通过检测瘤胃液的pH值可以评估瘤胃的发酵能力（Kumar等，2013）。有研究表明，当瘤胃pH<6.6时，不利于纤维消化；当pH<5.0时，会抑制瘤胃内淀粉分解菌的活动，反刍动物会表现出酸中毒症状，严重影响动物采食和瘤胃健康，甚至造成反刍动物的死亡（Calsamiglia等，2002）。张相鑫（2019）报道，饲喂不同粗蛋白水平日粮的山羊瘤胃pH值在6.7左右，说明

降低日粮蛋白质水平没有改变瘤胃酸碱性。瘤胃液pH值的大小主要与瘤胃液的NH_3-N和挥发性脂肪酸浓度有关。瘤胃液中NH_3-N主要来源于饲料在瘤胃中降解产生的蛋白氮和非蛋白氮，其也是合成MCP的主要原材料。饲料蛋白质的瘤胃降解、瘤胃微生物对NH_3-N的利用以及瘤胃壁细胞的吸收能力都直接影响瘤胃液中NH_3-N的浓度。一般情况下，饲料中含氮物质供应不足，将阻碍微生物蛋白质的生成，降低反刍动物的生产性能；反之，供应过量，将在瘤胃内降解，引起反刍动物氨中毒，同时造成蛋白质资源的浪费。有研究表明，瘤胃液NH_3-N会随含氮物质摄入量的减少而降低（Lee等，2015；Shi等，2012）。瘤胃液中氨氮浓度主要取决于日粮蛋白质水平及其降解程度、瘤胃上皮对氨氮的吸收以及日粮能量水平（陈志远等，2016）。日粮中的碳水化合物在瘤胃微生物的作用下降解为挥发性脂肪酸，经瘤胃上皮吸收，是反刍动物主要的能源物质；瘤胃液中挥发性脂肪酸的组成、产量及比例是评估瘤胃发酵能力和方式的重要测量指标，其浓度和成分比例主要受日粮成分组成的影响（陈志远等，2016）。瘤胃中微生物发酵产生的VFA是反刍动物维持生命和提供产品的能量来源，是饲料中碳水化合物在瘤胃内发酵产生的终产物。而且碳水化合物在瘤胃中发酵产生的有机酸（乙酸、丙酸、丁酸、乳酸和戊酸）、气体（甲烷、CO_2）和能量能够促进合成微生物蛋白（张霞，2014）。VFA主要包括乙酸、丙酸、丁酸、异丁酸、戊酸和异戊酸，其中乙酸、丙酸和丁酸对反刍动物影响尤为重要；当瘤胃液pH<7时，吸收速度为乙酸<丙酸<丁酸（Lei等，2014）。张相鑫（2019）报道，山羊瘤胃液的NH_3-N和乙酸/丙酸值随日粮粗蛋白质水平的下降而显著降低，丙酸、丁酸浓度高于对照组。结果与Chen等（2010）和Norrapoke等（2012）体外发酵试验研究结果不一致。

第四节　低蛋白质日粮对胃肠消化和吸收的影响

瘤胃在反刍动物的整个消化过程中占有特别重要的地位，70%～85%的日粮干物质在瘤胃内消化。饲料进入瘤胃后，在微生物作用下，发生一系列复杂的消化与代谢过程，饲料中的营养物质被分解，产生挥发性脂肪酸、氨基酸和氨等消化产物，同时合成微生物蛋白、糖原及维生素等，供机体利用。反刍动物所需糖的来源，主要是纤维素。纤维素经细菌或纤毛虫的协同或相继作用，在纤维素酶、木聚糖酶和内切葡聚糖酶等消化酶的作用下分解成纤维二糖，再变成己糖（如葡萄糖），然后经丙酮酸和乳酸阶段，最终生成挥发性脂肪酸、甲烷和CO_2。

Sun等（2017）报道，低蛋白组和低能低蛋白组羔羊瘤胃食糜中纤维素酶酶活力受到营养限制的影响。瘤胃微生物的正常繁殖除需提供一个高度厌氧的环境外，还需供应微生物生长和代谢所需的营养物质。微生物蛋白是十二指肠中蛋白质的主要来源，所占比例为60% ～ 80%。瘤胃微生物蛋白质的合成需要提供比例合适的碳源和氮源，除一部分内源性的，大部分来自于日粮。因此，日粮营养供应不足极有可能影响瘤胃微生物的正常繁殖，从而引起分泌纤维素酶的细菌数量的减少或酶分泌功能的降低。

瘤胃食糜进入小肠后，在蛋白酶、淀粉酶和脂肪酶等消化酶的作用下进行蛋白质、淀粉和脂肪的消化。Sun等（2017）报道，进行能量限制、蛋白限制或能量蛋白同时限制饲养降低了生长山羊胰腺、十二指肠黏膜或空肠黏膜组织中的部分蛋白酶、淀粉酶和脂肪酶的活力，在营养水平恢复后，蛋白酶、淀粉酶和脂肪酶酶活力恢复到对照组水平。消化道蛋白酶、淀粉酶和脂肪酶的活力分别反映蛋白质、脂肪和碳水化合物的分解代谢状况（Rodriguez等，1994；Johnston，2003）。目前，日粮调控反刍动物胰酶的机制不详，可能同消化酶基因表达（Swanson等，2000；Swanson等，2002）和胰腺组织形态发育相关（Swanson等，2002）。非反刍动物上进行的研究表明，作为酶作用的底物，肠道中养分含量通常引起消化酶的适应性分泌。Corring等（1987）和Flores等（1988）提高日粮脂肪和碳水化合物含量分别提高了小肠脂肪酶和淀粉酶的活性。降低日粮蛋白质水平导致胰酶活性降低（Corring和Saucier，1972；Hibbard等，1992）。Zhao等（2007）研究报道，日粮ME水平不影响鸭空肠消化酶活力，但是蛋白水平却显著影响蛋白酶和淀粉酶活力。Snook和Meyer（1964）指出，日粮蛋白质通过提高消化酶的合成与分泌同时延迟消化酶在小肠中的降解来提高小肠食糜中的消化酶活力。增加日粮蛋白水平提高育肥牛胰腺淀粉酶和蛋白酶活力（Swanson等，2008）。消化酶合成与分泌的改变同消化酶基因转录水平（Brannon，1990）和翻译水平（Swanson等，2002）变化相关。胆囊收缩素是胰腺功能的主要调控因子，除刺激消化酶分泌外，胆囊收缩素同时调控胰腺的发育、胰腺酶的基因表达（Bragado等，2000）。

反刍动物前胃主要吸收挥发性脂肪酸、氨气、葡萄糖和小肽，而小肠是脂肪酸、氨基酸、微生物和糖的主要吸收部位。Sun等（2017）报道，进行能量限制饲养不影响羔羊瘤胃上皮和回肠黏膜上皮对所检测的营养物质的转运，而进行蛋白限制或能量蛋白同时限制饲养不同程度上降低羔羊瘤胃上皮和回肠黏膜上皮对所检测的营养物质的转运；营养水平恢复后，低蛋组或低能低蛋组羔羊瘤胃上皮物质转运效率恢复到对照组水平，低能低蛋白组除缬氨酸外其余营养物质的转运都恢复到对照组水平。瘤胃上皮和空肠黏膜上皮物质的吸收效率同形态指标以及上皮物质转运载体的表达和活性相关。进行蛋白限制或能量蛋白同时限制饲养降低羔羊瘤胃上皮和回肠黏膜上皮物质转运效率主要归因于上皮形态发育受到抑制所致。

小结

同单胃动物相比，低蛋白质日粮在反刍动物上的应用较晚，同时反刍动物氨基酸代谢过程较单胃动物复杂，导致反刍动物低蛋白质日粮在反刍动物上的氮减排效果远不如单胃动物，因此，今后应深入研究低蛋白质日粮对反刍家畜氮排放、动物生长与生产、肉品质等的影响，研制出高效的反刍动物低蛋白质日粮技术。

（孙卫忠，张相鑫，孙志洪）

参考文献

[1] 白爱平. 炎症性肠病发病机制的微生物因素. 世界华人消化杂志，2006，14：645-649.
[2] 蔡晓波，陆伦根. 谷胱甘肽过氧化物酶与肝脏疾病. 世界华人消化杂志，2009，17：3279-3282.
[3] 陈群，乐国伟，施用辉等. 氧自由基对动物消化道损伤及干预研究进展. 中国畜牧兽医，2006，33：106-108.
[4] 陈志远，马婷婷，方伟，等. 日粮硝酸盐水平对湖羊瘤胃硝态氮动态消失率、发酵参数及血液高铁血红蛋白含量的影响. 草业学报，2016，25：95-104.
[5] 董文超，庄苏，张腾，等. 反刍动物蛋白质营养研究进展. 畜牧与兽医，2013，45：104-109.
[6] 樊艳华，孙海洲，桑丹，等. 不同日粮氮水平对山羊氮代谢和微生物蛋白质合成的影响. 中国畜牧杂志，2015，51：28-32.
[7] 方允中，杨胜，伍国耀. 自由基、抗氧化剂、营养素与健康的关系. 营养学报，2003，25：337-341.
[8] 黎君友，盛志勇，吕艺，等. 严重创伤后肠屏障功能损伤及谷氨酰胺的保护. 世界华人杂志，2000，8：1093-1096.
[9] 刘敏雄. 反刍动物消化生理学[M]. 北京农业大学出版社，1991.
[10] 王文娟，汪水平，谭支良. 反刍动物瘤胃氮代谢研究进展. 华中农业大学学报，2007，26：747-754.
[11] 王笑笑，李若玺，梅洋，等. 影响反刍动物氮素利用效率和排放的营养实践. 动物营养学报，2016，28：3042-3050.
[12] 于晓明，王永辉，李培兵，等. 蛋白质对改善半饥饿大鼠肠黏膜抗氧化功能的作用. 肠外与肠内营养，2007，14：141-143.
[13] 岳喜新，刁其玉，马春晖，等. 代乳粉蛋白质水平对早期断奶羔羊生长发育和营养物质代谢的影响. 中国农学通报，2011，27：268-274.
[14] 张霞. 日粮不同营养水平对绒山羊机体代谢及肠道营养物质感应的影响[D]. 硕士学位论文，呼和浩特：内蒙古农业大学，2014.
[15] 张相鑫. 低蛋白质日粮添加二氯乙酸钠对大足黑山羊氮平衡、物质代谢及消化道微生物区系的影响研究[D]. 硕士学位论文，重庆：西南大学，2019.
[16] 赵旭昌，王哲，赵建军，等. 健康牛、羊瘤胃内环境参数. 中国兽医学报，1997，17：483-485.

[17] Abbasi I，Abbasi F，Abd E H，*et al.* Critical analysis of excessive utilization of crude protein in ruminants ration：impact on environmental ecosystem and opportunities of supplementation of limiting amino acids-a review. Environmental Science & Pollution Research International，2017，25：1-10.
[18] Anthony J C，Anthony T G，Kimball S R，*et al.* 2000. Orally administered leucine stimulates protein synthesis in skeletal muscle of postabsorptive rats in association with increased eIF4F formation. Journal of Nutrition，130：139-145.
[19] Armentano L E，Stevenson M，Leonardi C. Effect of two levels of crude protein and methionine supplementation on performance of dairy cows. Journal of Dairy Science，2003，86：4033-4042.
[20] Bai C，Jones D P. GSH transport and GSH-dependent detoxication in small intestine of rats exposed in vivo to hypoxia. American Journal of Physiology，1996，271：701-706.
[21] Bas P，Schmidely P，Haidar A S，*et al.* Influence of the type of alpha-s（1）casein and of the level of crude protein-intake on the nitrogen-metabolism of the lactating goat. Annales de Zootechnie，1993，42：200-201.
[22] Bragado M J，Tashiro M，Williams J A. Regulation of the initiation of pancreatic digestive enzyme protein synthesis by cholecystokinin in rat pancreas in vivo. Gastroenterology，2000，119：1731-1739.
[23] Brannon P M. Adaptation of the exocrine pancreas to diet. Annual Review of Nutrition，1990，10：85-105.
[24] Burrin DG，Stoll B. Key nutrients and growth factors for the neonatal gastrointestinal tract. Clinics in Perinatology，2002，29：65-96.
[25] Calsamiglia S，Ferret A，Devant M. Effects of pH and pH fluctuations on microbial fermentation and nutrient flow from a dual-flow continuous culture system. Journal of Dairy Science，2002，85：574-579.
[26] Castillo A R，Kebreab E，Beever D E，*et al.* The effect of energy supplementation on nitrogen utilization in lactating dairy cows fed grass silage diets. Journal of Animal Science，2001，79：247-253.
[27] Chen S C，Paengkoum P，Xia X L，*et al.* Effects of dietary protein on ruminal fermentation，nitrogen utilization and crude protein maintenance in growing Thai-indigenous beef cattle fed rice straw as roughage. Journal of Animal & Veterinary Advances，2010，9：2396-2400.
[28] Cole N A，Clark R N，Todd R W，*et al.* Influence of dietary crude protein concentration and source on potential ammonia emissions from beef cattle manure. Journal of Animal Science，2005，83：722-731.
[29] Corring T，Chayvialle J A，Gueugneau A M，*et al.* Diet corn position and the plasma levels of some peptides regulating pancreatic secretion in the pigs. Reproduction Nutrition Development，1987，27：967-977.
[30] Corring T，Saucier R. 1972. Pancreatic secretion by fistulated swine，adaptation to protein content of the diet. Annales De Biologie Animale Biochimie Biophysique，1972，12：233-241.
[31] Dijkstra J，Zijderveld S M V，Apajalahti J A，*et al.* Relationships between methane production and milk fatty acid profiles in dairy cattle. Animal Feed Science & Technology，2011，166-167：590-595.
[32] Eldelstone D I，Holzman I R. Gastrointestinal tract O_2 uptake and regional blood flows during digestion in conscious newborn lambs. American Journal of Physiology. Gastrointestinal and Liver Physiology，1981，241：289-293.
[33] Erickson G，Klopfenstein T. Nutritional and management methods to decrease nitrogen losses from beef feedlots. Journal of Animal Science，2010，88：E172-E180.
[34] Fang Z Y，Yang S，Wu G Y. Free radical，antioxidants，and nutrition. Nutrition，2002 18：872-829.
[35] Ferrier L，Bérard F，Debrauwer L，*et al.* Impairment of the intestinal barrier by ethanol involves enteric microflora and mast cell activation in rodents. American Journal Of Pathology，2006，168：1148-1154.
[36] Flores C A，Brannon P M，Bustamante S A，*et al.* Effect of diet on intestinal and pancreatic enzyme activities in the pig. Journal of Pediatric Gastroenterology and Nutrition，1988，7：914-921.
[37] Gustafsson A H，Palmquist D L. Diurnal variation of rumen ammonia，serum urea，and milk urea in dairy cows at high and low yields. Journal of Dairy Science，1993，76：475-484.

[38] Hatch T，Lebenthal E，Branski D，*et al.* The effect of early postnatal acquired malnutrition on intestinal growth，disaccharidases and enterokinase. Journal of Nutrition，1979，109：1874-1879.
[39] Hibbard B，Peters J P，Shen R Y，*et al.* Effect of recombinant porcine somatotropin and dietary protein on pancreatic digestive enzymes in the pig. Journal of Animal Science，1992，70：2188-2194.
[40] Johnston D J. Ontogenetic changes in digestive enzymology of the spiny lobster，Jasus edwardsii Hutton（Decapoda，Palinuridae）. Marine Biology，2003，143：1071-1082.
[41] Jonas K C，Estivariz C F，Jones D P，*et al.* Keratinocyte growth factor enhances glutathione redox state in rat intestinal mucosa during nutritional repletion. Journal of Nutrition，1999，127：1278-1280.
[42] Kalscheur K F，Vi R L B，Glenn B P，*et al.* Milk production of dairy cows fed differing concentrations of rumen-degraded protein. Journal of Dairy Science，2006，89：249-259.
[43] Kumar S，Dagar S，Sirohi S，*et al.* Microbial profiles，in vitro gas production and dry matter digestibility based on various ratios of roughage to concentrate. Annals of Microbiology，2013，63：541-545.
[44] Lambeth J D. NOX enzymes and the biology of reactive oxygen. Nature Reviews Immunology，2004，4：181-189.
[45] Lee C，Araujo R C，Koenig K M，*et al.* Effects of encapsulated nitrate on eating behavior，rumen fermentation，and blood profile of beef heifers fed restrictively or ad libitum. Journal of Animal Science，2015，93：2405-2418.
[46] Lee Y J，Galoforo S S，Berns C M，*et al.* Glucose deprivation induced cytotoxicity and alterations in mitogen-activated protein kinase activation are mediated by oxidative stress in multidrug-resistant human breast carcinoma cells. Journal of Biology Chemistry，1998，273：5294-5299.
[47] Lei Y，Bei Z，Zanming S. Dietary modulation of the expression of genes involved in short-chain fatty acid absorption in the rumen epithelium is related to short-chain fatty acid concentration and pH in the rumen of goats. Journal of Dairy Science，2014，97：5668-5675.
[48] Mates J M，Perez-Gomez C Nunez de Castro I. Antioxidant enzymes and human diseases. Clinical Biochemistry，1999，32：595-603.
[49] Monteils V，Jurjanz S，Blanchart G，*et al.* Nitrogen utilisation by dairy cows fed diets differing in crude protein level with a deficit in ruminal fermentable nitrogen. Reproduction Nutrition Development，2002，42：545-557.
[50] Norrapoke T，Wanapat M，Wanapat S. Effects of protein level and mangosteen peel pellets（mago-pel）in concentrate diets on rumen fermentation and milk production in lactating dairy crossbreds. Asian-Australasian Journal of Animal Sciences，2012，25：971-979.
[51] Pathak N N，Sharma M C. Effect of dietary-protein levels on feed-intake，digestibility of nutrients and nitrogen-metabolism in goats. Indian Journal of Animal Sciences，1991，61：332-333.
[52] Plagemann A，Harder T，Rake A，*et al.* Hypothalamic nuclei are malformed in weanling offspring of low protein malnourished rat dams. Journal of Nutrition，2000，130：2582-2589.
[53] Rodriguez A，levay L，Mourente G，*et al.* Biochemical composition and digestive enzyme activity in larvae and postlarvae of penaeus japonicus during herbivorous and carnivorous feeding. Marine Biology，1994，118：45-51.
[54] Schuler S L，Gurmini J，Cecilio W A C，*et al.* Hepatic and thymic alterations in newborn offspring of malnourished rat dams. Journal of parenteral and enteral nutrition，2008，32：184-189.
[55] Shi C，Meng Q，Hou X，*et al.* Response of ruminal fermentation，methane production and dry matter digestibility to microbial source and nitrate addition level in an in vitro incubation with rumen microbes obtained from wethers. Journal of Animal and Veterinary Advances，2012，11：3334-3341.
[56] Snook J T，Meyer A H. Response of digestive enzymes to dietary protein. Journal of Nutrition，1964，82：409-414.
[57] Sun Z H，He Z X，Tan Z L，*et al.* Effects of energy and protein restriction on digestion and absorption in the gastrointestinal tract of Liuyang Black kids. Small Ruminant Research，2017，154：13-19.

[58] Sun Z H，He Z X，Zhang Q L，*et al.* Effects of protein and/or energy restriction on antioxidation capacity of plasma and gastrointestinal epithelial tissues of weaned goats. Livestock Science，2012，149：232-241.

[59] Sun ZH，He ZX，Zhang QL，*et al.* Effects of energy and protein restriction followed by nutritional recovery on morphological development of the gastrointestinal tract of weaned kids. Journal of Animal Science，2013，91：4336-4344.

[60] Swanson K C，Kelly N，Salim H，*et al.* 2008. McBride Pancreatic mass，cellularity，and {alpha}-amylase and trypsin activity in feedlot steers fed diets differing in crude protein concentration. Journal of Animal Science，86：909-915.

[61] Swanson K C，Matthews J C，Matthews A D，*et al.* 2000. Dietary carbohydrate source and energy intake influence the expression of pancreatic alphaamylase in lambs. Journal of Nutrition，130：2157-2165.

[62] Swanson K C，Matthews J C，Woods C A，*et al.* Postruminal administration of partially hydrolyzed starch and casein influences pancreatic alpha-amylase expression in calves. Journal of Nutrition，2002，132：376-381.

[63] Vandehaar M J，St-pierre N. Major advances in nutrition：relevance to the sustainability of the dairy industry. Journal of Dairy Science，2006，89：1280-1291.

[64] Wang J J，Chen L X，Li D F，*et al.* 2008. Intrauterine growthrestriction affects the proteomes of the small intestine，liver，and skeletal muscle in newborn pigs. Journal of Nutrition，138：60-66.

[65] Wang T，Huo Y J，Shi F X，*et al.* 2005. Effects of intrauterine growth retardation on development of the gastrointestinal tract in neonatal pigs. Biology of the Neonate，88：66-72.

[66] Xu R J，Mellor D J，Birtles M J，*et al.* 1994. Impact of intrauterine growth retardation onthe gastrointestinal tract and the pancreas in newborn pigs. Journal of Pediatric Gastroenterology and Nutrition，18：231-240.

[67] Yang W R，Sun H，Wang Q Y，*et al.* Effects of rumen-protected methionine on dairy performance and amino acid metabolism in lactating cows. American Journal of Animal & Veterinary Sciences，2010，5：1-7.

[68] Zhao F，Hou S S，Zhang H F，*et al.* Effects of dietary metabolizable energy and crude protein content on the activities of digestive enzymes in jejunal fluid of Peking ducks. Poultry Science，2007，86：1690-1695.

[69] Ziegler T R，Almahfouz A，Pedrini M T，*et al.* A comparison of rat small intestine insulin and IGF-I receptors during fasting and refeeding. Endocrinology，1995，136：5148-5154.

第十一章

氨基酸代谢节俭机制与低蛋白质日粮创新

过去的研究显示，日粮粗蛋白质水平降低2～3个百分点不会影响猪的氮沉积或生长性能（Hernández等，2011；Tuitoek等，1997），但超过3个百分点时猪的氮沉积或生长性能通常会受到负面影响（Kerr和Easter，1995；Figueroa等，2002；Otto等，2003；He等2016；Wu等，2018）；同时，降低日粮粗蛋白质水平需要补充重要氨基酸，降低得越多补充得越多，因此，尽管低蛋白质日粮氮减排效果显著，但经济效益不明显。这一重大技术缺陷导致低蛋白质日粮在生产中很难得到广泛应用，尤其是在以获取快速生长为目标的集约化生产体系中。鉴于此，有必要深入研究猪的氮排放机理以明确关键调控靶点，为进一步降低日粮粗蛋白质水平提供科学依据。

第一节　低蛋白质日粮生长限制机理

一、低蛋白质日粮对猪门静脉AA净吸收的影响

Wu等（2018）报道，日粮粗蛋白质水平从18%降低到15%对猪氮沉积没有影响，但是降低到13.5%时显著减少猪的氮沉积。Wu等（2018）同时利用血插管技术研究了低蛋白质日粮对猪门静脉氨基酸净吸收的影响（表11.1），研究发现，同对照组相比，15%粗蛋白组必需氨基酸、非必需氨基酸和总氨基酸分别

降低6.52%、20.9%和12.6%，13.5%粗蛋白组必需氨基酸、非必需氨基酸和总氨基酸分别降低9.20%、18.3%和25.0%。从这一结果可看出，饲喂低蛋白质日粮猪门静脉非必需氨基酸净吸收的降低程度远超过必需氨基酸，其中脯氨酸、天冬氨酸、丝氨酸、谷氨酸、胱氨酸和酪氨酸降低得尤为明显，而甘氨酸和丙氨酸降低相对较少。出现这一结果的原因主要有两点：一是低蛋白质日粮在降低日粮蛋白质水平时通常只补充重要必需氨基酸，例如赖氨酸、蛋氨酸、苏氨酸和色氨酸，非必需氨基酸则不进行补充；二是非必需氨基酸在门静脉回流组织广泛代谢的属性。

表11.1 饲喂不同粗蛋白质水平日粮猪门静脉氨基酸及其它含氮化合物的净吸收率

氨基酸及其他含氮化合物的净吸收率/mg/min	日粮粗蛋白质水平		
	18%粗蛋白	15%粗蛋白	13.5%粗蛋白
苏氨酸	6.60	6.47	6.40
缬氨酸	8.87	8.00	7.46
蛋氨酸	4.46	4.31	4.29
异亮氨酸	6.62	6.14	6.09
亮氨酸	6.17	5.62	5.42
苯丙氨酸	7.40	6.99	6.37
赖氨酸	8.95	9.15	8.67
组氨酸	6.95	6.27	5.97
精氨酸	8.37	7.86	7.68
色氨酸	1.57	1.63	1.64
脯氨酸	6.86	5.83	5.59
天冬氨酸	3.08	1.38	1.16
丝氨酸	2.97	1.80	1.14
谷氨酸	–4.72	–5.57	–6.12
甘氨酸	22.7	21.1	19.2
丙氨酸	24.3	22.7	20.4
胱氨酸	2.24	1.91	1.71
酪氨酸	3.45	1.35	0.89
必需氨基酸	66.0	61.7	56.8
非必需氨基酸	60.8	48.1	42.5
总氨基酸	127	111	102
氨	4.89	4.49	4.07
尿素	–2.66	–2.64	–2.73

注：引自Wu等，2018。

二、低蛋白质日粮对猪肝脏氨基酸代谢的影响

肝脏是氨基酸代谢中枢，但由于肝静脉血插管安装技术极为复杂，且手术后护理要求高，国际上鲜有在猪上成功安装肝静脉的案例，导致今天尚未破解动物肝脏氨基酸代谢“黑箱”，因此，无法系统阐述日粮氨基酸在消化道-肝脏-肝外组织间的代谢转化规律。西南大学生物饲料与分子营养研究团队对肝门静脉血插管技术进行了长期的技术攻关，首先在反刍家畜上取得了突破性进展，然后将成功经验应用到猪上，系统研究了猪肝脏中氨基酸的代谢转化规律，具体表现如下：一是肝脏会动用必需氨基酸用于合成非必需氨基酸，尤其是谷氨酸/谷氨酰胺；二是肝脏会代谢大量的甘氨酸和丙氨酸，这一代谢过程与尿素合成密切相关；三是肝脏会对氨基酸模式进行优化，使出肝氨基酸的模式与肝外组织器官的需求相符（Wu等，2018）（表11.2）。

表11.2 饲喂不同粗蛋白质水平日粮猪肝脏氨基酸和其它含氮化合物的代谢速率

氨基酸及其他含氮化合物的代谢速率/mg/min	日粮粗蛋白质水平		
	18%粗蛋白	15%粗蛋白	13.5%粗蛋白
苏氨酸	1.88	2.67	4.06
缬氨酸	2.79	2.98	3.62
蛋氨酸	1.47	1.86	2.25
异亮氨酸	2.05	2.31	2.64
亮氨酸	3.89	5.38	5.70
苯丙氨酸	1.17	1.31	1.51
赖氨酸	3.53	5.14	6.07
组氨酸	1.83	2.11	2.51
精氨酸	3.57	3.96	4.30
色氨酸	0.80	0.92	1.18
脯氨酸	3.42	1.52	1.69
天冬氨酸	1.77	0.56	0.64
丝氨酸	1.44	0.66	0.57
谷氨酸	–8.30	–10.3	–12.2
甘氨酸	11.4	10.4	8.76
丙氨酸	12.8	11.2	9.23
胱氨酸	0.73	0.09	0.03
酪氨酸	1.40	0.81	0.54

续表

氨基酸及其他含氮化合物的代谢速率 /mg/min	日粮粗蛋白质水平		
	18%粗蛋白	15%粗蛋白	13.5%粗蛋白
必需氨基酸	23.3	28.7	33.8
非必需氨基酸	24.6	15.0	9.22
总氨基酸	47.9	43.7	43.0
氨	5.38	4.17	3.79
尿素	–13.1	–11.9	–10.6

注：引自Wu等，2018。

三、传统低蛋白质日粮生长限制机理

肝脏中必需氨基酸消耗的增加主要归因于非必需氨基酸的不足，因为肝脏是氨基酸的代谢转化中枢，当非必需氨基酸不足时，肝脏会动用必需氨基酸来合成非必需氨基酸，造成必需氨基酸的严重浪费（Wu等，2014），这可能是当前低蛋白质日粮的主要生长限制机制（Wu等，2018；图11.1）。因此，低蛋白日粮在平衡四种重要必需氨基酸（赖氨酸、蛋氨酸、苏氨酸和色氨酸）基础上添加非必需氨基酸（如谷氨酸）可能有助于平衡门静脉回流组织所吸收的氨基酸，减少必需氨基酸在肝脏中的消耗，提高氨基酸的利用率，从而达到降低氮排放而不影响猪的生长性能的目的。

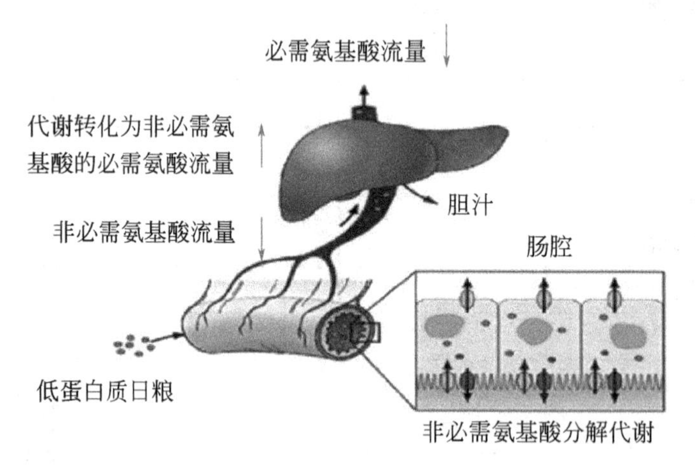

图11.1　低蛋白质日粮生长限制机制（引自Wu等，2018）

第二节　畜禽氮减排空间、主体与途径

一、畜禽氮减排空间

氮是粪便中引起环境污染的主要成分，氮排放量的多少与日粮的含氮量、氮的消化率、吸收率以及沉积率密切相关。过去通常认为，粪氮的损失主要与日粮中粗蛋白的消化率有关（即与日粮中的蛋白质原料有关）（Sauer和Ozimek，1986）；尿氮的损失主要与日粮中氨基酸的平衡状况相关（必需氨基酸之间的平衡及必需氨基酸和非必需氨基酸之间的平衡）（梁福广，2005）；此外，氨基酸与能量之间的平衡也是影响氮利用和氮沉积的主要因素。

就目前来看，日粮粗蛋白质水平通常不能超过3个百分点，否则会降低生长性能下降和经济效益。畜禽日粮粗蛋白质水平到底还能不能进一步降低？实际上日粮粗蛋白质水平可降低的空间依然巨大。以50kg猪为例，体蛋白沉积的氨基酸占摄入氮的比例约为36.4%，而因基础代谢损失的氨基酸、模式不平衡浪费的氨基酸、未消化蛋白损失的氨基酸占摄入蛋白的比例分别为22.35%、18%、11%，三者合计为41.4%（图11.2）。理论上，在保证氮沉积、生长性能不受影响的前提下，日粮粗蛋白质含量可从目前的16%降低至10.6%。根据食入氮氨基酸代谢去向分析结果来看，动物日粮的降氮空间还比较大，还能进一步显著降低日粮粗蛋白质水平而不影响动物的生产。而目前的低蛋白质日粮粗蛋白质水平最多从16%降低至14%左右。很显然，理论值与实际值间还存在巨大差异。基于这一情况，有必要深入研究猪氨基酸代谢机理及氮排放规律，为研制氮减排效果更为明显的低蛋白日粮提供科学指导。

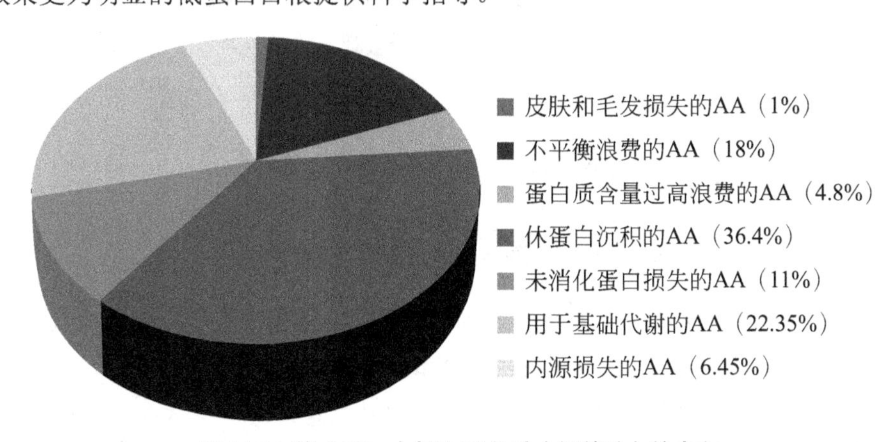

图11.2　猪（50kg）摄入蛋白质（氨基酸）的去向

二、畜禽氮减排主体

西南大学生物饲料与分子营养研究团队首先研究了不同生长阶段猪氮排放组成特征，结果显示（如图11.3所示），不同生长阶段的猪（20kg、40kg、60kg）尿氮排放量占总排放氮的比例皆在60%～70%之间，需要补充说明的是随着体重的增加，粪氮排放量占总排放氮的比例略有增加，而尿氮排放量占总排放氮的比例稍有降低。这一结果说明不同生长阶段的猪尿氮是氮排放的主体。

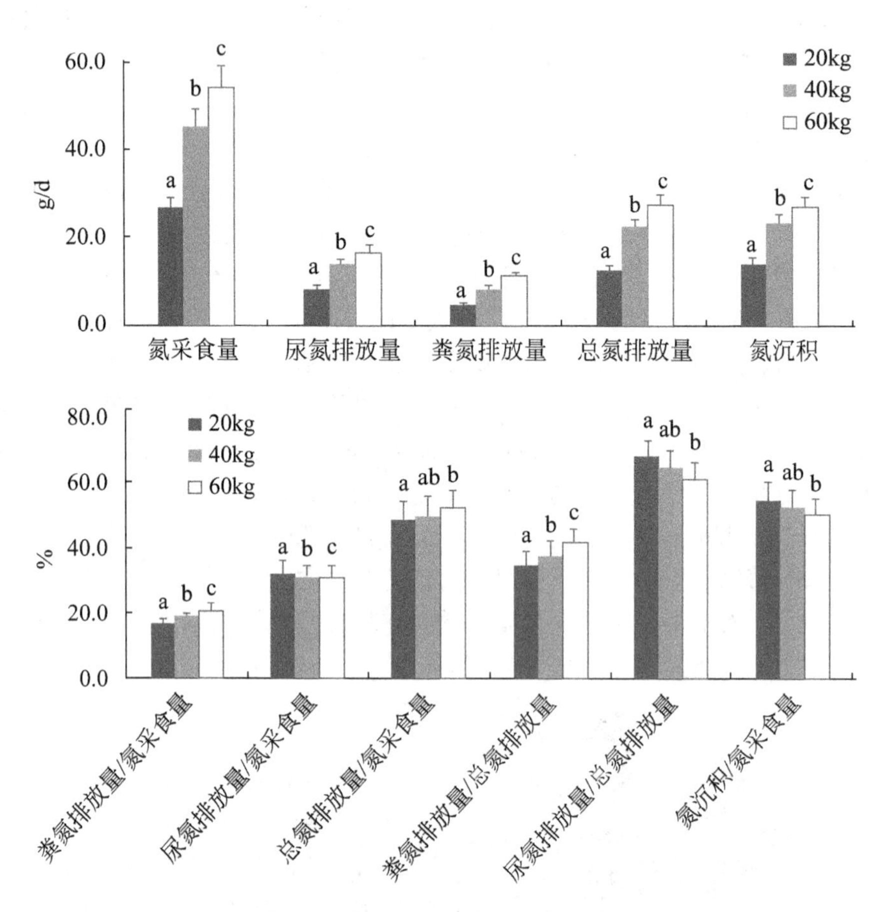

图11.3 不同生长阶段猪氮排放组成特征

在此基础上，课题组又研究了饲喂不同粗蛋白质水平日粮的猪（40kg）氮排放的特征，研究结果如图11.4所示（Wu等，2018）。研究结果显示，饲喂不同粗蛋白质水平（18%、15%和13.5%）的猪其尿氮排放量占总排放氮的比例皆在2/3左右；同对照日粮（18%粗蛋白）相比，饲喂粗蛋白质含量为15%和

13.5%日粮的猪（40kg）其粪氮排放量分别减少19.7%和29.3%，而尿氮的降低比例明显低于粪氮，仅为14.9%和21.5%。Wu等（2018）血插管试验结果进一步显示，传统低蛋白日粮尽管减少了尿素前体物释放量和肝脏尿素合成量，但并未降低这些指标同氮采食量的比值。以上研究结果表明，对于饲喂不同粗蛋白质水平日粮的猪来说，尿氮皆是排放主体。

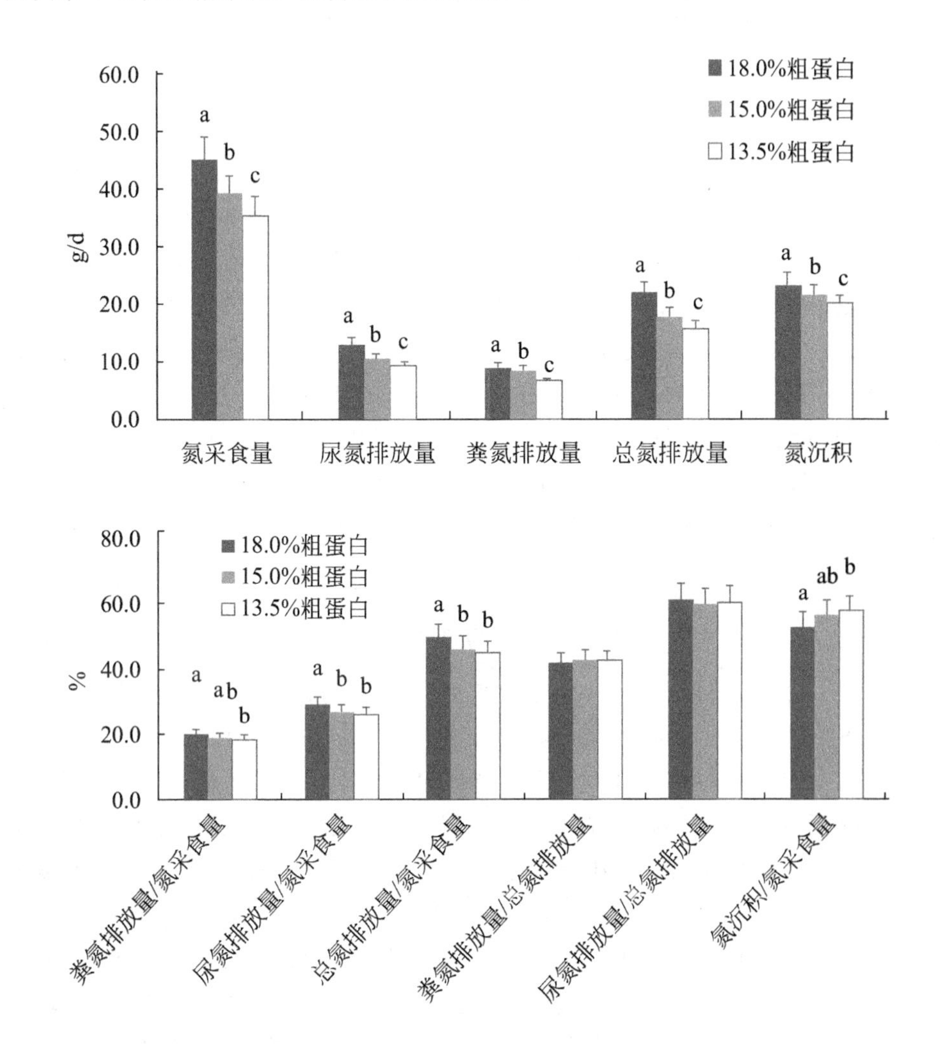

图11.4 饲喂不同粗蛋白质水平日粮猪（40kg）氮排放组成特征

结合不同生长阶段、饲喂不同粗蛋白质水平日粮猪的氮排放结果来看，尿氮是氮排放的主体，因此，降低氮排放量的重点应放在尿氮上，今后应深入研究尿氮的形成机理、尿氮的减排调节机制。这一结论对于畜禽氮减排具有重要意义。

三、氮减排路径

猪尿氮排放量占总排放氮的比例为60%～70%（Patrás等，2012；Shirali等，2012；Jørgensen等，2013），而尿素是尿液中的主要含氮物，其合成速率在很大程度上决定着尿氮以及总氮的排放量。因此，降低猪肝脏尿素合成速率是减少氮排放的重要路径，而明确尿素前体物的种类与来源则是开展氮减排研究的首要前提。

（一）氨——尿素的直接前体物

氨为尿素的直接前体物，其主要来自于氨基酸的分解代谢。PDV组织是氨基酸代谢的重要场所，例如，饲粮中97%的谷氨酸和天冬氨酸、70%的谷氨酰胺、40%～50%的丝氨酸和甘氨酸、40%的精氨酸和脯氨酸、20%～40%的支链氨基酸以及30%～60%的其他必需氨基酸在PDV组织中发生分解代谢（Yin等，2010；Kirchgessner，2001；Stoll和Burrin，2006；Romero-Gómez等，2009；Wu等，2009；EL-Sabagh等，2013）。氨基酸脱氨后转化为乙酰辅酶A、丙酮酸、草酰乙酸、琥珀酰辅酶A、延胡索酸和α-酮戊二酸等物质进入三羧酸循环以氧化供能（Wu，2010）。氨基酸在PDV组织的广泛代谢导致门静脉血氨浓度远高于其他部位，进入肝脏后大部分血氨用于尿素合成（Dam等，2011）。

（二）甘氨酸和丙氨酸——尿素的间接前体物

Wu等（2018）报道，采食粗蛋白水平为20%、17%和14%饲粮的仔猪门静脉谷氨酸净吸收速率分别为–4.43、–5.65和–6.64mg/min；门静脉氨的净吸收速率则分别为2.86、2.68和2.38mg/min。该研究结果同过去的报道一致，即猪PDV组织广泛代谢谷氨酸等氨基酸，同时也产生大量的氨（Yin等，2010；Stoll和Burrin，2006；El-Sabagh，2013）。此外，采食这3种日粮的仔猪门静脉甘氨酸与丙氨酸的净吸收量占总氨基酸净吸收量的比例分别为38.2%、37.3%和37.0%；甘氨酸和丙氨酸在肝脏中的消耗量占总氨基酸代谢量的比例分别为52%、49.5%和43.8%（Wu等，2018）。在此基础上还发现，不同生长阶段（20kg、40kg和60kg）的猪也具有类似的氨基酸代谢规律。这一氨基酸代谢规律的发现引起我们对甘氨酸和丙氨酸的来源及代谢去向的深入思考。

传统观点认为丝氨酸是甘氨酸的主要前体物，而Wu（2010）提出不同观点，认为仅有10%左右的甘氨酸来自于丝氨酸；丙氨酸的前体物包括丙酮酸、丝氨酸和天门冬氨酸。根据氨基酸的代谢转化路径（Wu，2010；Rezaei等，2013）（图11.5），笔者认为PDV等组织中广泛代谢的氨基酸（如谷氨酸、谷氨酰胺和天冬氨酸等）极有可能是甘氨酸和丙氨酸的重要前体物。为证实这一推测，利用血插管与^{15}N稳定性同位素示踪技术发现，在PDV组织中，转化为甘氨酸和丙氨酸的谷氨酸占谷氨酸代谢总量的比例约为30%（杨静，2016）。这一氨基酸代谢规律实质上反映了机体一项重要的自我保护机制：PDV组织中氨基酸代谢所产生的氨如果全部直接进入肝脏将造成氨的浓度过高，有可能引起肝损伤，而将其中一部分氨转化为分子量相对较小的甘氨酸和丙氨酸（分别为75和89，远低于氨基酸的平均分子量）不仅有效降低氨的浓度、减轻肝脏的氨负担，同时又能发挥谷氨酸等氨基酸在PDV组织中的代谢燃料功能。

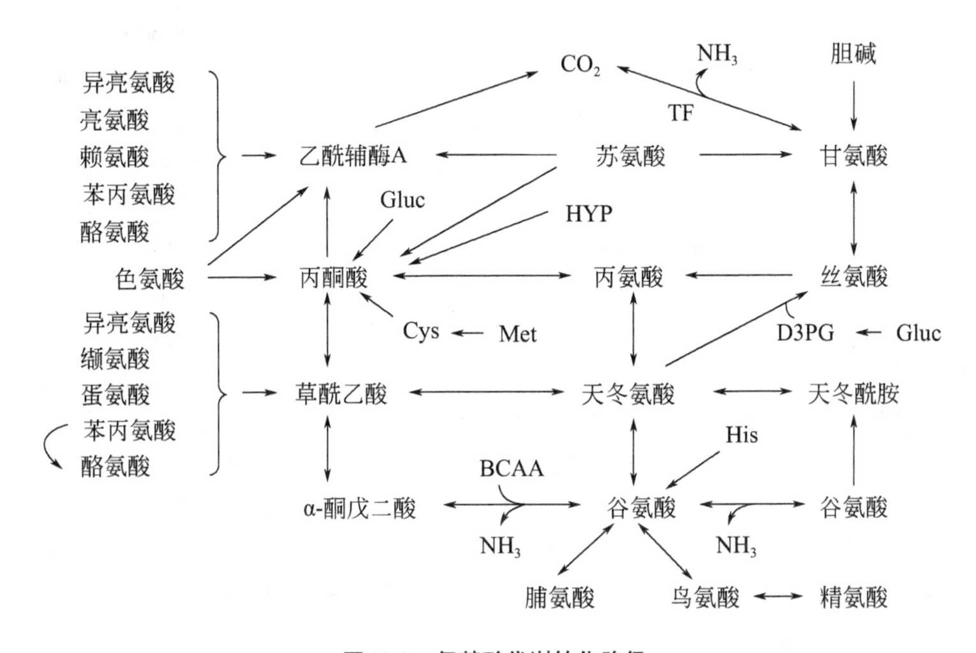

图11.5 氨基酸代谢转化路径

Berthiaume等（2006）和Doepel等（2007）先后报道肝脏会代谢大量的甘氨酸和丙氨酸，并且甘氨酸是重要的生氨氨基酸（Rose等，2012）；丙氨酸会增加饥饿大鼠肝细胞尿素的合成（Wiechetek等，1986），此外，丙氨酸也是甘氨酸代谢过程的重要参与者（Kristiansen等，2014）。过去的研究表明，甘氨酸和丙氨酸与肝脏尿素合成密切相关，但尚未有报道证实甘氨酸和丙氨酸是尿素合成的重要氮来源。结合前人的研究报道，我们认为在肝脏中，多余的甘氨酸和丙氨酸将用来合成尿素。为证实这一推测，利用血插管与^{15}N稳定性同位素示踪技术开展了甘氨酸和丙氨酸在肝脏代谢去向的研究，研究结果表明，甘氨酸和丙氨酸是尿素的重要间接前体物（杨静，2016）。

第三节 氨基酸代谢燃料功能替代路径

一、氨基酸氧化代谢及其作用

氨基酸是肠黏膜的重要能量基质。长期以来，一直假定小肠黏膜吸收的饲料氨基酸全部完整地进入门脉循环供肠外组织利用，但Windmueller和Spaeth等（1975，1976）的关于大鼠空肠对日粮中谷氨酰胺、谷氨酸和天冬氨酸利用的研究开始对此提出了质疑。在一系列设计严谨的研究中，Windmueller及其合作者发现大鼠肠黏膜大量利用来自肠腔的谷氨酰胺、谷氨酸、天冬氨酸（Windmueller，1982），肠腔食糜中66%的谷氨酸、98%的谷氨酸、99%以上的天冬氨酸在通过大鼠的空肠黏膜吸收时被分解代谢（Windmueller和Spaeth，1975，1976）。相似地，对于人和猪，肠腔食糜中谷氨酸在通过肠黏膜吸收时被代谢的比例分别为96%和95%（Battezzati等，1995；Reeds等，1996）。小肠黏膜的主要能源物质是氨基酸而非葡萄糖（Windmueller，1982；Battezzati等，1995；Reeds等，1996）。除了最早研究的这几种氨基酸，近年来的研究发现其他氨基酸也大量在PDV组织发生氧化代谢，例如，40% ～ 50%的丝氨酸和甘氨酸、40%的精氨酸和脯氨酸、20% ～ 40%的支链氨基酸以及30% ～ 60%的其他必需氨基酸在PDV组织中发生分解代谢（Yin等，2010；Kirchgessner，2001；Stoll和Burrin，2006；Romero-Gómez等，2009；Wu等，2009；EL-Sabagh等，2013）。在仔猪上的研究发现，大量的饲粮AA不能吸收入血从而供机体利用，其中有30% ～ 60%的必需氨基酸被PDV组织截取（Stoll等，1998）。已有的研究表明，小肠上皮细胞可以降解非必需氨基酸（Stoll等，1998）。已有研究显示，猪小肠上皮细胞能够大量代谢支链氨基酸，但是缺乏分解代谢其他必需氨基酸的酶，如苏氨酸脱氢酶、组氨酸脱羧酶和苯丙氨酸羟化酶等（Chen等，2007，2009），故有推测，细菌可能介导了小肠对饲粮氨基酸的首过代谢。肠道细胞和肠道细菌间的代谢互作广泛存在，肠道细菌能够代谢蛋白质和氨基酸，调节肠上皮细胞的代谢稳态。小肠细菌还可以利用其他含氮物质合成氨基酸和菌体蛋白供宿主利用。小肠细菌通过调控氨基酸合成与分解，影响宿主的营养物质供应以及代谢健康。但是由于肠道内细菌种类众多，分离并鉴定小肠氨基酸关键代谢菌还存在一定的困难。今后还需要进一步明确肠道上皮组织和细菌在氨基酸代谢上的异同和协作。

肠黏膜中氨基酸的氧化代谢在调节肠黏膜完整性和功能方面发挥重要作用：氨基酸的氧化分解可为肠黏膜中诸如营养素的主动转运、细胞内蛋白质的快速周转等依赖于ATP的代谢过程提供所需的能量；鸟氨酸（在肠黏膜中可由精氨酸、谷氨酸和脯氨酸代谢形成）是合成多胺（精胺、亚精胺、腐胺）的前体，而多胺是上皮细胞增值、分化和修复所必需的；精氨酸是一氧化氮的生理前体，而一氧化氮的药理学特性之一是参与调节血管收缩反应，可使血管平滑肌舒张、增加血流量，因而在调节肠黏膜血流量方面有重要作用，此外，一氧化氮在调节肠黏膜的完整性、分泌和上皮细胞的迁徙方面也发挥重要作用；谷氨酸、甘氨酸和半胱氨酸是合成谷胱甘肽的前体，而谷胱甘肽是一种使肠黏膜免遭过氧化损伤的重要的生物抗氧化剂。

综上，减少PDV等组织中尿素前体物的生成是降低尿素合成以及尿氮排放的关键，而提供氨基酸代谢燃料替代物以降低氨基酸的氧化代谢速率是实现这一目标的重要途径。

二、丙酮酸在物质代谢中的中枢作用

有关氨基酸代谢燃料替代物的探索开始于20世纪九十年代，但由于研究甚少，迄今为止尚未取得突破性进展。除谷氨酸/谷氨酰胺外，葡萄糖也是各类组织细胞的重要燃料物质，但通常情况下葡萄糖难以抑制谷氨酸/谷氨酰胺的氧化分解（Stoll和Burrin，2006）；不仅如此，谷氨酸/谷氨酰胺会显著降低葡萄糖的氧化代谢速率（Kight和Fleming，1995；Dienel和Cruz，2006；Torres等，2013）。因此，如何提高葡萄糖在PDV等组织的氧化供能效率是猪氮减排研究亟待解决的科学问题。

氨基酸、脂肪酸、葡萄糖的氧化路径虽不同，但最后都汇聚于同一点，即三羧酸（tricarboxylic acid，TCA）循环（Bacha等，2010；如图11.6所示）。乙酰辅酶A、丙酮酸、草酰乙酸、琥珀酰辅酶A、延胡索酸和α-酮戊二酸是氨基酸进入TCA循环的中间产物（Wu，2010），其中丙酮酸在三大物质的代谢联系中起重要的枢纽作用，若丙酮酸代谢发生异常将会导致众多疾病的出现，包括糖尿病和肥胖（DeFronzo和Tripathy，2009）、线粒体功能紊乱（Kerr，2013）、心脏衰竭（Fillmore和Lopaschuk，2013）、神经退行性疾病（Yao等，2011）和癌症（Tennant等，2010）。研究表明，丙酮酸是氨基酸氧化代谢的重要调控因子（Bricker等，2012；Vacanti等，2014；Gray等，2015）。鉴于丙酮酸在三大物质代谢过程中所发挥的重要作用，丙酮酸极有可能是氨基酸和葡萄糖代谢的共同调控靶点，促进丙酮酸在PDV等组织的氧化分解有望增加葡萄糖的氧化代谢速率、抑制氨基酸的代谢燃料功能，从而降低尿素前体物（氨、甘氨酸和丙氨酸）的生成以及尿素合成。

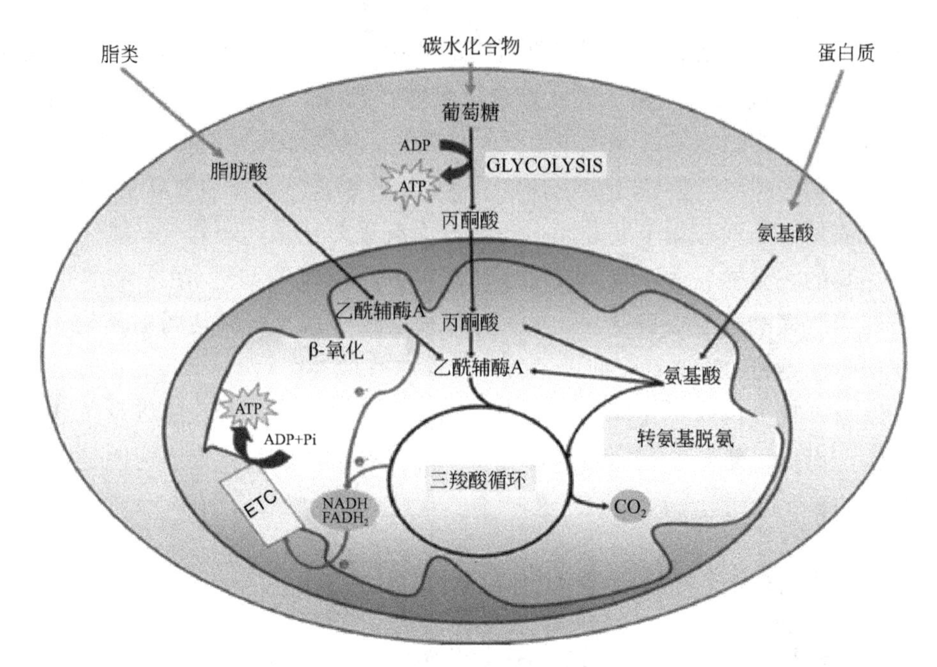

图 11.6　三大营养物质氧化代谢路径

三、丙酮酸氧化代谢调节机制

哺乳动物细胞中，丙酮酸脱氢酶复合体（Pyruvate dehydrogenase complex，PDC）负责催化丙酮酸转化为乙酰辅酶A（acetyl-CoA，乙酰CoA）。PDC由三种酶［丙酮酸脱氢酶（pyruvate dehydrogenase，PDH）、二氢硫辛酰转乙酰基酶、二氢硫辛酸脱氢酶］和六种辅助因子（焦磷酸硫胺素、硫辛酸、FAD、NAD、CoA和Mg离子）组成。PDH上游调控因子主要包括丙酮酸脱氢酶激酶（pyruvate dehydrogenase kinase，PDK）和丙酮酸脱氢酶磷酸酶（pyruvate dehydrogenase phosphatase，PDP），调节机制如图11.7所示（Patel等，2001）。PDK1通过磷酸化PDH分子上的丝氨酸残基（包括Ser-293、Ser-300、Ser-232）抑制其活性，而PDP则通过去磷酸化恢复PDH以及PDC的活性（Roche等，2001）。酪氨酸磷酸化将分别激活PDK和抑制PDP活性（Shan等，2014）。综上所述，PDK/PDP/PDH轴极有可能是葡萄糖/氨基酸的调控靶点。

丙酮酸氧化代谢速率随PDC活性的提高而提高（Stacpoole等，2003）。小分子物质二氯乙酸（dichloroacetate，DCA）具有诱导细胞自噬、降低细胞增殖的重要功能。此外，研究表明，DCA通过抑制PDK来激活PDH，从而降低糖酵解比例、提高葡萄糖的氧化代谢速率（Bonnet等，2007；Sun等，2016）。谷氨酰胺氧化代谢速率随葡萄糖氧化代谢率的升高而降低（Yang等，2014）。研究表明，

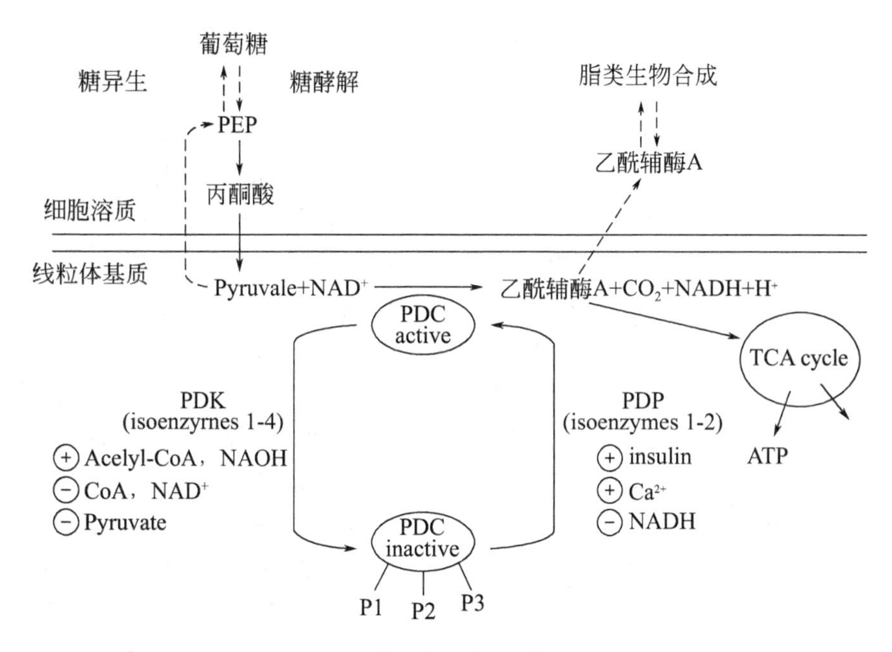

图 11.7　丙酮酸脱氢酶复合体调节机制

促进丙酮酸氧化代谢将导致谷氨酸脱氢酶活性的降低，从而降低来源于谷氨酰胺的乙酰-CoA的生成（Yang等，2014）。由此可见，通过调控丙酮酸/葡萄糖氧化代谢速率来抑制氨基酸代谢燃料功能是可行的。

综上所述，减少氨基酸的氧化代谢速率是减少尿素合成前体物生成、肝脏尿素合成的关键。促进丙酮酸/葡萄糖在猪PDV等组织的供能效率有望增加葡萄糖的氧化代谢速率、抑制氨基酸的代谢燃料功能，从而减少尿素前体物的生成以及尿氮排放，而PDK/PDP/PDH轴可能是丙酮酸氧化代谢的调控靶点。虽然在体外、老鼠以及人类临床试验上已经证实通过促进丙酮酸/葡萄糖的氧化代谢速率来降低氨基酸的供能效率是可行的，但猪的代谢同细胞、老鼠和人的相比差异极大，且研究目的不一样，因此，这一假说需要开展大量的体内和体外试验进行验证。

第四节　丙酮酸对猪氨基酸代谢的影响

一、肠道能量需求特点

肠道是动物对营养物质进行消化吸收的重要场所，而小肠上皮细胞是肠道主要的功能细胞，参与肠道营养物质的消化、吸收、免疫屏障、应激反应以及内外分泌等（Perreault和Beaulieu，1998）。体外培养小肠上皮细胞已经成为深入研究小肠功能、肠道营养以及细胞分化的重要方法（Kedinger等，1987）。IPEC-J2是从新生仔猪上分离的非转化的、非致瘤性肠上皮细胞系，能分泌黏蛋白、产生细胞因子和趋化因子以及表达类似于原始组织的Toll样受体（Liu等，2010），一直被用作细胞模型来研究猪肠道病原体与宿主相互作用、猪特异性发病机制和天然免疫反应等（Arce等，2010；Koh等，2008；Schierack等，2006）。Glu是猪肠道内的主要能源物质，主要在IEC中被利用，是淋巴细胞、成纤维细胞、肾小管细胞以及小肠上皮细胞等快速分化细胞的“燃料”，为细胞的分化、增殖提供大量的ATP（Wu和Knabe，1995；聂新志等，2012）；同时也是合成某些细胞所需嘧啶与嘌呤核苷酸的必需前提物（Curi等，2005）。谷氨酸主要以氧化的方式在小肠中代谢，在L-谷氨酸脱氢酶的作用下首先分解为α-酮戊二酸和氨，并产生能量以供能；接着产生的α-酮戊二酸不仅进入TCA氧化分解产生能量，而且也可以通过糖异生途径产生葡萄糖和糖原。因此，谷氨酸既参与机体的能量代谢，又可以作为蛋白质合成的底物。而丙酮酸是细胞代谢过程中起着枢纽性、关键性的中间产物，也是能量转化过程中重要的中间代谢物质。

二、丙酮酸对小肠上皮细胞氨基酸代谢的影响

Li等（2018）研究发现，DMEM培养基中丙酮酸浓度从110mg/L增加到400mg/L时，IPEC-J2细胞氧化代谢的丙酮量显著增加，而谷氨酸的氧化代谢显著减少；与此同时，丙酮酸的消耗量显著增加，而谷氨酸的消耗量显著减少，且总氨基酸的消耗量也显著减少。美国匹兹堡大学医学研究中心的研究结果表明，添加适量的丙酮酸钙可以最大限度地减少机体内蛋白质的消耗（张丹英，2009）。添加丙酮酸减少氨基酸消耗的原因可能如下：随着培养基中丙酮酸浓度的增加，IPEC-J2对丙酮酸的消耗和氧化也大量增加，而显著减少对谷氨酸和其他氨基酸的消耗和氧化代谢；因为丙酮酸可以为细胞代谢过程提供碳源，同时又可以作为合成氨基酸的原料（如合成丙氨酸、缬氨酸和亮氨酸等），可通过增加丙酮酸的消耗和氧化代谢为其提供能量和营养物质。由此可见，丙酮酸能显著降低IPEC-J2细胞对谷氨酸和其他氨基酸的消耗和氧化。

三、低蛋白质日粮添加丙酮酸对动物氮平衡的影响

Li等（2018）研究了低蛋白质日粮添加丙酮酸对生长育肥猪氮排放以及氮沉积的影响，其研究结果显示，当补充丙酮酸情况下，日粮蛋白水平从18%降

低到15%时，总氮排放量减少约20.9%，粪氮减少约19.5%，尿氮减少22.0%，日粮粗蛋白质水平每降低1个百分点，猪的总氮排放量降低6.96%；日粮蛋白水平从18%降低到13%，总氮排放量减少约36.9%，粪氮减少约31.7%，尿氮减少约40.9%，平均每降低1个百分点，则总氮排放量降低7.38%；日粮粗蛋白质水平从18%降低到13%对猪氮沉积没有影响。这一结果与Wu等（2018）的报道相比较有两个变化，一是饲喂低蛋白质日粮生长育肥猪尿氮和总排放氮的减少比例明显增加；二是饲喂低蛋白质日粮猪的氮沉积与对照组相比没有差别。出现这一结果的原因可能为：日粮氨基酸组成和氮的排出量有关，日粮氨基酸越平衡，肝脏中氨基酸用于脱氨基氧化的就越少，氮的排出量也就越少（Pfeiffera等，1995）。丙酮酸是机体物质和能量代谢的中枢，低蛋白日粮中添加的丙酮酸可能增加对门静脉回流组织的能量供应，进而减少门静脉回流组织对非必需氨基酸的消耗，降低肝脏中的必需氨基酸转化为非必需氨基酸的比例，使得肝脏中的氨基酸模式更加平衡，提高氨基酸的整体利用率以及蛋白质的沉积量。

四、低蛋白质日粮添加丙酮酸对门静脉和肝脏氨基酸代谢的影响

Li等（2018）研究报道，15.0%+0.6%丙酮酸钙组、13.5%+1.8%丙酮酸钙组猪门静脉非必需氨基酸净吸收量以及13.5%+1.8%丙酮酸钙组猪门静脉总氨基酸净吸收量仍然低于对照组（18.0%粗蛋白）。但是，13.5%+1.8%丙酮酸钙组猪肝脏必需氨基酸的消耗量以及15.0%+0.6%丙酮酸钙组、13.5%+1.8%丙酮酸钙组猪肝脏非必需氨基酸的消耗量低于对照组。这一结果为3组间（15.0%+0.6%丙酮酸钙、13.5%+1.8%丙酮酸钙、对照组）猪肝外组织必需氨基酸、非必需氨基酸、总氨基酸流通量无差异提供了合理解释。丙酮酸是一种很受欢迎的人类膳食补充剂。丙酮酸生理功能包括：① 通过增加肌肉组织代谢诱导减肥（Koh-Banerjee等，2005）；② 通过增加葡萄糖摄取提高物理耐受力（Stanko等，1990）；③ 减少胆固醇产生（Stanko等，1994）；④ 作为抗氧化剂（Borle和Stanko，1996）。目前，丙酮酸添加在低蛋白质日粮中对动物氮排放影响的报道很少。丙酮酸的氮减排作用应该归因于丙酮酸在众多代谢途径中的中枢调节作用（Bricker等，2012），作为主要燃料物质进入TCA循环（Gray等，2014），因此替代氨基酸的代谢燃料功能，从而减少动物的氮排放。

除丙酮酸外，Yao等（2012，2013）研究发现，α-酮戊二酸可减少猪肠上皮细胞谷氨酰胺的降解，减少氨基酸作为肠道供能物质消耗。对丙酮酸和α-酮戊二酸的研究结果表明，日粮添加氨基酸代谢燃料替代物可以减少氨基酸的代谢，从而减少尿素前体物的生成，降低尿氮与总氮的排放。

第五节 基于氨基酸代谢节俭的低蛋白质日粮研究

一、氨基酸和葡萄糖氧化代谢切换靶点

虽然丙酮酸添加到低蛋白质日粮中的氮减排效果显著，但是目前丙酮酸价格极高，短期内很难在动物生产中广泛应用。为了达到替代氨基酸代谢燃料功能的作用，有必要寻找方法促进丙酮酸进入线粒体进行氧化。丙酮酸脱氢酶活性与丙酮酸代谢紧密相关（Bajotto等，2004；Schummer等，2008）。丙酮酸脱氢酶激酶是PDH的抑制子，是葡萄糖代谢的关键调控酶（Roche和Hiromasa，2007；Kaplon等，2013；Newington等，2012）。PDK通过抑制PDH减少葡萄糖进入TCA进行氧化（Piao等，2010）。PDH/PDK轴在葡萄糖稳态代谢方面的调控作用在癌细胞上已广泛研究（Roche和Hiromasa，2007）。An等（2018）报道，对PDHA1进行RNA干扰减少IPEC-J2对葡萄糖的消耗，但是增加总氨基酸和谷氨酸的消耗；而对PDK1进行干扰，葡萄糖、氨基酸消耗的变化与对PDHA1进行干扰的结果相反。葡萄糖和氨基酸都是细胞重要的能源物质，这两种物质之间互相竞争、相互作用（Kight和Fleming，1995；Le等，2012）。器官和组织对葡萄糖和氨基酸具有代谢偏好性，同时能够在这两种物质之间进行转化，这一种能力叫代谢弹性。An等（2018）的结果表明，PDH/PDK轴是调节猪肠道上皮细胞葡萄糖和氨基酸代谢的调控靶点。

二、氨基酸代谢节俭调节机制

在明确PDH/PDK轴是调控靶点之后，An等（2018）利用DCA成果进行了IPEC-J2 cells葡萄糖和氨基酸代谢的重分配。具体来说，培养基中添加5mmol/L的DCA通过降低PDK1的磷酸化、提高PDP1的磷酸化提高PDH的活性，从而引起细胞氨基酸氧化代谢向葡萄糖/丙酮酸代谢转变，减少细胞对氨基酸的消耗。DCA是PDK的抑制剂（Michelakis等，2008），能通过抑制丙酮酸脱氢酶激酶去磷酸化而激活丙酮酸脱氢酶，增加进入线粒体的丙酮酸流量，产生的大量乙酰CoA启动三羧酸循环，促进葡萄糖的氧化磷酸化（Kato等，2007）。An等（2018）报道，添加DCA同时引起GLUT1和GLUT4 mRNA和蛋白表达，这一结果表明添加DCA增加细胞对葡萄糖吸收与转运。添加DCA后，细胞内葡萄糖转运载体的变化同葡萄糖氧化和消耗的结果一致。培养基中添加DCA对细胞内柠檬酸、草酰乙酸、富马酸和苹果酸浓度没有影响，这一结果表明，添加DCA尽管引起氨基酸代谢向葡萄糖/丙酮酸代谢改变，但是不改变TCA循环代谢物供

应（An等，2018）。An等（2018）同时发现，培养基中添加DCA增加肠道菌群对葡萄糖的消耗，减少对氨基酸和谷氨酸的消耗。在所有氨基酸中，谷氨酸是肠道细胞最重要的能量供体（Stoll等，1999）；GDH1负责催化α-酮戊二酸为谷氨酸，而GDH2的作用相反。添加DCA后，肠道细菌内GDH1和GDH2活性的变化同氨基酸消耗的结果是一致的（An等，2018）。与IPEC-J2细胞相比，An等（2018）只研究了添加DCA对肠道细菌葡萄糖和氨基酸消耗以及GDH2和GDH1活性的影响，对PDK/PDH轴活性没有研究；也没有研究干扰PDK/PDH对肠道细菌葡萄糖和氨基酸代谢的影响，因为肠道细菌极为复杂。An等（2018）研究结果表明添加DCA增加了丙酮酸进入线粒体的数量、促进了葡萄糖氧化（Kato等，2007；Feuerecker等，2015）。DAC切换葡萄糖、氨基酸氧化代谢切换的机制如图11.8所示（An等，2018）。

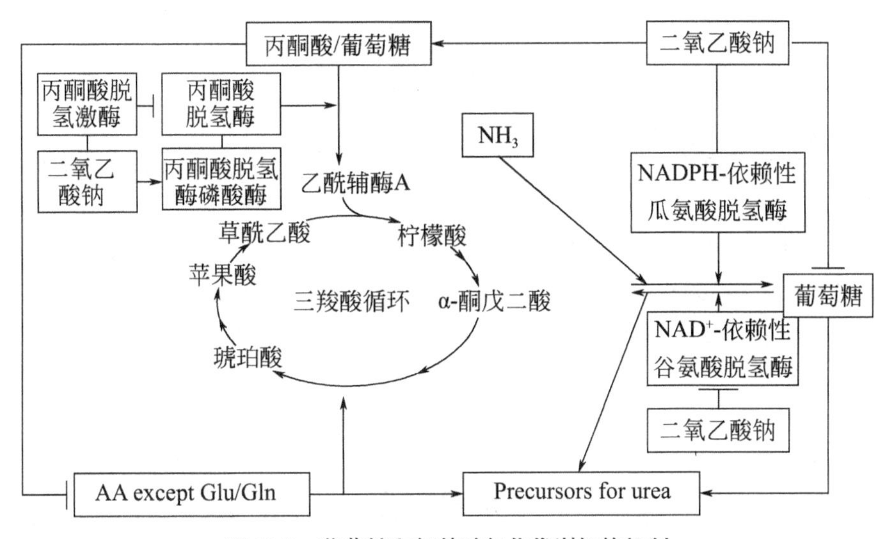

图11.8 葡萄糖和氨基酸氧化代谢切换机制

二氧乙酸钠是线粒体靶向小分子物质，口服后能够进入大多数组织细胞（Bonnet等，2007），用于治疗先天性的乳酸血症已有30年的历史（Berendzen等，2006；Kuroda等，1986；Stacpoole等，1997；Stacpoole等，2006）。此外，二氧乙酸钠被发现通过增加丙酮酸进入线粒体、促进葡萄糖氧化来逆转瓦尔堡效应以及诱导肿瘤细胞凋亡（Michelakis等，2008；Bonnet等，2007）。二氧乙酸钠安全、价格低廉（Berendzen等，2006；Stacpoole等，1997；Stacpoole等，2006；Stacpoole等，2008），实际上，二氧乙酸钠不引起肾脏、肺脏、肝脏、心脏中毒（Stacpoole等，2006）。二氧乙酸钠的负面作用较为轻微，最严重的负面作用是可逆性的周围神经疾病（Kaufmann等，2006）。因为安全、价格低廉的特点，二氧乙酸钠有望用于低蛋白质日粮中改善氨基酸利用效率、减少动物的氮排放。

三、基于氨基酸代谢节俭的新型低蛋白质日粮

在阐明氨基酸代谢节俭机制后，西南大学生物饲料与分子营养研究团队研制了基于氨基酸代谢节俭的新型低蛋白质日粮，并开展了动物实验，研究结果证实了氨基酸代谢节俭机制是降低动物氮排放的重要策略假说（结果尚未发表）。所研制的日粮具备以下特征。新型低蛋白质日粮实践效果显著：一是日粮粗蛋白质水平可降低20% ～ 25%；二是日粮中蛋白质饲料原料添加比例可降低40% ～ 55%；三是氮排放可降低30%左右；四是对动物的生长性能等无显著影响。每吨饲料减少20元成本；每头猪从断奶到出栏（120kg），氮排放量从7.5kg减少到5.5kg。基于氨基酸代谢节俭的低蛋白质日粮具备重要的经济与环保效益，氨基酸代谢节俭机制为破解低蛋白质日粮技术瓶颈提供了理论与技术支撑。

小结

毫无疑问，同传统低蛋白质日粮相比，基于氨基酸代谢节俭的低蛋白质日粮在氮减排效果方面更为高效，但是在全面推广示范之前还有许多研究工作需要开展，例如：开展新型低蛋白质日粮的生物安全评定；进一步阐述葡萄糖和氨基酸氧化代谢切换机制；开展新型低蛋白质日粮对肉品质的影响及机制研究。在以上工作基础上，全面研制不同动物、不同生理阶段的新型低蛋白质日粮，并进行示范推广。

（安瑞，孙志洪）

参考文献

[1] An R，Tang Z R，Li Y X，*et al.* 2018. Activation of pyruvate dehydrogenase by sodium dichloroacetate shifts metabolic consumption from amino acids to glucose in IPEC-J2 cells and intestinal bacteria in pigs. Journal of Agricultural and Food Chemistry，66：3793-3800.

[2] Arce C，Ramírez-Boo M，Lucena C，*et al.* Innate immune activation of swine intestinal epithelial cell lines（IPEC-J2 and IPI-2I）in response to LPS from Salmonella typhimurium. Comparative Immunology，Microbiology & Infectious Diseases，2010，33：161-174.

[3] Bajotto G Murakami T Nagasaki M，*et al.* Down regulation of the skeletal muscle pyruvate dehydrogenase complex in the Otsuka Long-Evans Tokushima Fatty rat both before and after the onset of diabetes mellitus. Life Science，2004，75：2117-2130.

[4] Battezzati A，Brillon D J，Matthews D E. Oxidation of glutamic acid by the splanchnic bed in humans. American Journal of Physiology-Endocrinology and Metabolism，1995，269：E269-E276.

[5] Berendzen K，Theriaque D W，Shuster J，*et al.* Therapeutic potential of dichloroacetate for pyruvate dehydrogenase complex deficiency. Mitochondrion，2006，6：126-135.

[6] Berthiaume R，Thivierge M C，Patton R A，*et al.* Effect of ruminally protected methionine on splanchnic metabolism of amino acids in lactating dairy cows. Journal of Dairy Science，2006，89：1621-1634.

[7] Bonnet S，Archer S L，Allalunis-Turner J，*et al.* A mitochondria-K+ channel axis is suppressed in cancer and its normalization promotes apoptosis and inhibits cancer growth. Cancer Cell，2007，11：37-51.

[8] Borle A B，Stanko R T. Pyruvate reduces anoxic injury and free radical formation in perfused rat hepatocytes. American Journal of Physiology，1996，270：G535-G540.

[9] Bricker D K，Taylor E B，Schell J C，*et al.* 2012. A mitochondrial pyruvate carrier required for pyruvate uptake in yeast，Drosophila，and humans. Science，337：96-100.

[10] Chen L，Li P，Wang J，*et al.* Catabolism of nutritionally essential amino acids in developing porcine enterocytes. Amino Acids，2009，37：143-152.

[11] Chen L，Yin Y L，Jobgen W S，*et al.* In vitro oxidation of essential amino acids by jejunal mucosal cells of growing pigs. Livestock Science，2007，109：0-23.

[12] Curi R，Lagranha C J，Doi S Q，*et al.* Molecular mechanisms of glutamine action. Journal of Cellular Physiology，2005，204：392-401.

[13] Dam G，Keiding S，Munk O L，*et al.* Branched-chain amino acids increase arterial blood ammonia in spite of enhanced intrinsic muscle ammonia metabolism in patients with cirrhosis and healthy subjects. American Journal of Physiology-Gastrointestinal and Liver Physiology，2011，301：G269-G277.

[14] DeFronzo R A，Tripathy D. Skeletal muscle insulin resistance is the primary defect in type 2 diabetes. Diabetes Care，2009，32：157-163.

[15] Dienel G A，Cruz N F. Astrocyte activation in working brain：energy supplied by minor substrates. Neurochemistry International，2006，48：586-595.

[16] Doepel L，Lobley G E，Bernier J F，*et al.* Effect of glutamine supplementation on splanchnic metabolism in lactating dairy cows. Journal of Dairy Science，2007，90：4325-4333.

[17] El-Bacha T，Luz M，Da Poian A. Dynamic adaptation of nutrient utilization in humans. Nature Education，2010，3：8.

[18] EL-Sabagh M，Sugino T，Obitsu T，*et al.* Effects of forage intake level on nitrogen net flux by portal-drained viscera of mature sheep with abomasal infusion of an amino acid mixture. Animal，2013，7：1614-1621.

[19] Feuerecker B，Seidl C，Pirsig S. DCA promotes progression of neuroblastoma tumors in nude mice. American Journal of Cancer Research，2015，5：812-820.

[20] Figueroa J L，Lewis A J，Miller P S，*et al.* Nitrogen metabolism and growth performance of gilts fed standard corn-soybean meal diets or low-crude protein，amino acid-supplemented diets. Journal of Animal Science，2002，80：2911-2919.

[21] Fillmore N，Lopaschuk G D. Targeting mitochondrial oxidative metabolism as an approach to treat heart failure. Biochimica et Biophysica Acta，2013，1833：857-865.

[22] Gray L R，Sultana M R，Rauckhorst A J，*et al.* Hepatic mitochondrial pyruvate carrier 1 is required for efficient regulation of gluconeogenesis and whole-body glucose homeostasis. Cell Metabolism，2015，22：669-681.

[23] Gray L R，Tompkins S C，Taylor E B. Regulation of pyruvate metabolism and human disease. Cellular and Molecular Life Sciences，2014. 71：2577-2604.

[24] He L，Wu L，Xu Z，*et al.* Low-protein diets affect ileal amino acid digestibility and gene expression of digestive enzymes in growing and finishing pigs. Amino Acids，2016，48：21-30.

[25] Hernández F，Martínez S，López C，*et al.* 2011. Effect of dietary crude protein levels in a commercial range，on the nitrogen balance，ammonia emission and pollutant characteristics of slurry in fattening pigs. Animal，5，1290-1298.

[26] Jørgensen H，Prapaspongsa T，Vu V T K，*et al.* Models to quantify excretion of dry matter，nitrogen，phosphorus and carbon in growing pigs fed regional diets. Journal of Animal Science and Biotechnology，2013，4：42.

[27] Kaplon J，Zheng L，Meissl K，*et al.* A key role for mitochondrial gatekeeper pyruvate dehydrogenase in

oncogene induced-senescence. Nature，2013，498：109-112.

[28] Kato M，Li J，Chuang J L，*et al.* Distinct structural mechanisms for inhibition of pyruvate dehydrogenase kinase isoforms by AZD7545，dichloroacetate，and radicicol. Structure 2007，15：992-1004.

[29] Kaufmann P，Engelstad K，Wei Y，*et al.* Dichloroacetate causes toxic neuropathy in MELAS：a randomized，controlled clinical trial. Neurology，2006，66：324-330.

[30] Kedinger M，Halfen K，Simon-Assmann P. Intestinal tissue and cell cultures. Differentiation，1987，36：71-85.

[31] Kerr B J，Easter R A. Effect of feeding reduced protein，amino acid-supplemented diets on nitrogen and energy balance in grower pigs. Journal of Animal Science，1995，73：3000-3008.

[32] Kerr D S. Review of clinical trials for mitochondrial disorders. Neurotherapeutics，2013，10：307-319.

[33] Kight C E，Fleming S E. Oxidation of glucose carbon entering the TCA cycle is reduced by glutamine in small intestine epithelial cells. American Journal of Physiology，1995，268：G879-888.

[34] Kirchgessner A L. Glutamate in the enteric nervous system. Current Opinion in Pharmacology，2001，1：591-596.

[35] Koh S Y，George S，Brözel V，*et al.* Porcine intestinal epithelial cell lines as a new in vitro model for studying adherence and pathogenesis of enterotoxigenic Escherichia coli. Veterinary Microbiology，2008，130：191-197.

[36] Koh-Banerjee P K，Ferreira M P，Greenwood M，*et al.* Effects of calcium pyruvate supplementation during training on body composition，exercise capacity，and metabolic responses to exercise. Nutrition，2005，21：312-319.

[37] Kristiansen R G，Rose C F，Mæhre H，*et al.* L-ornithine phenylacetate reduces ammonia in pigs with acute liver failure through phenylacetylglycine formation：a novel ammonia-lowering pathway. American Journal of Physiology-Gastrointestinal and Liver Physiology，2014，307：G1024-G1031.

[38] Kuroda Y，Ito M，Toshima K，*et al.* Treatment of chronic congenital lactic acidosis by oral administration of dichloroacetate. Journal of Inherited Metabolic Disease，1986，9：244-252.

[39] Le A，Lane A N，Hamaker M，*et al.* Glucose-independent glutamine metabolism via TCA cycling for proliferation and survival in B-cells. Cell Metabolism 2012，15：110-121.

[40] Li Y X，Tang Z R，Li T J，*et al.* Pyruvate is an effective substitute for glutamate in regulating porcine nitrogen excretion. Journal of Animal Science，2018，96：3804-3814.

[41] Liu F，Li G，Wen K，*et al.* Porcine small intestinal epithelial cell line（IPEC-J2）of rotavirus infection as a new model for the study of innate immune responses to rotaviruses and probiotics. Viral Immunology，2010，23：135-149.

[42] Michelakis E D，Webster L，Mackey J R. Dichloroacetate（DCA）as a potential metabolic-targeting therapy for cancer. British Journal of Cancer，2008，99：989-994.

[43] Newington J T，Rappon T，Albers S，*et al.* Overexpression of pyruvate dehydrogenase kinase 1 and lactate dehydrogenase A in nerve cells confers resistance to amyloid b and other toxins by decreasing mitochondrial respiration and reactive oxygen species production. Journal of Biological Chemistry，2012，287：37245-37258.

[44] Otto E R，Yokoyama M，Ku P K，*et al.* Nitrogen balance and ileal amino acid digestibility in growing pigs fed diets reduced in protein concentration. Journal of Animal Science，2003，81：1743-1753.

[45] Patel M S，Korotchkina G. Regulation of mammalian pyruvate dehydrogenase complex by phosphorylation：complexity of multiple phosphorylation sites and kinases. Experimental and Molecular Medicine，2001，33：191-197.

[46] Patráš P，Nitrayová S，Brestenský M，*et al.* Effect of dietary fiber and crude protein content in feed on nitrogen retention in pigs. Journal of Animal Science，2012，90：158-160.

[47] Perreault N，Beaulieu J F. Primary cultures of fully differentiated and pure human intestinal epithelial cells. Experimental Cell Research，1998，245：34-42.

[48] Pfeiffera A，Henkelb H，Verstegenc M W A，*et al.* The influence of protein intake on water balance，flow rate and apparent digestibilty of nutrients at the distal ileum in growing pigs. Environmental Pollution，1995，44：179-187.

[49] Piao L，Fang Y H，Cadete V J，*et al.* The inhibition of pyruvate dehydrogenase kinase improves impaired cardiac function and electrical remodeling in two models of right ventricular hypertrophy：resuscitating the hibernating right ventricle. Journal of Molecular Medicine，2010，88：47-60.

[50] Reeds P J，Burrin D G，Jahoor F，*et al.* Enteral glutamate is almost completely metabolized in first pass by the gastrointestinal tract of infant pigs. American Journal of Physiology，1996，270：413-418.

[51] Rezaei R，Wang W，Wu Z，*et al.* Biochemical and physiological bases for utilization of dietary amino acids by young pigs. Journal of Animal Science and Biotechnology，2013，4：7.

[52] Roche T E，Baker J C，Yan X，*et al.* Distinct regulatory properties of pyruvate dehydrogenase kinase and phosphatase isoforms. Progress in Nucleic Acid Research and Molecular Biology，2001，70：33-75.

[53] Roche T E，Hiromasa Y. Pyruvate dehydrogenase kinase regulatory mechanisms and inhibition in treating diabetes，heart ischemia，and cancer. Cellular and Molecular Life Sciences，2007，64：830-849.

[54] Romero-Gómez M，Jover M，Galán J J. Gut ammonia production and its modulation. Metabolic Brain Disease，2009，24：147-157.

[55] Rose C F. Ammonia-lowering strategies for the treatment of hepatic encephalopathy. Clinical Pharmacology & Therapeutics，2012，92：321-331.

[56] Sauer W C，Ozimek L. Digestibility of amino acids in swine：results and their practical applications，a review. Livestock Production Science，1986，15：367-388.

[57] Schierack P，Nordhoff M，Pollmann M，*et al.* Characterization of a porcine intestinal epithelial cell line for in vitro studies of microbial pathogenesis in swine. Histochemistry & Cell Biology，2006，125：293-305.

[58] Schummer C M，Werner U，Tennagels N，*et al.* Dysregulated pyruvate dehydrogenase complex in Zucker diabetic fatty rats. American Journal of Physiology-Endocrinology and Metabolism，2008，294：E88-E96.

[59] Shan C，Kang H B，Elf S，*et al.* Tyr-94 phosphorylation inhibits pyruvate dehydrogenase phosphatase 1 and promotes tumor growth. Journal of Biological Chemistry，2014，289：21413-21422.

[60] Shirali M，Doeschl-Wilson A，Knap P W，*et al.* Nitrogen excretion at different stages of growth and its association with production traits in growing pigs. Journal of Animal Science，2012，90：1756-1765.

[61] Stacpoole P W，Barnes C L，Hurbanis M D，*et al.* Treatment of congenital lactic acidosis with dichloroacetate. Archives of Disease in Childhood，1997，77：535-541.

[62] Stacpoole P W，Gilbert L R，Neiberger R E，*et al.* Evaluation of long-term treatment of children with congenital lactic acidosis with dichloroacetate. Pediatrics，2008，121：e1223-e1228.

[63] Stacpoole P W，Kerr D S，Barnes C，*et al.* Controlled clinical trial of dichloroacetate for treatment of congenital lactic acidosis in children. Pediatrics，2006，117：1519-1531.

[64] Stacpoole P W，Nagaraja N V，Hutson A D. Efficacy of dichloroacetate as a lactate-lowering drug. The Journal of Clinical Pharmacology，2003，43：683-691.

[65] Stanko R T，Reynolds H R，Hoyson R，*et al.* 1994. Pyruvate supplementation of a low-cholesterol，low-fat diet：Effects on plasma lipid concentrations and body composition in hyperlipidemic patients. American Journal of Clinical Nutrition，59：423-427.

[66] Stanko R T，Robertson R J，Galbreath R W，*et al.* 1990. Enhanced leg exercise endurance with a high-carbohydrate diet and dihydroxyacetone and pyruvate. Journal of Applied Physiology，69：1651-1656.

[67] Stoll A，Burrin D G. Measuring splanchnic amino acid metabolism in vivo using stable isotopic tracers. Journal of Animal Science，2006，84：E60-E72.

[68] Stoll B，Burrin D G，Henry J，*et al.* Substrate oxidation by the portal drained viscera of fed piglets. American Journal of Physiology，1999，277：E168-E175.

[69] Stoll B，Henry J，Reeds P J，*et al.* Catabolism dominates the first-pass intestinal metabolism of dietary essential amino acids in milk protein-fed piglets. The Journal of Nutrition，1998，128：606-614.

[70] Sun Y，Li T，Xie C，Zhang Y，*et al.* Dichloroacetate treatment improves mitochondrial metabolism and reduces brain injury in neonatal mice. Oncotarget，2016，7：31708-31722.

[71] Tennant D A，Duran R V，Gottlieb E. Targeting metabolic transformation for cancer therapy. Nature Reviews Cancer，2010，10，267-277.

[72] Torres F V，Hansen F，Locks-Coelho L D. Increase of extracellular glutamate concentration increases its oxidation and diminishes glucose oxidation in isolated mouse hippocampus：reversible by TFB-TBOA. Journal of Neuroscience Research，2013，91：1059-1065.

[73] Tuitoek K L，Young G，De Lange C F，*et al.* The effect of reducing excess dietary amino acids on growing-finishing pig performance：An evaluation of the ideal protein concept. Journal of Animal Science，1997，75：1575-1583.

[74] Vacanti N M，Divakaruni A S，Green C R，*et al.* Regulation of substrate utilization by the mitochondrial pyruvate carrier. Molecular Cell，2014，56，425-435.

[75] Wiechetek M，Souffrant W B，Garwacki S. Utilization of nitrogen from 15NH4Cl and [15N]alanine for urea synthesis in hepatocytes from fed and starved rats. International Journal of Biochemistry，1986，18：653-657.

[76] Windmueller H G，Spaeth A E. Metabolism of absorbed aspartate，asparagine，and arginine by rat small intestine in vivo. Archives of Biochemistry and Biophysics，1976，175：670-676.

[77] Windmueller H G. Glutamine utilization by the small intestine. Advances in Enzymology and Related Areas of Molecular Biology，1982，53：201-237.

[78] Windmueller H G，Spaeth A E. Intestinal metabolism of glutamine and glutamate from the lumen as compared to glutamine from blood. Arch Biochem Biophys. 1975，171：662-672.

[79] Wu G Y. Functional amino acids in growth，reproduction，and health. Advances in Nutrition，2010，1：31-37.

[80] Wu G，Bazer F W，Dai Z，*et al.* Amino acid nutrition in animals：protein synthesis and beyond. Annual Review of Animal Biosciences，2014，2：387-341.

[81] Wu G，Knabe D A. Arginine synthesis in enterocytes of neonatal pigs. American Journal of Physiology，1995，269：621-629.

[82] Wu G. Amino acids：metabolism，functions，and nutrition. Amino Acids，2009，37：1-17.

[83] Wu L T，Zhang X X，Tang Z R，*et al.* Low-protein diets decrease porcine nitrogen excretion but with restrictive effects on amino acid utilization. Journal of Agricultural and Food Chemistry，2018，66：8262-8271.

[84] Yang C，Ko B，Hensley C，*et al.* Glutamine oxidation maintains the TCA cycle and cell survival during impaired mitochondrial pyruvate transport. Molecular Cell，2014，56：414-424.

[85] Yao J，Rettberg J R，Klosinski L P，*et al.* Shift in brain metabolism in late onset Alzheimer's disease：implications for biomarkers and therapeutic interventions. Molecular Aspects of Medicine，2011，32：247-257.

[86] Yao K，Fu CX，Yin YL *et al.* Alpha-ketoglutarate enhances protein synthesis in intestinal porcine epithelial cells. Amino Acids，2013，45：580-581.

[87] Yao K，Yin Y，Li X *et al.* Alpha-ketoglutarate inhibits glutamine degradation and enhances protein synthesis in intestinal porcine epithelial cells. Amino Acids，2012，42：2491-2500.

[88] Yin Y，Huang R，Li T，*et al.* Amino acid metabolism in the portal-drained viscera of young pigs：effects of dietary supplementation with chitosan and pea hull. Amino Acids，2010，39：1581-1587.

[89] 梁福广. 生长猪低蛋白日粮可消化赖、蛋+胱、苏、色氨酸平衡模式的研究[D]. 博士学位论文，北京：中国农业大学，2005.

[90] 聂新志，蒋宗勇，林映才等. 精氨酸和谷氨酰胺对猪小肠上皮细胞增殖的影响及机理探讨. 中国农学通报，2012，28：1～5.

[91] 杨静. 甘氨酸和丙氨酸在肝脏中的代谢去向研究. 硕士学位论文，重庆：西南大学，2016.

[92] 张丹英. 丙酮酸钙对大鼠脂肪酸代谢的影响及机理研究[D]. 硕士学位论文，南京：南京农业大学，2009.